2020 年生态环境创新工程

百佳案例汇编

中国环境报社 / 编

中国环境出版集团·北京

图书在版编目（CIP）数据

2020 年生态环境创新工程百佳案例汇编/中国环境报社
编. —北京：中国环境出版集团，2021.1
　ISBN 978-7-5111-4618-2

　Ⅰ．① 2… 　Ⅱ．①中… 　Ⅲ．①生态环境—环境工程—
案例—中国—2020 　Ⅳ．① X171.1

中国版本图书馆 CIP 数据核字（2021）第 017698 号

出 版 人　武德凯
责任编辑　韩　睿
责任校对　任　丽
封面设计　岳　帅

出版发行　中国环境出版集团
　　　　　（100062　北京市东城区广渠门内大街 16 号）
　　　　　网　　　址：http://www.cesp.com.cn
　　　　　电子邮箱：bjgl@cesp.com.cn
　　　　　联系电话：010-67112765（编辑管理部）
　　　　　发行热线：010-67125803，010-67113405（传真）
印　　刷　北京中科印刷有限公司
经　　销　各地新华书店
版　　次　2021 年 1 月第 1 版
印　　次　2021 年 1 月第 1 次印刷
开　　本　787×1092　1/16
印　　张　23.5
字　　数　550 千字
定　　价　118.00 元

中国环境出版集团郑重承诺：
中国环境出版集团合作的印刷单位、材料单位均具有中国环境标志产品认证；
中国环境出版集团所有图书"禁塑"。

前　言

　　近年来，在打赢污染防治攻坚战国家战略的强势推动下，生态环境产业迎来了前所未有的发展机遇，涌现了一大批技术进步、科技创新的环保企业，完成了一大批工艺先进、设备精良、运行良好的创新工程，成为新时代"中国智造""中国建造"的典型代表。为了推动生态环境工程领域技术创新、管理创新和服务创新，助力打赢污染防治攻坚战，中国环境报社决定组织编纂《2020年生态环境创新工程百佳案例汇编》。

　　为高质量完成此项工作，主办方要求入围工程符合以下条件：坚持绿色发展的理念并贯穿于项目规划、设计、施工、建设、运行的全过程；生态环境技术先进、工艺成熟，在业内具有领先优势，工程案例成功运行，实现多项创新；可有效解决我国当前普遍存在的污染治理难题，经济效益、社会效益、环境效益显著；满足市场需求，发展前景可期，成功经验可复制推广。

　　活动自开展以来，得到了社会各界的积极响应，相关各方从不同渠道推荐了大量工程案例。经过编委会及评审专家认真筛选、综合评审、舆情监控，最终112项示范工程入选，在此向入选工程的建设单位表示祝贺。

　　经过精心策划，《2020年生态环境创新工程百佳案例汇编》这本具有典型性、示范性的创新工程案例汇编要正式和大家见面了。这是全国生态环境创新工程成果的一次展示，更是鞭策入选工程参建单位更好地前行、践行社会责任的共同行动，必将激励生态环境企业打造更多优秀创新工程项目。

　　为充分发挥本书的学习借鉴指导作用，主办方将把此书无偿发送给全国各级生态环境部门、工信部门、环保企业、设计院所及重点院校，为深入打赢污染防治攻坚战贡献一份力量。

编　者

2020 年 12 月

目　录

水污染防治类   193

大气污染防治类

中煤东顺清洁能源有限公司130 t/h 煤粉锅炉项目烟气脱硫脱硝除尘超低排放工程

湖南爱邦正明环保工程有限公司（以下简称"爱邦正明"）是一家国际大气污染防治先进技术中外合作典范企业，是一家专业从事环保技术装备研制、工程设计、环保服务、项目总承包业务的国际重点高新技术企业，与国际上顶尖的环保公司美国爱邦（Airborne）公司建立了长期的战略合作伙伴关系。2010年，美国爱邦公司获美国总统克林顿3 000万美元科研支持，同时有国际上顶尖学府美国耶鲁大学作为科研基地，引领国际环保高新科技。

爱邦正明注册资本1.2亿元，在长沙建有生产基地，在北京设有爱邦正明的市场发展部，在北美中心城市多伦多设有技术研究院。公司通过了ISO 9001质量管理体系认证，在美国耶鲁大学森林与环境学院、加拿大多伦多大学地理环境学院、中国南京信息工程大学气象环境学院设有爱邦正明实验室。

公司以"让整个地球村共享一片蓝天"为使命，以"高效节能"为宗旨，以"合作共赢"为初心，始终坚持以技术为先导，以人为本，海纳百川。爱邦正明以顶尖的技术服务于用户，用户遍布中国17个省（自治区、直辖市），产品技术远销美国、加拿大、丹麦、俄罗斯、土耳其、越南、尼日利亚、哥伦比亚等20多个国家和地区。

》》案例介绍

一、项目名称

中煤东顺清洁能源有限公司130 t/h 煤粉锅炉项目烟气脱硫脱硝除尘超低排放工程。

二、项目概况

该项目位于山东省泰安市东平县，由中煤东顺清洁能源有限公司投资扩建的二期装机容量为1×130 t/h 次高温次高压煤粉锅炉，一期装机容量为2×75 t 次高温次高压煤粉锅炉，该三台锅炉的配套烟气治理超低排放工程均由爱邦正明建设安装（包括设计、施工、安装、调试、运行等全过程），锅炉运营后均达到了国家环境超低排放标准，同时经济和社会效益显著。

三、项目规模

130 t/h 煤粉锅炉项目烟气脱硫脱硝除尘超低排放工程。

四、技术特点

1. 烟气的脱硫工艺

采用了爱邦正明的专利技术 FS 双循环双曝气湿法集束旋流球筛脱硫除尘一体化超低排放工艺（专利号：ZL201620161394.3）。

此工艺是爱邦正明在美国耶鲁大学森林与环境学院科研团队平台上与美国爱邦公司合作研究开发的石灰石—石膏法脱硫工艺，并且结合该公司 20 多年的脱硫实践经验总结的技术成果，在国际上处于领先水平。其主要特点为：双循环脱硫工艺脱硫效率高达 99.9%；双循环脱硫工艺的设计运行费用低，与一般的脱硫工艺相比，该工艺可降低运行成本 40%；双循环脱硫工艺的设计建造成本低，与普通的脱硫工艺相比，该工艺可节约建造投资 15%。

2. 节能超净化湿法集束除尘技术（专利号：ZL201620161395.8）

一级高效除雾采用爱邦正明发明的专利产品——湿法集束旋流球筛除尘器，它是由许多内含三层旋流板管状除尘器集束在一起，在上部筒体内装有悬浮过滤球。该产品除雾除尘效率高、阻力小。本方案设计了集束旋流球筛除尘器，解决了脱硫塔脱硫后带浆带水的难题，实现脱硫除尘双双达超低排放。

湿法集束旋流球筛高效除尘除雾工艺集合了当前管束式除尘和规流球除尘的优点，弥补了烟气量过小管束式除尘切向旋流速度不高、离心作用力偏低的不足，烟气小时所吹过滤浮球托力小，球与球之间缝隙小球筛除尘效率高；同时弥补了烟气过大规流球缝隙大除尘效率低的不足，烟气量大管束式除尘切向速度大除尘效率高。双重除尘互为弥补，并且结合该公司 20 多年的脱硫除尘实践经验总结的技术成果，在国际上处于领先水平。

该技术可取代湿式电除尘工艺。该工程已经成功应用于中煤东顺清洁能源有限公司 130 t/h 煤粉锅炉项目烟气超低排放除尘上，烟尘排放标准状态下 ≤ 5 mg/m³，完全达到国家的烟尘超低排放标准。

3. 烟气的脱硝工艺采用爱邦正明 SNCR+SCR 耦合脱硝工艺

SNCR+SCR 耦合脱硝结合了 SCR 和 SNCR 两种工艺的特点，在获得较高脱硝效率的同时，降低投资及运行成本，减少占地面积。

SNCR+SCR 耦合脱硝工艺首先利用前段的 SNCR 脱硝系统对烟气中的 NO_x 进行初级脱除，然后利用后段的 SCR 脱硝系统对 NO_x 进行深度脱除。

SNCR+SCR 耦合脱硝工艺主要的改进是省去了 SCR 设置在烟道里的复杂 AIG（氨喷射）系统，它具有以下优点：节省催化剂，脱硝效率高；反应器体积小，空间适应性强；与传统 SCR 工艺相比，系统压降减小。

五、项目优势

（1）采用了爱邦正明的脱硫专利技术脱硫单塔双区浆液循环和氧化双区曝气氧化的脱硫新工艺，使得烟气的电耗、物料消耗成本降低，投资建造费用降低。

（2）采用了爱邦正明的节能超净化湿法集束除尘技术，使该项技术取代了湿式电除尘工艺，降低了电耗，减少了操作环节，对保障安全起到了关键作用。

（3）采用了爱邦正明环保的 SNCR+SCR 耦合脱硝工艺，既兼顾了 SNCR 选择性非催化剂脱硝使用脱硝喷枪的优点，又兼顾了 SCR 选择性催化剂脱硝效率高的优点，因此节省了 SCR 脱硝催化剂的使用量，简化了设备（不需要 SCR 所需要的氨水蒸发设备、喷氨格栅和稀释风机）和工艺流程，同时使氮氧化物的超低排放达到甚至低于国家排放标准标准状态下 50 mg/m^3。

六、工程创新

（1）石灰石湿法烟气脱硫工艺技术突破了传统的工艺路线，创新性地采用了脱硫的单塔双区循环和双区曝气氧化的脱硫新工艺，脱硫的液气比在 10 左右，钙硫比为 1.03，从而达到或低于国家排放标准（标准状态下 35 mg/m^3）。

（2）湿法集束除尘技术，突破了传统的湿式电除尘技术需要电源、需要安保措施等复杂的附属设施，创新性地采用了多管束离心除尘加高分子筛球完全靠烟气的自身驱动解决了烟尘细微颗粒的去除，从而达到或低于国家排放标准（标准状态下 5 mg/m^3）。

（3）SNCR+SCR 耦合脱硝工艺技术，结合了 SNCR 脱硝高温区脱硝和 SCR 脱硝中温区脱硝的特点，通过这两种脱硝技术的有机结合，免去了 SCR 脱硝繁杂氨水蒸发设备、喷氨格栅和稀释风机等还原剂制备设备，使工艺系统化繁为简，建造费用降低，催化剂使用量减少，脱硝效率提高，从而达到或低于国家排放标准（标准状态下 50 mg/m^3）。

七、效益分析

该工程使用了爱邦正明的脱硫脱硝集束除尘技术之后，脱硫脱硝集束除尘的消耗情况如下：

石灰石消耗 0.72 t/h、电耗 263 kW·h、水耗 7 t/h，生产石膏 1.08 t/h，减排二氧化硫 0.402 t/h，减排二氧化硫 3 216 t（按年运行 8 000 h 计），20%氨水消耗 0.312 t/h，除盐水消耗 0.312 t/h，减排氮氧化物 95.2 kg/h，减排氮氧化物 761.6 t（按年运行 8 000 h 计）。集束旋流球筛除尘器（已替代湿式电除尘器）只有冲洗水耗平均为 0.75 t/h。

结论：使用了爱邦正明有专利特色的脱硫脱硝集束除尘技术之后，会给使用烟气治理的厂家和单位带来投资省、建造费用低、运行维护简单、节能降耗显著的好产品和好技术，为共享一片蓝天做出贡献。

某汽车生产厂家 VOCs 治理项目

"天下三分明月夜，二分无赖是扬州"。江苏三中奇铭环保科技有限公司（以下简称"三中奇铭"）位于国家历史文化名城——江苏省扬州市。公司注册资本 6 000 万元，是一家集 VOCs 有机废气治理设备的研发、设计、制造、安装、调试、培训于一体的科技型环保企业。公司主营产品有沸石转轮吸附再生系统、活性炭吸附再生系统、蓄热式热力焚烧装置（RTO）、有机废气催化净化装置（BCO）、蓄热式催化净化装置等。

三中奇铭是国内较早从事有机废气治理的企业之一，深耕行业 30 年，研发的 BCO 型有机废气催化净化装置 1990 年获得中国国家科学技术进步奖、1991 年荣获中国国家质量银质奖并被列入江苏省火炬计划。目前，公司拥有多项完全自主知识产权的专利及高新技术企业等荣誉，公司与国内院校及科研院所深度合作，建有现代化的企业管理体系和完整的产品研发设计体系，并拥有一支高素质的生产技术队伍。

科技筑造梦想，匠心成就未来。公司以创百年品牌为愿景，秉持创新掌控未来、奋斗永无止境的信念，致力于为中国生态环境事业的发展尽一份绵薄之力。诚信践诺、合作共赢。

》案例介绍

一、项目名称
某汽车生产厂家 VOCs 治理项目。

二、项目概况
某汽车生产厂家占地 1 000 亩（1 亩=1/15 hm²），总投资 15 亿元。该项目用于该公司涂装车间喷漆、烘干等作业时产生的挥发性有机污染物的处理。

三、项目规模
涂装车间工作制度为两班制，全年工作 251 天。其中 1#厂区涂装车间设有电泳生产线 1 条、喷漆房 10 间、烘干房 11 间，喷漆房处理总风量约 1 400 000 m³/h，烘干房处理总风量约 43 000 m³/h；2#厂区涂装车间喷漆房 6 间、烘干房 2 间，喷漆房处理总风量约 770 000 m³/h，烘干房处理总风量约 3 000 m³/h。

喷漆、烘干工艺过程均有 VOCs 废气产生，需要治理。该项目处理的 VOCs 有机废气，主要成分有乙酸正丁酯、二甲苯、三甲苯、丙苯、轻芳烃溶剂石脑油、乙基苯、乙酸-1-

甲氧基-2-丙基酯 1%～3%、乙酸-2-甲基-1-丁醇酯、甲基丙烯酸甲酯等。

四、技术特点

该项目所有喷漆、烘干生产均在密闭空间内进行，产生的 VOCs 废气经排气系统收集后进入废气处理设施，废气收集效率 90%以上。

针对各工位 VOCs 产生的环节及生产节奏，1#厂区涂装车间喷漆室废气处理采用的工艺分别为："预处理+沸石转轮吸附浓缩+RTO 焚烧""预处理+活性炭床吸附浓缩+CO 焚烧""预处理+活性炭床吸附浓缩+RTO 焚烧""预处理+沸石分子筛固定床+CO 焚烧"四种方式；烘干室废气直接采用 RTO 高温焚烧的工艺处理。处理后的废气分别汇总通过车间的两套高烟囱排放。

2#厂区涂装车间喷漆室废气处理采用"预处理+活性炭床吸附浓缩+CO 焚烧"的工艺方式处理，处理后的废气通过车间的高烟囱集中排放；烘干室废气直接采用 RTO 高温焚烧的工艺处理，处理后的废气通过单独烟囱排放。

五、排放标准

VOCs 排放速率、VOCs 排放浓度均执行标准《表面涂装（汽车制造业）挥发性有机物排放标准》（DB 32/2862—2016）。

六、项目优势

该项目将清洁生产与绿色制造的概念融入设计中，按照国家及地方环保政策要求采用符合清洁生产、绿色制造要求的先进工艺装备。

前期该项目技术工程师进行了充分的性能与数据的收集，设计针对性的治理工艺，并在充分考虑论证业主间隙生产节奏的工作模式下，通过采取切实可行的工作模式，确保日常运行费用（能耗、备件、耗材等）最低化。

在设备结构方面，按废气处理系统工艺流程进行顺序布置，结构布局合理、紧凑，并设置符合规范的设备维护平台、检修通道及照明。设计时充分考虑工艺功能需要，最大限度地考虑对操作者维修便利及安全的人机工程，从设备前端的多级预处理装置到终端智能化人机工程，通过高效的收集和深度的治理措施，VOCs 排放量将减少 90%以上。

性能设计方面，充分考虑整套系统的安全保障措施，优化工艺设计，节能降耗，整套废气处理设备具备防火、防爆安全联锁功能。该项目为用户提供了十大安全保障措施，如涂装线和废气处理之间设置防火墙、过滤压力报警器、RTO 火焰隔断器、压力监控保护、温度监控保护、爆炸极限检测仪、智能化控制中心等，为企业的安全生产保驾护航。

项目设计充分考虑预留喷漆室的废气处理空间，保证后期产能升级、设备可扩建。

七、工程创新

根据1#厂区涂装车间涂装生产特性，对烘干室排风进行优化，使两套RTO一用一备。余热充分利用，使RTO同时具备活性炭脱附、烘干室废气焚烧的功能。

在符合环保要求及生产性能的基础上，对1#厂区涂装车间喷漆室进行风量优化，节能减排。

通过云联网实现设备运行远程监控，帮助车间管理人员管理好本套设备，使之能长期稳定地达标排放。

八、效益分析

增加一道专利过滤结构，自身无须频繁更换，减少后道过滤更换频次，降低运行费用，可减少30%以上后道过滤费用。

通过余热充分利用，每年可节约天然气费用及电费约110万元。

通过RTO一用一备优化，每年可节约天然气费用及电费约114万元。

通过末端治理设施的废气处理，可每年减少VOCs排放约60 t。

液氮冷凝氯丙烯废气治理和回收系统

上海协柯环保设备有限公司（以下简称"协柯环保"）成立于 2015 年，是一家专业从事环保技术开发、提供 VOCs 深冷冷凝回收和高浓度氨氮废水处理系统及设备的解决方案、设计、建设、安装调试和售后服务的环保企业。公司具有强大的技术研发能力，拥有自主创新的液氮冷凝 VOCs 回收装置和高浓度氨氮废水吹脱系统核心技术，并取得 16 项国家专利，这些技术产品广泛应用于生物制药、精细化工、石油化工、液体化学品仓储、微电子和半导体等多个行业，业绩突出，成为挥发性有机废气深冷冷凝和高浓度氨氮废水处理领域的领军企业。

▶▶ 案例介绍

一、项目名称

液氮冷凝氯丙烯废气治理和回收系统。

二、项目概况

协柯环保承接的江苏富淼科技股份有限公司含氯废气（氯丙烯、氯丙烷、氯乙烷、二甲基烯丙基胺、HCl、H_2O）治理项目。协柯环保采用了碱洗+分子筛脱水+液氮冷凝回收组合技术，使高浓度的含氯废气从 233 g/m^3 降为 30 mg/m^3，达到了严于国家标准和地方标准的环评报告非甲烷总烃浓度低于 33.5 mg/m^3 的排放要求。2020 年 7 月，协柯环保被业主授予"废气深冷处理系统优质合作供应商"称号。

三、项目规模

一套 300 m^3/h 分子筛脱水+液氮冷凝回收装置，投资 400 万元。

四、技术特点及项目优势

高浓度、含氯、含水、酸性废气不能焚烧，难以吸附净化，采用了碱洗+分子筛脱水+液氮冷凝回收组合技术有效地解决了废气治理技术难题，特别是利用业主原有每天 6 t 氮气保护所需液氮气化冷量，达到了资源充分利用，节能环保的设计目标。

五、工程创新

改分子筛脱水装置加热再生开路循环为闭路循环，解决了脱水装置含氯再生气体外排造成污染的风险；避免了由于含氯再生气体进入液氮冷凝装置处理所带来的投资和运行成本的增加。该技术 2020 年 4 月获得中国实用新型专利《一种 VOC 氮气闭路循环脱水装置》（专利号：CN21035535U）。

六、效益分析

年运行费用 77 220 元，年回收冷凝液价值 2 750 220 元。

烟羽治理及烟气余热回收项目

石家庄诚峰热电有限公司（以下简称"诚峰热电"）为万浦投资（中国）有限公司旗下的热电联产企业，公司成立于 1997 年，2000 年 10 月一期 2 台 12 MW 机组建成投产运行，2004 年二期 1 台 24 MW 机组建成投产运行，2015 年三期 1 台 25 MW 背压机组建成投产运行，总装机容量为 73 MW，锅炉总蒸发量为 590 t/h。

诚峰热电始终秉承绿色环保的理念，主动减排，承担社会责任，多年来在环保设施上累计投资近 2.5 亿元，不断对环保设备、设施进行升级改造。公司在 2015 年共投资 5 000 余万元完成了一期、二期脱硫脱硝项目改造，并通过了环保相关部门的验收，实现了各项排放指标的超低排放。2018 年投资 2 000 万元完成锅炉脱硝升级改造，并提前完成了河北省"深度减排"任务，实现了氮氧化物浓度小于 30 mg/m³、二氧化硫浓度小于 25 mg/m³、粉尘浓度小于 5 mg/m³ 的排放指标。2019 年、2020 年共投资 6 200 多万元率先完成河北省范围内烟羽治理环境工作，为正定县的蓝天保卫战做出了贡献。

诚峰热电是正定县唯一一家供热企业，担负着正定县 6 万户居民用户、800 万 m² 的供热任务。公司本着服务于民的宗旨，重视供热质量，建厂以来受到社会各界的广泛认可，成为石家庄及周边县（市）供热单位的榜样。

▶▶ 案例介绍

一、项目名称

烟羽治理及烟气余热回收项目。

二、项目概况

一期 1#—4#炉烟羽治理工程投资 3 700 万元，于 2019 年 6 月开工建设，11 月投入生产运行。设计非供暖期，烟气温度不超过 48℃，烟气含湿量（用体积百分数表示）不超 11%。在供暖期时，温度不超过 30℃，烟气含湿量（用体积百分数表示）不超 4.5%，二氧化硫浓度降低 10 mg/m³，烟尘浓度降低 3 mg/m³，设计余热回收量 26 MW。工程配套配置 2 台 36 MW 溴化锂吸收式热泵机组、2 台喷淋塔、2 台热网水增压泵、3 台冬季喷淋泵及其他配套辅机设备。

二期 5#炉烟羽治理工程投资 2 500 万元，于 2020 年 6 月开工建设，11 月投入生产运行。设计非供暖期烟气温度不超过 48℃，烟气含湿量（用体积百分数表示）不超 11%。在供暖期时，温度不超过 30℃，烟气含湿量（用体积百分数表示）不超 4.5%，二氧化硫浓度降低 10 mg/m³，烟尘浓度降低 3 mg/m³，设计余热回收量 18 MW。工程配套配置 1 台 43.25 MW 溴化锂吸收式热泵、制冷双工况机组（冬季制热，夏季供冷），1 台喷淋塔、2 台热网水增压泵、3 台冬季喷淋泵及其他配套辅机设备。

三、烟气余热回收原理

1. 工作原理

烟气余热回收，即通过冷却水与锅炉排烟中的烟气进行换热，冷却水吸收烟气中的热量，温度升高，然后进入溴化锂吸收式热泵机组进行换热，将热量释放给热泵，冷却水热量释放后重新返回锅炉烟气中再进行吸热，形成循环系统。同时热泵机组吸收热量后，经过热泵机组热量传递给外网供热的循环水，使供热循环水温度升高，达到提高循环水供热温度的目的。

2. 工艺流程

在喷淋式喷淋塔内喷淋循环水与锅炉出口烟气进行喷淋换热，喷淋水吸收烟气热量后与凝结水一起回到水箱中进行加药处理，循环水用循环水泵打到热泵机组进行换热，喷淋循环水放出热量后温度降低再回至喷淋塔进行喷淋换热，热泵机组吸收热量后将热量传递给外网供热循环水。

水处理系统：因烟气中含有 SO_2 和 NO_x，喷淋余热水与烟气接触换热后，喷淋余热水呈酸性，系统安装的 pH 检测装置实时检测喷淋后余热水的 pH，系统配置中和装置采用碱性溶液，根据 pH 变化自动调节碱液泵输碱量，调节系统 pH，使整个系统处于碱性状态，避免系统管道及设备出现腐蚀现象，同时中和后的烟气凝结水可作为脱硫补水或热网补水使用。

热网水系统：经过凝汽器升温后的 60℃热网水经热网水增压泵打入热泵制冷机组加热至 78℃后，再回至热网回水管，进入汽水换热器加热至所需温度后供出，满足供热需求。

烟气系统：经过脱硫塔从除尘器出来的热烟气进入喷淋塔的下部进烟口，与余热循环水换热后，从上部出烟口出烟进入连接烟囱入口烟道，烟气温度降至 30℃后排至大气中，降温的烟气中水蒸气含量大幅减少，释放出大量的汽化潜热。

余热水系统：从烟气中回收余热的喷淋塔与给余热水降温的热泵制冷机组通过余热水管道构成闭环系统，中间通过余热水循环泵驱动循环。经热泵制冷机组降温后的余热水在喷淋塔内与烟气直接接触换热，吸热升温后的余热水再进入热泵制冷机组降温，降温后的余热水又返回喷淋塔继续与烟气换热，完成整个循环。

蒸汽系统：为保证热泵制冷机组能实现回收烟气余热产生供热，必须有高压蒸汽进行驱动。驱动蒸汽为热泵制冷机组在采暖季和制冷季提供驱动。项目采用的驱动蒸汽规格为 0.9 MPa，300℃（0.8～1.0 MPa，280～310℃）。

四、项目优势、工程创新

该工程既达到了燃煤电厂烟羽治理的目的，又达到了回收烟气余热的目的，既满足了环境治理要求，又增加了企业效益，适用于各燃煤供热发电机组。

该工程采用了喷淋塔降低烟气温度与热泵机组相结合的运行方式，实现了火电厂烟羽治理与余热回收的目的，同时热泵机组选取了制冷、制热双工程机组，达到了冬季供热、夏季供冷的创新方式，实现了热电厂冷、热、电三联供运营模式。

五、效益分析

项目建成投产后，可增加供热面积 90 万 m^2。年可减少二氧化碳排放 20 t，减少粉尘排放约 4 t。全厂效率可提升 6%～8%，发电煤耗降低 20～30 g/（kW·h），年可节约标煤 1 万余 t。

每年效益创收 2 000 多万元，3 年即可收回投入成本。

石灰窑烟气干法脱硫—布袋除尘—低温脱硝关键技术与应用

国家高新技术企业——盐城市兰丰环境工程科技有限公司（以下简称"兰丰环境"）由国家"万人计划"科技创业领军人才范兰于2008年创办，注册资本1.18亿元，公司拥有亭湖环保科技城、盐城国家高新区智能环保装备两大生产基地，现有员工200多名。兰丰环境2018年入选工业和信息化部《环保装备制造行业（大气治理）规范条件》企业名单，是国家知识产权优势企业、省服务型制造示范企业、省科技小巨人企业、省"两化"融合示范企业，以及省、市环保产业龙头企业，是一家专业从事新一代除尘、脱硫脱硝、VOCs净化等技术研发、设备制造及工程总承包业务的综合型环保科技企业。

兰丰环境建有省工程技术中心、企业技术中心、工业设计中心、博士后创新实践基地等研发平台；专注细分领域技术创新和突破，以快半步的市场敏锐性高效率推进成果转化应用，快速提升企业核心竞争力，成为国内矿用干式除尘设备的倡导者和先行者，碳素等行业烟气综合治理的领军企业，率先在石灰窑炉、生物质发电等行业超低排放实现突破。先后承担国家、省科技项目5个，累计获得32件发明专利、78件实用新型专利及4件国际专利，参与制定10项行业标准。烟气脱硝设备、石灰石—石膏法脱硫设备等多个产品被评为国家、省（市）科技奖项，被认定为江苏省首台（套）、省高新技术产品。

≫ 案例介绍

一、项目名称

石灰窑烟气干法脱硫—布袋除尘—低温脱硝关键技术与应用。

二、项目概况

东方希望（三门峡）铝业有限公司目前配套两条2×750 t/d石灰回转窑生产线，其烟气主要成分有粉尘、二氧化硫、氮氧化物等，经测定：标准状态下粉尘浓度为4 g/m³，二氧化硫浓度为50～200 mg/m³，氮氧化物浓度为400 mg/m³。改造前，石灰生产线采取的烟气治理工艺为：煅烧产生的高温烟气先到预热器内与石灰石进行热交换，温度降至280℃以下，烟气再经过余热锅炉进行余热利用，温度降至160℃，烟气经收尘器过滤后（标准状态下30 mg/m³）通过系统引风机、烟囱排入大气，而二氧化硫、氮氧化物也随之排入大气中，对大气造成不可逆的污染。近年来，国家环保治理力度不断加大，对工业窑炉的排放也提出了更严格的要求，不少地方政策要求企业实行超净排放的标准，即标准状态下粉尘浓度＜5 mg/m³，二氧化硫浓度＜35 mg/m³，氮氧化物浓度＜50 mg/m³。为此，公司积极响应政策要求，对石灰窑烟气进行深度治理，采用兰丰环境自主研发的石灰窑烟气治理工艺，即干法脱硫+布袋除尘器+低温 SCR 脱硝方案，现已建成并投入使用，成为全国第一条石灰回转窑超低排放生产线。

三、项目规模

项目总投资 1 500 万元，占地面积 345 m²，标准状态下处理风量 130 000 m³/h，排放指标：氮氧化物浓度＜50 mg/m³，二氧化硫浓度＜35 mg/m³，颗粒物浓度＜10 mg/m³。

四、工艺路径及技术原理

工艺路径：高温烟气中喷入碳酸氢钠细粉，进入高温布袋除尘，然后进入 SCR 脱硝，最后由业主的原引风机排入原来的烟囱。即回转窑—（1 000～1 100℃）竖式预热器—均值 200℃—SDS 干法脱硫—均值 190℃—布袋收尘器—均值 180℃—SCR 低温催化剂脱硝—均值 160℃—引风机—烟囱。

技术原理：结合石灰窑炉的烟气特性，即烟气温度高、SO_2 初始浓度较低、粉尘浓度高、NO_x 浓度高等特点，通过对尘硫硝治理路径的全面分析，本项目研究出一条技术经济指标较高的治理工艺——约 200℃的高温烟气首先进行干法脱硫将 SO_2 脱除至标准状态下 35 mg/m³ 以下，然后采用布袋除尘将粉尘控制在标准状态 10 mg/m³ 以下，最后在良好的低硫低尘工况下，烟气进入 SCR 低温脱硝，将 NO_x 的浓度控制在标准状态 50 mg/m³ 以下，最终实现石灰窑炉烟气治理的超低排放。

五、技术特点

（1）SDS 干法脱硫与湿法脱硫相比，全系统无工业水消耗和废水产生，更不会增加焦炉烟气本身的湿含量；脱硫剂直接喷入烟道、无脱硫塔，不增加石灰窑系统阻力；系统简单，操作维护方便，灵活性高，可以随时根据烟气中酸性物质的含量自动调节脱硫剂的喷入量来保证最终的排放指标；副产物产生量少，脱硫效率高达 95%以上，硫酸钠纯度高，可方便利用；系统不需要做特殊的防腐，无"大白烟"产生，电耗低，运行费用少，占地面积小。

（2）采用 SCR 脱硝工艺，不需要升温，还原剂为氨水，氨区公用。SCR 反应器采用独立布置方案，按"2+1"层催化剂布置。采用氨水先气化再注入烟道的还原剂加入方式，技术先进可靠，有效避免了氨水不完全气化造成的不利影响，完全消除了未气化氨水对烟道腐蚀和催化剂失效的风险。

（3）对现有除尘器进行改造，不改变现有除尘器的结构，不增加现有除尘器箱体高度，主要是更换原高温滤袋，增加袋室，降低过滤风速，既快又省，还能达到超低排放的要求。

六、项目优势

该项目采用合理优化的工艺路径，实现了石灰窑烟气治理超低排放，使技术经济指标达到最佳。利用烟气出口的余温（约 200℃）直接进行干法脱硫，取消了常规的湿法脱硫，避免了废水和"大白烟"的产生，极大地减少了业主的投资成本；通过新增1个室、降低除尘器的过滤风速、更换耐高温的P84+PTFE覆膜滤袋、采用有机硅喷涂笼架，提高了布袋除尘器的除尘效率和使用寿命；脱硫除尘之后进行SCR低温脱硝，在低硫低尘的工况下大幅降低催化剂堵塞的可能性，实现石灰窑炉烟气的超低排放。

通过本项目的实施，污染物排放优于超低标准排放要求，标准状态下氮氧化物浓度为26～28 mg/m³，二氧化硫浓度＜13～16 mg/m³，颗粒物浓度＜2.3～3.0 mg/m³。

七、工程创新

目前，这项技术工艺路线在焦炉行业已经得到应用，但在石灰窑炉烟气治理领域，兰丰环境是国内第一家成功应用此技术的生态环境企业。

（1）不是新上设备，而是采用除尘增加仓室，对现有除尘器进行改造（不改变现有除尘器的结构），节约了投资，压缩了施工周期，实现了节约化。

（2）采用低温脱硝技术，系行业首创，效果良好。

（3）采用干法脱硫，脱硫效率高（可达95%以上），无废水产生，无附产品石膏，不产生二次污染，有效避免烟囱"大白烟"的产生。

（4）技术工艺简洁，运行稳定可靠，一次性投资少，运行成本低，占地面积小，满足超低排放指标。

八、效益分析

经过该技术工艺的烟气深度治理，实现超低排放，可每年减排SO₂ 192 400 kg、粉尘4 157 192 kg、NOx 386 880 kg，按污染当量并按河南省污染当量征收标准换算，年可节约591.5万元，实现减排增效、保护环境和绿色可持续发展。

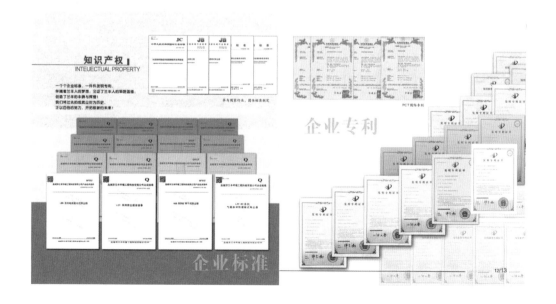

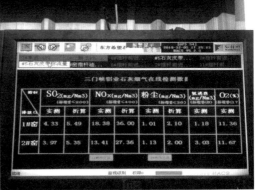

东莞奇妙包装有限公司废气治理项目

西安昱昌环境科技有限公司（以下简称"昱昌环境"）骨干团队来自航天液体火箭发动机研究院，利用航天军工"燃烧、热能、密封、自控"四大核心技术转化应用，专注于挥发性有机物废气综合治理及节能技术开发，成为环保高端装备制造的高新技术企业。公司具有温度场仿真、空气流场仿真建模计算能力，80%以上的骨干技术人员具有机电一体化高端装备设计制造和热能系统工程设计制造经验。

公司在西安建有航天研发设计中心、鄂邑草堂生产基地，生产面积 1.5 万 m²，年产值达 3.5 亿元；公司现有员工 280 余名，包括 60 余名研发技术骨干，博士、硕士占比超过37%，其中研究员级高级工程师 3 名、高级工程师 6 名、热力学博士 2 名；公司以旋转式蓄热氧化焚烧炉（RTO）为核心产品，结合自身拥有的环保和热能系统工程技术专长，可为客户提供"环保+节能"VOCs 废气治理整体解决方案。

昱昌环境以"贯彻国家军民融合战略，提升国家环保产业技术"为己任，推出"以环保为宗旨、以高效治理为特长、以节能为目标"的产品及服务，得到市场的广泛认同。

昱昌环境以"心向阳光，万事昱昌"为经营理念，励志追求环境保护与经济增长的和谐发展。

➤➤ 案例介绍

一、项目名称

东莞奇妙包装有限公司废气治理项目。

二、项目概述

该项目针对东莞奇妙包装有限公司印刷车间有机废气情况，采用 LEL 并联减风浓缩+旋转式 RTO 对生产车间有组织排放的有机废气进行治理；针对东莞奇妙包装有限公司复合车间有机废气情况，采用串联式减风浓缩+旋转式 RTO 对生产车间有组织排放的有机废气进行治理；采用转轮浓缩+旋转式 RTO 对印刷、复合车间环境排放的有机废气进行处理。有机废气分解产生多余热量可为生产设备印刷机和干式复合机的烘干热风装置提供热能。

三、项目规模

该项目共规划 3 台标准状态下 30 000 m³/h 风量的 RTO、1 台标准状态下 100 000 m³/h 的转轮。

四、项目内容

（1）9 台印刷机经 LEL 并联减风增浓改造后烘箱有组织废气风量平均降至 64 000 m³/h，由接力风机送入集气箱；

（2）8 台复合机经串联减风增浓改造后烘箱有组织废气风量平均降至 36 000 m³/h，由接力风机送入集气箱；

（3）复合车间、印刷车间、调胶房及印刷机低位无组织废气排风量设计 110 000 m³/h，经过滤装置后由风机送入沸石转轮吸附浓缩，浓缩 12 倍，浓缩后的高浓度废气 10 000 m³/h 由脱附风机送入集气箱；

（4）进入集气箱的废气风量总计 110 000 m³/h，根据设备工作情况，可自由匹配选择 RTO 开机数量；考虑所有设备的开机率情况，故选择 3 台标准状态下 30 000 m³/h 风量的 RTO 和 1 台标准状态下 100 000 m³/h 的沸石转轮共同处理 9 台印刷机、8 台复合机烘箱有组织废气和复合车间、印刷车间、调胶房及印刷机无组织废气。

五、技术特点及优势

1. 减风增浓

LEL 并联减风增浓是一款针对软包装印刷机的热风设备，通过替换传统的热风装置，凭借自身卓越的减风增浓理念，在保障干燥能力不下降的前提下，减少设备排风总量，提高废气浓度，优化车间工作环境。在节约加热能耗的同时，与后端旋转式 RTO 的高效结合，解决企业的 VOCs 治理难题。

设备的优点：

（1）风机使用变频循环风机，可对循环风量进行有效控制，单色干燥能力可控；

（2）电动风阀可控制每一色的排废量，若单色停机的情况下可关闭该色的排废和地排风；

（3）排废总管负压值设定合理，所有烘箱均为微负压吸风状态，加之地排风的合理布置，可有效降低车间异味；

（4）独有的控制理念——版辊合压信号连锁电动风阀，在版辊抬起时关闭电动风阀、版辊合压时开启到设定开度，从而避免非印刷状态时将无浓度气体抽入后端 RTO；

（5）LEL 总量富集控制技术，根据总排废 LEL 数值设定管道负压，并根据印刷面积合理设定每一色电动风阀的开度，最终达到减风增浓的效果，另外每色安装 1 个 LEL 显示表；

（6）免费供热，后端 RTO 回收的余热可供印刷设备使用，有效地降低了设备的能耗和电费，节省用户开支；

（7）确保排废总管的 VOCs 浓度低于爆炸下限的 25% 以下，在大幅减小排风量的同时保证生产安全。

2. 沸石转轮

转轮采用蜂窝状沸石吸附材料，通过吸附浓缩法高效吸附废气中的 VOCs，适用于低浓度、大风量的 VOCs 处理。自沸石转轮系统问世以来，广泛应用于世界各国工厂的喷涂、印刷、半导体、液晶及化学等各种工序中。适用的 VOCs：苯、甲苯、二甲苯、苯乙烯、己烷、环己烷、MEK、MIBK、丙酮、乙酸乙酯、NMP、THF、甲醇、乙醇、丙醇-1C、丁醇及各种氯体系溶剂等。

沸石转轮处理设备具有以下优势：

（1）蜂巢沸石有很多孔隙（具有很大的内表面），可吸附大量 VOCs 分子（即吸附量大）。沸石吸附剂具有离子性，孔径大小较整齐均一，可依分子大小与极性的不同进行选择性吸附。

（2）沸石转轮对某些极性分子在较高温、低分压下仍能保持很强的吸附能力。

（3）沸石转轮可处理相对湿度较高的有机废气，而不会降低处理效率。

（4）沸石本身具有一定的耐温性，印刷行业所产生的 VOCs 在 200℃条件下基本上可完全脱附。处理效率高，可达 95%。

3. 旋转式 RTO

旋转式 RTO，也称旋转式蓄热氧化焚烧炉。其原理是在高温下将可燃废气氧化成对应的氧化物和水，从而净化废气，并回收废气分解时所释放出来的热量，废气分解效率达到99.5%以上，热回收效率达到 95%以上。

根据本项目实际情况，为旋转式 RTO 配备余热蒸汽炉，将汽化后的蒸汽与原有蒸汽锅炉产生的蒸汽并入集气调压箱，送入车间的用热设备，达到节能目的。

旋转式 RTO 与床式 RTO 相比，优势见下表。

旋转式 RTO 与床式 RTO 对比表

RTO 类别	两床式 RTO	三床式 RTO	旋转式 RTO
对管道风压影响	±500 Pa	±250 Pa	±25 Pa
占地面积（以两床为基准）	100%	130%	65%
装机功率	129 kW	155 kW	93 kW
重量（以两床为基准）	100%	150%	80%
排烟温度	进口+45℃	进口+30℃	进口+30℃
综合热效率	84%	92%	95%
净化效率	95%	99%	99%
结构	4 个阀	9 个阀、9 个风门	1 个旋转阀
阀门维护费用	4 万/年	6 万/年	1.5 万/年

旋转式 RTO 是第三代 RTO，在各方面性能及后期维护费用上都全面优于床式 RTO。

六、效益分析

用电费用 4 万元/月（包含减风增浓部分节省电费），天然气费用 10 万元/月（含工况不稳定，节假日后启炉）。蒸汽产出约 2 t/h。

年运行费用：（4+10）万元/月×12 个月=168 万元

余热年收益：2 t/h×24 h×300 d×220 元/t=316.8 万元

实际收益：148.8 万元/年

有机卤素（氟、氯）废气废液焚烧系统

　　江苏立宇环境科技有限公司（以下简称"立宇环境"）坐落于山青水秀、风景优美的太湖之滨江苏无锡，地处长三角经济带，是一家专业从事焚烧炉及工业水处理的民营企业，公司注册资金 2 018 万元。

　　立宇环境是一家集环保设备研发、设计、制造、销售、安装、调试、售后服务于一体的国家高新技术企业，具备机电安装总承包三级资质，环保工程总承包三级资质，安全生产许可证。特别是在危险废物焚烧、贵金属焙烧炉、VOC 废气治理催化氧化和 RTO，以及氟硅行业废气、废液、浆渣焚烧和废水处理等设计方面有着丰富的经验，与浙江贵大、江西君鑫、福建有道、厦门三维丝、韩国鸣远等诸多国内外知名企业均有合作。

　　立宇环境是专门从事各类工业危险废物处置的专业化公司，公司拥有焚烧炉自有专利技术多项并已有较多项工程实例，且在江苏理文化工有限公司（港资）的有机卤素（氟、氯）废气废液焚烧系统工程实例中有很多的创新之处。比如，结构设计采用框架式设计和有机卤素（氟、氯）废气废液专用焚烧炉设计。

　　结构设计采用框架式设计：为了节约业主占地面积，该套工艺系统设备在结构设计上采用框架式结构，将焚烧炉后面的所有急冷、喷淋等塔器用型钢悬挂，将集酸罐等布置在塔的下方，这样不仅外观整洁、漂亮，而且节约占地面积，减少业主的土建投资，同时使整套工艺运行更加流畅。

　　有机卤素（氟、氯）废气废液专用焚烧炉设计：化工企业在生产过程中，会产生含氟或含氯有机废液废气，无法采用常规生化或物理方式处理，立宇环境根据废液废气的特点，结合自有专利技术设计的有机卤素（氟、氯）废气废液专用焚烧炉无疑是该废液无害化处理的理想选择。可利用余热（焚烧后的高温烟气）回收高温蒸汽；还可以回收烟气中的氢氟酸或盐酸，最高含量可达 30% 以上；经处理后的烟气达标排放。

≫ 案例介绍

一、项目名称

有机卤素（氟、氯）废气废液焚烧系统。

二、运行单位

江苏理文化工有限公司（港资）。

三、项目概况、规模及技术流程特点

公司为江苏理文化工有限公司（港资）新建 1 套有机卤素（氟、氯）废气废液焚烧系统。江苏理文化工有限公司（港资）CMS 项目，生产过程中将产生少量有机氯废气、残液危险废物，必须按照减量化、安全化、资源化的原则，予以有效处置，这是确保企业正常生产、稳步发展的基础。

此工程案例焚烧装置的焚烧工艺流程介绍：处理量为有机卤素（氟、氯）废气 200 kg/h、残液 100 kg/h，年处理总量为 2 400 t。此系统的燃烧器点燃后燃烧，比调控制，炉内至设定（850℃）温度后打开废气切断阀，废气经雾燃烧嘴进入炉内燃烧，补氧空气（调节阀控制）进入炉内助燃，炉内温度至 1 100℃后打开废液切断阀，废液经雾化空气通过喷枪雾化进入炉内，废液投料量根据流量计由调节阀进行调节，补氧空气与炉温联锁并多段送入炉体内。废气、废液在炉内根据燃烧"3T"（温度、时间、涡流）原则在燃烧室内充分氧化、热解、燃烧，使有机物破坏去除率达到 99.99%以上，燃烧温度维持在 1 100±50℃。废气、废液充分燃烧产生的 1100±50℃高温烟气进入余热锅炉回收大量热量经余热锅炉回收 1.0 MPa 蒸汽，出余热锅炉的 550℃烟气再经急冷塔进行快速降温，使烟气温度从 500℃降到 80℃以下，经急冷塔瞬间降低烟气温度防止二噁英的再合成，烟气再经喷淋塔、水洗塔洗涤，吸收烟气中的 HCl，回收 25%～30%盐酸。

烟气经喷淋塔、水洗塔，将烟气中的水蒸气及酸性气体冷凝回收酸液。循环的酸液温度不断升高，该方案采用石墨换热器进行换热降温。

烟气经过碱洗塔进一步降温及中和残留酸性气体。烟气最后经过雾水分离器去除大颗粒水滴，达标烟气通过引风机由烟囱排放。根据废气、废液的成分及燃烧分解后的产物分析，烟气中的主要污染因子为 HCl，所以整套工艺在设计时必须考虑盐酸回收洗涤吸收。

四、工程案例工艺上的创新优点

（1）结构设计采用框架式设计：为了节约业主占地面积，该套工艺系统设备在结构设计上采用框架式结构，将焚烧炉后面的所有急冷、喷淋等塔器用型钢悬挂，将集酸罐等布置在塔的下方，这样不仅外观整洁、漂亮，而且节约占地面积，减少业主的土建投资，同时也使整套工艺运行更加流畅。

（2）蓄热墙设计：焚烧炉出口设计蓄热墙，增大了燃烧面积，提高燃烧效率，减少烟气中可能存在的碳颗粒粉尘。

（3）耐火材料结构设计：本次工程耐火材料耐火层选用铬刚玉耐火材料，其 Al_2O_3 含量大于 93%，氧化铬含量大于 5%，除材质配方有所优化外，在结构上增加了一层纳米陶瓷纤维材料，该材料紧贴钢板铺设，具有导热系统极低，重量轻且耐高温、热稳定性好等特点，应用在该焚烧系统上可有效减少散热损失，从而达到了节约燃料的效果。

（4）急冷塔采用整体石墨结构：本工程焚烧炉出来烟气需急冷，急冷塔采用整体石墨塔（非衬里）和水夹套冷却结构，喷头采用石墨制淋水盘式，可确保降温效果。前置万向伸缩耐高温石墨管道（专利技术、细颗粒高密度石墨材料），以确保石墨急冷的效果及使用寿命。

焚烧系统可保证装置正常运行时产生的废气、废液能够安全、稳定地焚烧。废气、废液经过高温分解无害化，其工艺所产生烟气达标排放，响应了国家减量化、无害化、资源化的设计方针，秉承减少污染、节约能源、美化家园、善待地球的理念，烟气排放标准按《危险废物焚烧污染控制标准》（征求意见稿）（GB 18484—2014）及《石油化学工业污染物排放标准》（GB 31571—2015）最新标准实施，以最严格的排放指标执行。

神华河北国华沧东发电有限责任公司（河北国华黄骅发电厂）2×660 MW 机组深度脱硫节能改造工程

北京中能诺泰节能环保技术有限责任公司（以下简称"中能诺泰"）是一家致力于烟气治理、废水处理、固体废物处理及土壤修复的国家级高新技术企业，注册资本 1.05 亿元，拥有环保专项（大气）设计甲级、环保专项（水）设计乙级、环境工程总承包一级资质、国家发改委颁发合同能源节能服务资格，通过 GB/T 19001/ISO 9001、GB/T 24001/ISO 14001、GB/T 28001/ISO 18001 三体系认证，荣获了全国大气治理行业领军企业、国家煤炭清洁利用科技支撑技术、首都蓝天行动支撑技术等荣誉。

中能诺泰是一家集技术研发、工程设计、项目建设及运营管理于一体的环保工程技术公司，技术涵盖烟气治理、废水处理、固体废物处理以及土壤修复四大生态环境领域。公司自主研发的烟气超低排放技术、高盐废水深度处理技术、污泥资源化技术以及引进国外技术再开发的船舶脱硫技术、土壤修复技术均处于国内领先水平，其中超净排放技术处于国际先进水平。目前，公司已获得各类节能环保技术专利 86 项，正在审核专利 30 余项。

烟气超净排放技术包括高效节能气液耦合脱硫技术、高效除尘除雾技术、高效湿电技术、消除白色烟羽技术等可组合应用的系列超净排放技术。技术已在包括五大电力公司、地方电力公司、钢铁烧结机等烟气超净排放近百个项目中得到应用，具有独特的节能高效、运行稳定的特点，得到了业主和专家的好评。公司的气旋湿式电除尘技术已被列为国家煤炭清洁利用支撑技术。

》案例介绍

一、项目名称

神华河北国华沧东发电有限责任公司（河北国华黄骅发电厂）2×660 MW 机组深度脱硫节能改造工程。

二、项目概况

中能诺泰自主研发设计的"河北国华黄骅发电厂深度脱硫除尘节能一体化改造工程"被评为"国家能源集团重大技改项目"，为大型火电机组湿法烟气脱硫的节能提效改造提供了一种新颖、可靠、性价比高的新工艺设备选择。

此次改造可实现湿法脱硫塔硫及粉尘超低排放，同时解决脱硫运行能耗高和运行维护工作量大等问题，改变了火电厂需通过采用增加喷淋层投入和传统湿式电除尘等大规模改造才能实现烟尘超低排放的现状，是中能诺泰将专利技术产品"气液耦合器"升级改进后应用在大型火电机组湿法脱硫上并取得良好节能提效的案例。

三、项目规模

河北国华黄骅发电厂位于河北省沧州市，目前建有 2×600 MW 和 2×660 MW 燃煤发电机组，同步配套海水淡化工程。机组自投产以来运行情况良好，经济、社会效益显著，已成为京津唐电网重要支撑点和国家建设渤海新区能源、淡水的保障。

根据河北省燃煤电厂深度减排验收标准，电厂燃煤锅炉（除层燃炉、抛煤机炉）在基准氧含量 6% 的条件下，颗粒物、二氧化硫、氮氧化物排放浓度分别参照标准状态下不高于 5 mg/m^3、25 mg/m^3、30 mg/m^3 的标准。

沧东电厂积极响应上述减排要求，现有机组各配套湿法脱硫塔 1 台，采用石灰石湿式脱硫，吸收塔设置 3 层喷淋装置、2 层除雾器，脱硫效率设计不小于 95%，需要进一步进行脱硫提效改造。此次改造共 3 台机组，由中能诺泰负责全部改造方案设计工作并提供核心技术产品，现已全部改造完成。

四、技术特点

1. 采用气液耦合脱硫技术，克服常规湿法脱硫技术缺陷

常规石灰石—石膏喷淋式湿法脱硫塔在超低排放工程中，进一步提高脱硫效率时遇到的几个"瓶颈"问题：

（1）脱硫塔内烟气偏流造成烟气短路（俗称"烟气爬壁"）导致脱硫效率低。

（2）浆液与烟气接触时间短、接触频率低，为提高脱硫效率需增加喷淋层。

（3）浆液液滴的液膜对烟气吸收阻力大，为降低液膜阻力需减小液滴体积，浆液雾化液体过小又带来脱硫塔气液夹带严重，易形成烟气二次污染。

（4）喷淋层下部区域烟气温度过高，不利于浆液对二氧化硫的吸收。

2. 核心技术产品升级，脱硫节能提效功能升级

此次改造在脱硫塔内新增双气旋气液耦合器，是在原有专利技术产品基础上进一步提升性能的产品，使穿过双气旋气液耦合器的烟气和喷淋液滴混合旋转加强，增加烟气和浆液的碰撞频率和反应时间，使喷淋浆液对硫和粉尘的吸收反应更加充分，达到更优的脱硫和除尘效果。

同时，气液耦合器的内外双气旋结构特点，使烟气穿过气液耦合器产生的湍流旋转力相互抵消，从而使穿过气液耦合器的烟气均匀垂直上升，防止强力旋转的烟气破坏浆液喷淋效果，造成喷淋浆液均匀性下降，弱化吸收效果。

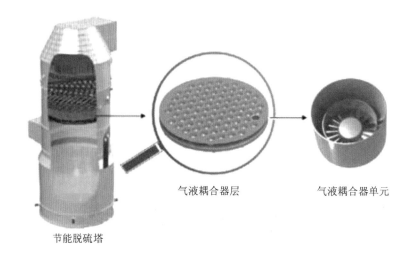

气液耦合器层　　　　气液耦合器单元

节能脱硫塔

气液耦合器安装

五、项目优势

该工程为实现超低排放加装气液耦合器后具有以下工程优势：

（1）有效降低了改造成本和运行成本，在保证脱硫效率的前提下，加装气液耦合器可有效降低液气比，减少喷淋层加装量，可使改造投入降低，同时降低运行成本。

（2）在喷淋吸收塔内加装气液耦合器提高脱硫效率的同时，其除尘效率明显提高，还不会产生液滴二次破碎雾化产生的气液夹带造成浆液二次污染的问题。

（3）改造工程简单易行，无须对吸收塔做大的改动，只需在烟气入口与最下层喷淋层之间加装气液耦合器，加装气液耦合器后，由于有效解决了烟气偏流和烟气降温，使得整个吸收系统运行更加稳定可靠，其运行调整极为简单；同时，气液耦合器检修维护方便，装置使用寿命长，系统检修维护量低，运行安全稳定。

（4）在加装气液耦合器之后，较其他技术可以降低液气比，从而降低运行电耗，达到节能目的。

六、工程创新

河北国华黄骅发电厂脱硫深度脱硫节能改造工程中应用的高效气液耦合器，是中能诺泰独有的专利技术升级产品，针对河北国华黄骅发电厂脱硫塔量身定制，研发过程中突破主要部件工艺结构设计等技术难点，在一个吸收塔内同时实现脱硫效率 99%、除尘效率 70% 的目标，比常规技术投资更少、脱硫除尘效率更高，且具有改造工期短、工程量小、不额外占地等多项突出特点。

七、效益分析

以黄骅电厂#4 机组为例，按改造机组烟气参数运行，改造后减少一台脱硫循环泵运行，年节省脱硫电耗 463 kW，即节省电费 162 万元/年，SO_2 排放控制在超低排放的基础上再减量排放，即排放指标标准状态下小于 14.5 mg/m³，气液耦合器只产生烟气阻力 350 Pa，这对行业有着深远的影响和良好的生态环境、经济社会效益，引领了产业技术进步与升级方向，为工业伙伴实现清洁可持续发展提供了生态环境保障。

新型催化法硫酸尾气深度治理工程

成都达奇环境科技有限公司由四川大学大气污染治理科研团队响应国家"双创"号召集资设立。公司秉承"求真务实、创新达奇"的价值理念，定位做"国内领先、国际先进的环境技术（ET）研发、转化和服务企业集团"，为实现"碧水蓝天、净土青山"的愿景使命而不断努力。

公司是四川大学新型催化法大气污染治理技术转化平台、国家烟气脱硫工程技术中心产业化公司。公司自成立以来，实现持续成长，成功入选和成为"国家高新技术企业""成都高新区瞪羚企业""成都市新经济梯度培育种子企业""成都市中小企业成长工程培育企业（成长型）"和"四川省重点中小企业"。

公司主营产品为环境污染治理相关功能材料及其应用技术。公司在宁夏建立了煤基产品代加工生产基地，可年产脱硫催化剂 1 万 m^3、脱硝催化剂 2 000 m^3、活性炭 1 万 m^3。公司在四川合作启动了竹基产品的代加工生产基地建设项目，首条生产线已投产。

 **案例介绍**

一、项目名称

新型催化法硫酸尾气深度治理工程。

二、项目概况及规模

该项目为攀钢集团重庆钛业股份有限公司 30 万 t/a 硫酸生产线新型催化法尾气深度治理工程。

建设地点：重庆市巴南区。

烟气处理量标准状态下为 8.5×10^4 m^3/h；进口烟气中 SO_2 浓度标准状态下为 1 500 mg/m^3；进口烟气中硫酸雾标准状态下≤50 mg/m^3；烟气温度为 60～80℃；脱硫效率＞95%，最高可达 99%；脱硫剂寿命≥4 年；脱硫塔内衬寿命≥8 年。

该项目于 2016 年 9 月建成投运，处理后烟气污染物排放数据低于《硫酸工业污染物排放标准》（GB 26132—2010）规定的大气污染物特别排放限值（SO_2 浓度＜200 mg/m^3，硫酸雾浓度＜5 mg/m^3），其中 SO_2 浓度接近于 0，酸雾浓度低于 5 mg/m^3。脱硫产生的稀硫酸进入硫铵生产工段，完全回收利用，实现零排放，无二次污染。

三、技术特点

新型催化法采用多孔炭材料为载体，负载活性催化成分，制备成催化剂，利用烟气中的 H_2O、O_2、SO_2 和热量，生成一定浓度的 H_2SO_4。

新型催化法不同于传统的炭法烟气脱硫技术。传统的炭法烟气脱硫是利用活性炭孔隙的吸附作用将烟气中的 SO_2 吸附富集，饱和后加热再生，解析出高浓度的 SO_2 气体，再经过硫酸生产工艺制备硫酸或进一步生产液态 SO_2。新型催化法技术既具有活性炭的吸附功能，又具有催化剂的催化功能。烟气中的 SO_2、H_2O、O_2 被吸附在催化剂的孔隙中，在活性组分的催化作用下变为具有活性的分子，同时反应生成 H_2SO_4。催化反应生成的硫酸富集在碳基孔隙内，当脱硫一段时间孔隙内硫酸达到饱和后再生，释放出催化剂的活性位，催化剂的脱硫能力得到恢复。

攀钢集团重庆钛业 30 万 t/a 硫酸尾气脱硫工程项目

与钒系催化剂相比，反应温度由 360～600℃降到 60～200℃，实现了低浓度（≤1%）含硫烟气脱硫制酸；与传统炭法脱硫技术相比，新型催化法脱硫能耗少、脱硫剂损耗小且不必再建硫酸生产装置，使工艺流程变短，运行更稳定可靠。

脱硫机理如下：

$SO_2（g）\rightarrow SO_2*$

$O_2（g）\rightarrow O_2*$

$H_2O（g）\rightarrow H_2O*$

$SO_2*+O_2*\rightarrow SO_3*$

$SO_3*+H_2O*\rightarrow H_2SO_4*$

吸附	烟气中的 H_2O、O_2、SO_2 被选择性吸附。
催化	$SO_2+O_2 \xrightarrow{催化} SO_3$ $SO_3+H_2O \xrightarrow{制酸} H_2SO_4$
再生	水洗再生释放出活性位，同时得到副产物硫酸。

新型催化法硫酸尾气深度治理技术原理

该技术的工艺流程如下图所示。待处理烟气首先由风机送入预处理系统进行除尘、调质，使烟气的温度、尘浓度、水分、氧浓度等指标满足脱硫工艺要求，然后进入脱硫塔脱硫。脱硫塔分为多个区域，每个区域内装填一定量催化剂，烟气经布气管道进入脱硫区，经过催化剂床层时，烟气中的 SO_2、O_2、H_2O 分子经催化氧化生成硫酸，通过床层后的烟气直接达标排放。由于脱硫副产物 H_2SO_4 聚集在载体的孔隙中，一定时间后脱硫催化剂的催化性能下降后，通过再生泵，将再生池中的再生液打入催化剂床层进行再生，将含脱硫硫酸的再生液进行精制过滤，过滤液进入成品酸池。

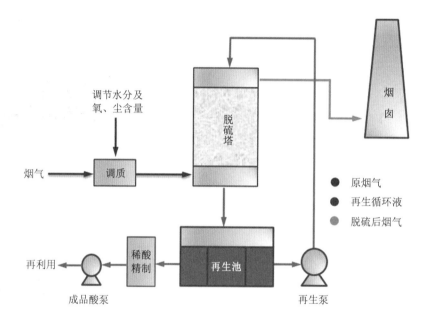

新型催化法硫酸尾气深度治理技术工艺流程

新型催化法脱硫工艺改变了传统脱硫工艺，使脱硫工艺路线更短，自动化程度更高，已在工程中成功应用。

四、技术优势

该项目采用新型催化法硫酸尾气深度治理技术建成的脱硫工程装置具有以下优势：

（1）脱硫效率高：脱硫效率＞95%，甚至高达 99%，在 0.001%～4% SO_2 进口浓度条件下，可实现 SO_2 出口浓度稳定在低于 30 mg/m³ 以下排放，且脱硫装置和首期装填的脱硫催化剂在连续运行满 4 年后，脱硫效率不下降，工程实践中出现了 100% 的脱硫效率。

（2）高效去除硫酸雾：可以有效去除硫酸雾，满足现行硫酸行业国家标准对硫酸雾 5 mg/m³ 的特别排放限值要求，中国硫酸工业协会推荐使用。

（3）适应性强、范围广：适应烟气成分复杂、SO_2 浓度在 0.001%～4% 波动、烟气温度在 60～200℃的各种工况条件。

（4）简单：工艺流程短，设备少，占地面积小，操作简单，运行稳定可靠。

（5）经济：脱硫成本低，脱硫剂、能源消耗少，硫资源可回收利用，脱硫成本低于其他烟气脱硫技术。

（6）环保：运行稳定安全可靠。由于是干法技术，不会有湿法技术的结垢、堵塞等一系列问题；无二次污染，副产品硫酸回到硫酸装置或其他工段使用，因此没有任何其他外排液、固体污染物。

（7）先进：拥有自主知识产权，新型催化法技术国际领先。

五、效益分析

新型催化法硫酸尾气深度治理技术是能够适应新形势要求的国际领先水平的新一代技术，特别适合硫酸装置尾气处理工程。该技术能很好地与硫酸生产相结合，不仅解决了硫酸装置尾气排放的难题，既保证出口 SO_2 在 $30\ mg/m^3$ 以下，又尽量回收硫资源，同时有助于大规模生产装置尾气总量排放达标，具有显著的生态环境效益和一定的经济效益。

燕山钢铁 3$^#$ 300 m^2 烧结烟气臭氧氧化协同吸收脱硫脱硝示范工程

广东佳德环保科技有限公司（以下简称"佳德环保"）是国家高新技术企业、广东省烟气治理工程技术研究中心、广东省高成长中小企业、广州市高成长创新标杆企业、广州市研发机构和广州开发区"瞪羚企业"、知识产权优势企业。

佳德环保拥有环境工程设计专项（大气污染防治工程）甲级资质，致力于大气净化技术及产品的研发、设计、生产和工程总承包服务，为锅炉烟气除尘、脱硫脱硝、脱白、烟囱雨、烟羽拖尾、PM$_{2.5}$ 气溶胶、重金属、VOCs 等污染问题的治理提供完整的解决方案。

佳德环保主营湿式电除尘器（电除雾器）、烟气脱硫脱硝、尾气净化、深度氧化等，技术和产品面向电力、石油石化、钢铁、冶炼、焦化、制酸及工业锅炉窑炉等行业的烟气治理，是中石化集团工程建设市场资源库成员、中石油集团物资采购管理信息系统入网供应商。

公司拥有完善的技术服务体系，拥有一支经验丰富、责任心强的专业化技术队伍，坚持"一流技术、一流质量、一流服务"的经营宗旨。选派经验丰富的工程技术人员组织和指导安装，并及时处理现场问题。设备启动前，派专业技术人员到现场给用户做技术交底和培训；试运行期间，由有经验的专家组成的工作组到现场与用户共同对试运行过程进行监控，及时处理问题，保证设备顺利试运行；设备投入运行及质保期满后，将继续跟踪服务，对于需要协助解决的问题，在最短时间内派人到现场解决，让用户满意。

》案例介绍

一、项目名称

燕山钢铁 3$^#$ 300 m^2 烧结烟气臭氧氧化协同吸收脱硫脱硝示范工程。

二、项目概况

J-TECH Ⅱ 臭氧氧化协同吸收脱硫脱硝关键技术应用于燕山钢铁 3$^#$ 300 m^2 烧结机脱硫脱硝超低排放改造，项目规模 1 980 000 m^3/h（约合 350 MW），在现有正常稳定运行条件下，入口 NO$_x$ 平均浓度为 300 mg/m^3、SO$_2$ 平均浓度为 1 800 mg/m^3 设计，采用臭氧氧化协同吸收脱硫脱硝技术对烧结烟气进行深度处理。项目自 2018 年 11 月投运以来，运行稳定，效果明显，出口 NO$_x$ 浓度≤50 mg/m^3、SO$_2$ 浓度≤35 mg/m^3，达到了国家、地方和行业相关排放标准，符合装置改造后规定的排放目标。

三、技术特点

（1）气相臭氧深度氧化协同吸收脱硫脱硝的超低排放处理技术。明确了 O_3 投加量（O_3/NO 摩尔比）是影响脱硝效率的关键因素，理论上实现高效脱硝的最小 O_3/NO 摩尔比为 1.5；当 O_3/NO 摩尔比大于 1.5 时，吸收产物主要是 NO_3^- 之外，吸收后除气相 NO、NO_2 和液相 NO_3^- 之外，其他 N 物种可忽略。

（2）双级吸收强化脱硫脱硝和副产物分离的工艺路线。应对高浓度 SO_2 和 NO_x 脱除以及硫酸盐和硝酸盐分离的需要，开发了基于 pH 分级调控和副产物分级外排的工艺路线，一方面确保 SO_2 和 NO_x 的高效脱除，另一方面实现了硫酸盐和硝酸盐这两种溶解度存在显著差异的副产物的分离。

（3）脱硫脱硝废水通过掺混烧结原料实现废水零排放的技术。针对硝酸盐溶解度高的特点，在分级分离的基础上，将需要排放的含盐废水输送至烧结料一混混料参与烧结料的混合成型。在烧结过程中，混料废水中的硝酸根和亚硝酸根与烧结料中的焦粉、煤粉在铁基的作用下发生还原反应生成氮气，整个过程达到水循环利用和无害化。

（4）在工艺适应的 O_3/NO 摩尔比和充分的吸收环境下，过量的 O_3 不会造成出口高浓度 O_3 逃逸，也不会出现 SO_3 的逃逸。

四、项目优势

（1）抛弃传统的将 NO 氧化为 NO_2 的臭氧氧化协同吸收脱硫脱硝技术路线，该技术将 NO 深度氧化为 N_2O_5，从而显著提高脱硝效率，成功解决了传统臭氧氧化协同吸收技术不能实现超低排放和冒黄烟的问题。

（2）O_3 投加仅涉及小气量气流分布装置及喷嘴，脱硫脱硝可在同一反应器实现，因而设备数量和体积小且结构简单，投资和运行费用低、操作运行简单。

（3）仅涉及气体和液体两种流体循环输送，烟道采用碳钢内衬玻璃鳞片防腐，浆液循环管道采用碳钢衬胶防腐，臭氧管道采用不锈钢管，湿烟囱采用玻化砖涂烟囱胶防腐。不存在固体物料循环输送带来的设备故障率高等问题，设备使用率高。

（4）仅涉及 SO_2 和 N_2O_5 向易于实现断面均布的碱性吸收液传递，不涉及这些污染物向不易实现断面均布的粉状或颗粒状物料表面传递，而且臭氧发生、输送和投加安全且方便，因而过程更加稳定、可靠。

（5）烟气中的 SO_2 最终转化为副产品石膏等副产物，NO 转化为可掺入烧结料就地使得酸盐 N 组分还原为无害的 N_2，不会产生固、液、气方面的二次污染。

（6）第三方检测表明，脱除二噁英的效率可达 90% 以上，也不存在 SO_3、O_3 和非常规 NO_x 的逃逸问题。

五、效益分析

1. 经济效益

本项目属于环保投入项目，不体现直接经济净效益。主要效益在于节能减排，减少排污费支出；对环保达标企业能够减少限产，提高企业经济效益，增加利税。项目应用规模为 1 980 000 m³/h，总投资 5 850 万元，运行费用 4 210 万元/年，主体设备寿命为 20 年。根据当前运行情况进行测算，本工程脱硫、脱硝、湿电、消白的合计运行成本折合吨矿成本为 12.6 元/t，其中脱硝运行折合吨矿综合成本为 11.4 元/t。未来，随着臭氧生产技术的发展，臭氧制备成本将进一步降低，烟气多污染物净化的经济性将进一步提升。

2. 环境效益

臭氧氧化协同吸收脱除烟气多污染物技术在唐山燕山钢铁有限公司烧结二厂 300 m² 烧结机脱硝项目中成功应用，三项常规污染物均满足国家和地区的环保要求并远远优于该要求，非常规污染物（二噁英、重金属汞）也取得相应的处理效果，且投资成本和运行费用较低，是一种切实可行、值得推广的实用烟气治理技术。

该技术充分结合 O_3 和活性自由基的强氧化性与脱硫塔的强吸收能力，利用现有脱硫塔协同脱除烟气多污染物，有效克服单独脱硫脱硝技术组合带来的系统庞杂、占地面积大、投资运行费用及运行能耗高等问题，不涉及催化反应装置，适用范围广，运行效果高效稳定，实现了资源的有效回收利用和无副产物销售风险。

3. 社会效益

该项目在正常运行条件下，能够将 NO_x、SO_2、颗粒物排放浓度标准状态下分别控制在 50 mg/m³、35 mg/m³、10 mg/m³ 以下，预计每年可减排氮氧化物 2 552 t（设计值）、SO_2 约 15 136 t（设计值）、烟尘约 408 t（设计值），保证烟气排放符合国家和地方环保要求，对我国减排 NO_x、SO_2 和颗粒物起到积极的推动作用，将为改善我国大气环境质量做出重要贡献。

哈投集团集中供热热源烟气污染物
超低减排改造工程

哈尔滨汇焓科技有限公司（以下简称"汇焓科技"）成立于 2016 年 12 月 9 日，经营范围包括开发、销售环境保护专用设备，热力系统及烟气净化系统调试、运行、维护服务，合同能源管理等。哈尔滨工业大学秦裕琨院士领导的科研团队承担公司的核心技术支撑，团队成员有 1 位工程院院士、6 位教授、2 位副教授，员工全部具有中、高级职称。

汇焓科技依托中国特种设备检验协会科学技术奖一等奖和教育部技术发明二等奖的成果，在氮氧化物超低排放控制技术方面，研发了异相双循环低氮燃烧耦合宽负荷均场 SCR 工艺，突破了层燃工业锅炉燃烧过程非稳定及复杂多场非均匀性问题的困境，处于国际领先地位。此技术契合"2017—2021 北方清洁取暖规划"的实施，解决了北方地区供热企业燃煤层燃锅炉经济、高效实现 NO_x 超低排放的技术难题；在硫氧化物控制技术方面，研发了喷沫耦合及双池双 pH 脱除工艺，突破了硫尘全负荷协同脱除及高效经济性难题；在烟气节水技术方面，研发的液膜直接接触冷凝式工艺，实现了能量和水的经济高效回收。

》案例介绍

一、项目名称

哈投集团集中供热热源烟气污染物超低减排改造工程。

二、项目概况

哈投集团权属供热公司承担哈尔滨市超过 50% 以上的供热负荷。2019 年 7 月，哈尔滨工业大学与哈尔滨投资有限公司、黑龙江省建设投资集团有限公司签订《哈投集团集中供热热源环保节能项目科技与投资合作框架协议》，对哈投权属热源子公司实施烟气污染物超低减排改造。

汇焓科技研发团队研发的"异相双循环低氮燃烧耦合宽负荷强旋流均场 SCR 工艺"突破了层燃工业锅炉燃烧过程非稳定及复杂多场非均匀性问题的困境，提出了燃煤层燃锅炉经济、高效实现 NO_x 超低排放的技术路线，至此国内层燃锅炉 NO_x 超低排放业绩全部采用汇焓科技技术。

三、项目规模

汇焓科技 2020 年与黑龙江省建设投资集团有限公司合作，完成哈投集团权属供热公司

14 台套合计 1321 MW 燃煤层燃供热锅炉的超低排放改造项目，合同金额 1.5 亿元。

2020 年哈尔滨汇焓科技有限公司近 3 年完成的燃煤供热锅炉超低排放改造项目

项目时间	项目名称	项目规模	改造方式	合同金额/万元
2020 年	金山堡供热有限公司燃煤锅炉环保改造项目	1×84 MW+3×140 MW	除尘	7 346.2
		3×140 MW	脱硫	
		2×84 MW+4×140 MW	脱硝	
2020 年	信托物业供热有限公司燃煤锅炉环保改造项目	2×46 MW+1×77 MW	除尘+脱硫+脱硝	3 249.1
2020 年	太平供热有限公司燃煤锅炉环保改造项目	2×116 MW	脱硫+脱硝	4 398.2
		3×64 MW	脱硝	

四、技术特点

层燃锅炉与煤粉及流化床锅炉存在较大差别，在煤粉锅炉及流化床锅炉上应用较成熟的脱硝技术不适用层燃锅炉，通过调研国内按照电厂 SCR 方式实施超低改造层燃锅炉的运行状况，发现普遍存在难以稳定达到 NO_x 超低排放指标，且存在氨逃逸超标的问题，另外，催化剂入口烟气温度及流动沿锅炉横向偏差超出电厂脱硝技术规范的相关指标。

国内不同锅炉制造企业、不同时期生产的层燃工业锅炉结构变化较大，实际应用过程中的燃料、运行负荷、操作条件等亦变化较大，因此开发适用于层燃工业锅炉的脱硝技术存在极大的难度。哈尔滨工业大学燃烧工程研究所科研团队针对层燃工业锅炉的特点，开发了适用于层燃工业锅炉的"异相双循环低氮燃烧耦合宽负荷强旋流均场 SCR 工艺"，该技术实现在不影响锅炉燃烧效率的条件下，达到 NO_x 超低排放要求。实现稳定、经济的 NO_x 超低排放效果，同时包括氨逃逸、催化剂入口温度、流动等技术指标稳定，达到电厂脱硝技术规范的要求。

"异相双循环低氮燃烧耦合宽负荷强旋流均场 SCR 工艺"：按照源头治理的思路，先采用异相双循环低氮燃烧技术降低锅炉初始 NO_x 生成量，再结合布置宽负荷 SCR 脱硝工艺实现超低排放。两个系统之间通过两相湍动调节器实现连接，同步实现氨制备、均匀流场、温度、浓度等功能。

五、项目优势及工程创新

层燃锅炉负荷随气温变化频繁，每天的负荷也呈周期性变化，供热企业也无法保证燃用煤质稳定。在此情况下，为适应供热负荷变化，锅炉负荷经常在 40%～100%D_e 之间调整。脱硝催化剂的高效反应温度在 320～420℃，层燃锅炉负荷宽幅度调整，将导致进入催化剂的烟气温度超出催化剂反应温度区间，降低脱硝效率甚至影响催化剂使用寿命。依据尾部烟温随负荷变动的规律，合理设计 SCR 装置烟气截取位置。采用烟气调温策略，保证催化剂入口处的温度窗口稳定性。

另外，大容量层燃锅炉的炉膛较宽，存在配风的横向不均匀。燃用宽筛分原煤，即使不断改进及完善横向布煤装置，依然会存在横向布煤不均匀。以上问题必然导致沿炉排宽度方向的燃烧偏差，致使锅炉宽度方向存在 100℃ 左右的烟温偏差。加之层燃锅炉炉内烟气缺乏横向混合机制，使层燃锅炉尾部烟气温度、流动、组分存在较大的横向偏差，这些问题是制约层燃锅炉 NO_x 超低排放技术实现的关键。"异相双循环低氮燃烧耦合宽负荷强旋流均场 SCR 工艺"通过湍动调节器消除了以上制约层燃锅炉 NO_x 超低排放实现的技术关键。

六、效益分析

针对 2018 年完成的青岛热电宏宇热源 1#、2# 两台 75 t/h 锅炉进行"异相双循环低氮燃烧耦合宽负荷强旋流均场 SCR 工艺"改造后的运行费用进行了核算。核算过程按照青岛市采暖期 141 天共 3 384 h 计，运行电费中考虑了由于脱硝导致锅炉引风机阻力增加的电耗，折合每吨蒸汽 2.06 元的脱硝运行费用，这一指标在目前国内层燃锅炉 NO_x 超低排放技术中具备极明显的优势。

另外，"异相双循环低氮燃烧耦合宽负荷强旋流均场 SCR 工艺"的半焦循环系统分离回送半焦会在炉内进一步反应，在降低锅炉的飞灰份额的同时，可实现强化炉内空间的燃烧反应、强化炉内烟气动力场的扰动，将有效强化炉内的换热过程，以上两项估算提升锅炉效率近 1%。委托山东省特种设备检验研究院有限公司对宏宇热源进行了锅炉能效测试，能效测试结果显示锅炉效率为 84.46%。对于宏宇热源的锅炉状况评价，改造后锅炉运行状况良好，按照《工业锅炉能效限定值及能效等级》（GB 24500—2009），达到 II 级能效等级。

佛山电器照明股份有限公司
烟气低温脱硝技术工程应用案例

江西新科环保股份有限公司（以下简称"新科环保"）创办于 2002 年，是一家集研发、设计、制造、销售及工程施工于一体的国家高科技环保产业骨干企业。公司位于国家萍乡经济技术开发区，紧邻沪昆高铁、沪瑞高速，临距黄花国际机场和明月山机场，交通十分便利。

新科环保自创建以来，一直致力于环保节能所需蜂窝陶瓷的研发和应用，与中国建筑材料科学研究总院、湖南大学、萍乡学院等科研院所建立了长期战略合作伙伴关系，聘请了一批生态环境治理领域的技术专家，拥有江西省建材工业催化剂及载体工程技术研究中心、江西省博士后创新实践基地等多个省（部）级科研平台，承担了国家重点研发计划、国家技术创新基金、江西省重大科技专项等近 10 个省（部）级以上科研项目。

新科环保主要生产脱硝催化剂、蜂窝陶瓷蓄热体等产品，主要涉及焦化、玻璃、水泥、冶金、火电等领域。公司开发的低温、超高温 SCR 脱硝催化剂等多个核心产品均具有自主知识产权，可细分出适应不同行业和领域的个性配方产品，可为企业提供脱硫脱硝、VOC 治理等污染治理综合性解决方案。

公司秉承"创新、科学、诚信、发展"的企业精神，本着"互利共赢、共同发展"的经营宗旨，愿与广大国内外客户建立真诚友好的合作伙伴关系，竭诚服务于生态环境节能事业。

》》案例介绍

一、项目名称

佛山电器照明股份有限公司烟气低温脱硝技术工程应用案例。

二、项目概况

佛山电器照明股份有限公司高明分公司玻璃车间烟气环保系统中脱硝用催化剂于 2018 年 8 月化学寿命到期，需及时更换。脱硝系统中，原装的脱硝催化剂采用奥地利进口高温催化剂，激活温度需要达到 260℃才能有效催化烟气中的氮氧化物与氨水反应，达到去除氮氧化物的目的，才能满足佛山生态环境局的要求：SO_2 出口排放浓度标准状态下≤400 mg/m³，NO_x 出口排放浓度标准状态下≤700 mg/m³，粉尘出口排放浓度标准状态下≤50 mg/m³。

经过询价、谈价、实地考察，佛山照明选择综合效益最高的新科环保生产的 CG-180

低温脱硝蜂窝催化剂，起活温度约 180℃，在 210～220℃条件下催化效率达 95%，既能满足生态环境需求，又能减少加热时天然气或石油气量，也减少了加热产生的烟气量，从而降低生态环境系统运行费用中燃气费用和电费。

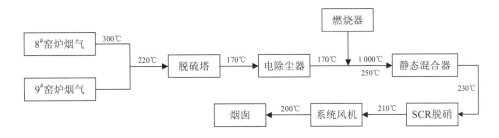

佛山照明高明分公司现用的生态环境系统烟气处理工艺流程

三、技术特点、项目优势、效益分析

由于窑炉所用燃料为乙烯重油，熔制的是电光源常用的钠钙玻璃，烟气量标准状态下约为 40 000 m³/h，烟气中烟尘含量较高、粒径较小、黏性大，碱金属氧化物、硫氧化物含量较高，因此要求所用 SCR 催化剂应具有不易与碱金属氧化物反应、提高 SO_2 转化率、抗黏性强的特质。

从工艺流程来说，先经脱硫塔除硫、电除尘器除尘之后再进行 SCR 脱硝，可有效降低硫氧化物和大量烟尘对脱硝催化剂的毒害，延长催化剂的可使用时间。

未使用低温催化剂前，生态环境系统要求静态混合器前温度≥300℃、SCR 脱硝装置前温度≥280℃，高温脱硝催化剂达到 260℃以上才能激起活性起到催化作用。自 2018 年 8 月 22 日开始使用低温脱硝催化剂，实测起活温度 183℃、运行温度 193～205℃，比用高温脱硝催化剂时低 60℃。2020 年，地方要求的烟气排放标准有所提升，SO_2 出口排放浓度标准状态下≤200 mg/m³、NO_x 出口排放浓度标准状态下≤400 mg/m³、粉尘出口排放浓度标准状态下≤30 mg/m³，但低温脱硝催化剂使用效果仍然很好，玻璃窑炉烟气全程达标排放。

从更换费用上看，佛山照明高明分公司烟气脱硫除尘脱硝环保系统共投资 2 000 多万元，原装进口的高温脱硝催化剂占 200 多万元。本次生态环境系统改造不改变原有的烟气处理工艺流程、不升级原有设备，只更换脱硝催化剂，全部采用 500 mm×150 mm×150 mm 225 孔蜂窝状低温脱硝催化剂，分三层卧式分布，在脱硝催化剂前加有双层防尘不锈钢网，共投资 100 万元。

从烟气处理工艺流程上看，脱硫塔将烟尘中的粗颗粒拦截下来，电除尘器将大部分的烟尘挡住，脱硝催化剂前还有双层不锈钢网，最大限度地防止烟尘在催化剂上的沉积；在 SCR 脱硝装置前设有烟气加热器，可以随时宽幅调节进入 SCR 脱硝装置的烟气温度，试验使用时更容易找到一个合适的催化剂使用温度，使效益最大化；使用低温脱硝催化剂后，进入 SCR 脱硝装置的烟气温度比之前用高温脱硝催化剂时低约 60℃，使沉积在催化剂入风面的烟尘不再像以前结成坚硬块状物难以清理，同时也减少了烟气加热器对天然气、氨水的消耗，降低了整个生态环境系统的运行成本。

　　天然气用量减少带来的降成本效应：每天用天然气量从 3 200 m³ 减少至 1 450 m³，即每天可节约（3 200－1 450）×3.4＝5 950 元；氨水减少带来的降成本效应：每天用氨水减少约 200 kg，即每天可节约 200×1.38＝276 元。

　　本次低温脱硝催化剂在电光源玻璃窑炉烟气处理中的成功试用，是一次用低温催化剂代替高温催化剂在玻璃窑炉烟气脱硝处理中的有益尝试，代表着低温脱硝催化剂应用技术日趋成熟，逐渐成为独当一面的主流催化剂。

　　佛山照明高明分公司低温脱硝示范工程投运近 3 年，从中控画面及第三方检测单位多次对窑炉废气排放口预设采样口采样检测的数据分析，NO_x 可稳定在 25 mg/m³ 以下，排放浓度远低于《平板玻璃工业大气污染物排放标准》（GB 26453—2011）要求的 700 mg/m³，脱硝效果显著，达到了 NO_x 超低排放的要求。

河北省唐山市丰润区益弘页岩砖厂
智能脱硫除尘一体化项目

巩义市良慧环保机械设备厂（以下简称"良慧环保"）在巩义市政府的正确引导和多年不断的大力支持下，企业从研发、技术论证、企业成立，共经历了 20 年的历史，共拿到 20 余项国家专利证书。

目前，企业从低端的净化设备向智能化环保机械装备转化，主要产品有智能化大气污染防治设施、智能化垃圾气化发电供热一体化设施、智能化环保型养殖场等智能化机械装备。特别是智能化大气污染防治技术，其净化技术接近零排放，节能技术取代湿式电除尘技术，并适应于各种行业除尘，用于火电厂除尘最高节能可达到 8 000 多倍，同时具备脱除二氧化碳的作用。

多年来，良慧环保怀着强烈的社会责任感，一直以解决环境污染为己任，关注扶贫等公益事业。疫情防控期间，突击研发消毒设备并向包括湖北疫区在内的社会捐赠达到 200多万元，为"绿水青山和蓝天工程"贡献力量。

 案例介绍

一、项目名称

河北省唐山市丰润区益弘页岩砖厂智能脱硫除尘一体化项目。

二、项目概况

本项目响应唐山市丰润区委、区政府"10 项重点工作"工作方案（唐环气〔2019〕2号）文件精神，文件要求项目升级改造后：颗粒物排放浓度约 10 mg/m³、二氧化硫排放浓度约 50 mg/m³、氮氧化物排放浓度约 50 mg/m³。

2019 年 11 月 20 日，唐山市丰润区益弘页岩砖厂采购良慧环保 1 套智能脱硫除尘一体化设备。项目建成后，在线数据显示：颗粒物排放浓度约 3 mg/m³、二氧化硫排放浓度约 10 mg/m³、氮氧化物排放浓度约30 mg/m³。持续稳定运行约半年后，2020

年 5 月 27 日，经唐山市生态环境局丰润分局组织专家验收，各项指标达标排放，工艺设计科学合理，专家一致签字并验收通过。

三、项目规模

唐山市丰润区益弘页岩砖厂年产 1 亿块标砖，企业环保项目总投资 900 万元，其中，智能脱硫除尘一体化设备投资 240 万元。

四、技术特点

本项目技术具有以下特点：脱硫除尘一体化；节能效率高；适应多种脱硫工艺；改变了传统工艺中的污染转移和二次污染现象；投资少；占地面积小；智能化运行，确保稳定达标排放；实现政府通过手机远程监管；适应性强。

本项目技术设备适应于各种燃煤燃油燃气等火电厂、钢厂、耐材、化工等窑炉和锅炉生产企业的脱硫除尘超低排放治理。

五、项目优势

（1）科学除尘，每年为国家节约最少上亿吨燃煤。不需要湿式电除尘设备，解决了现有我国火电厂、钢厂等燃煤燃油燃气企业在实现烟气颗粒物超低排放过程中，采用湿式电除尘技术耗电量大的问题。

（2）科学治污脱硫，从根本上解决了烟气中颗粒物和二氧化硫的污染问题，无间接性污染、二次污染和污染转移等问题。

六、工程创新

（1）通过 21 年的研究发现，燃煤燃油燃气的各种锅炉和窑炉的烟气中的颗粒物是一种不易被水溶解的物质，利用改变水的表面张力的方式，使不易被水溶解的物质吸附于水，从根本上解决了颗粒物的污染问题。

（2）使用完善的智能化脱硫装备，确保了脱硫过程中所加进去的每一滴石灰都能得到充分利用，以及脱硫后亚硫酸钙的充分氧化，使亚硫酸钙氧化成硫酸钙，杜绝了亚硫酸钙在空气中分解后二氧化硫的二次污染问题。

（3）智能化管理确保了整个系统的稳定运行，为实现生态平衡和"绿水青山就是金山银山"工程奠定了坚实的基础。

七、效益分析

此项技术与周边同行业相比，在生产过程中使用的石灰和电费，综合成本折算，每一块砖的运行成本降低了 0.017 元。企业每天生产砖的量为 40 万块，一天可为企业节约生产开支 6 800 元。

向湖北省荆州市沙市区政府捐赠环保设备

山东钢铁股份有限公司莱芜分公司焦化厂
7#、8#焦炉烟气脱硫脱硝项目

　　山东莱钢节能环保工程有限公司（以下简称"莱钢环保"）是山钢集团旗下的国家高新技术企业，注册资本 2 亿元。莱钢环保是山钢集团唯一综合性生态环境企业，立足山钢，面向全国，聚焦冶金、火电、水泥等领域的烟气、污水、固体废物环境治理，打造具备山钢特色的服务品牌，成为技术体系完整、核心竞争力突出的国内一流专业化节能环保运行服务商。

　　目前，莱钢环保已顺利完成了 50 多个工程项目，年工程量超过 10 亿元。承建的山钢日照公司 31 套除尘器全部达标运营，其中两座 5 100 m³ 高炉出铁场环境除尘器是目前国内排风量最大的高炉除尘器之一，除尘技术国内领先，排放指标达到国际先进水平。

　　承建山钢股份莱芜分公司生态环境项目 20 余个，其中 BOT 项目——焦化厂 5#、6#、7#和 8#焦炉烟气脱硫脱硝项目均采用新型烟气治理工艺，无废弃物产生，副产物稀硫酸可循环利用，实现洁净烟气达标排放，是目前国内最先进的烟气环保高新技术。

　　山钢日照冷轧酸再生站是公司负责投资、建设及运营的 BOO 项目，该项目引进德国先进技术，配置两条独立的工艺生产线，于 2018 年 2 月开始运营，效果良好，完全满足了冷轧生产线需求。

　　作为山钢研究院冶金烟气工程技术研发中心，莱钢环保以"钢城无霾，碧水蓝天"为追求，以成为"钢铁企业的优秀环保管家"为己任，不忘初心、牢记使命，阔步前行，为我国生态环境事业贡献力量。

》 案例介绍

一、项目名称

山东钢铁股份有限公司莱芜分公司焦化厂 7#、8#焦炉烟气脱硫脱硝项目。

二、项目概况

（1）建设单位：山东莱钢节能环保工程有限公司。

（2）建设地点：山东钢铁股份有限公司莱芜分公司焦化厂 7#、8#焦炉区域。

（3）建设单位现状：莱芜分公司焦化厂 7#、8#焦炉属于 JN60-6 型，2×60 孔，年设计焦炭生产能力 120 万 t。7#、8#焦炉使用高炉煤气加热，具体设计指标（单座焦炉）如下表所示。

进口烟气参数

名称	单位	数据
烟气量（标准状态下）	m³/h	180 000
烟气温度	℃	180~200
二氧化硫（标准状态下）	mg/m³	≤200
氮氧化物（NO_2 计）（标准状态下）	mg/m³	≤800
烟尘浓度（标准状态下）	mg/m³	≤30
氧含量	%	5~6
H_2O	%	5

从 2019 年 11 月 1 日开始，执行《山东省区域性大气污染综合排放标准》（DB 37/2376—2019），焦炉烟气污染物中颗粒物含量标准状态下小于 10 mg/m³，SO_2 含量标准状态下小于 30 mg/m³，氮氧化物含量标准状态下小于 100 mg/m³。

（4）建设模式：工程界定范围内的内容采用 BOO 模式，采用"焦油过滤器+新型催化干法脱硫+GGH+低温 SCR 脱硝+GGH+引风机+烟囱排放"工艺在 7#、8#焦炉各建设一套脱硫脱硝装置，项目运营期限为 20 年。

三、项目规模

7#、8#焦炉脱硫脱硝装置均布置在焦炉西侧，占地面积共计约 3 100 m²，项目总投资近 1 亿元。

四、技术特点

7#、8#焦炉脱硫脱硝采用工艺过程为："焦油过滤器+新型催化干法脱硫+GGH+低温 SCR 脱硝+GGH+引风机+烟囱排放"，一炉一套装置。从焦炉地下烟道来的烟气，首先经过焦油过滤器降温、拦截焦油，烟气进入脱硫，经过脱硫后的烟气经过 GGH 低温侧升温后，由烟气加热装置加热后再进入脱硝反应器，脱硝反应器设置 3 层催化剂，二层正常使用一层备用，脱硝后高温烟气经过 GGH 高温侧降温后，通过引风机送到烟囱，达标排放。

本技术路线选择主要有以下几个优点：

（1）采用联合脱硫脱硝技术，先脱硫后脱硝。

（2）采用低温脱硝催化技术。

（3）引进国内先进的催化干法脱硫技术，副产 5%的稀硫酸，送焦化厂硫铵工段配酸使用。脱硫没有"三废"产生。

（4）发明创造了焦油过滤技术，既能调节脱硫进口烟气温度，又能拦截烟气携带的焦油，保护后部脱硫、脱硝催化剂不被堵塞。

（5）GGH 与脱硝配合使用，回收脱硝后烟气余热，既节约了能源消耗，又极大地降低了运行成本。

（6）整套装置烟道流畅、布置紧凑，占地面积小，投资小。

五、环境效益分析

7#、8#焦炉新建脱硫脱硝后，SO_2 排放浓度标准状态下≤30 mg/m³，NO_x 排放浓度标准状态下≤100 mg/m³，颗粒物排放浓度标准状态下≤10 mg/m³，每座焦炉年减少二氧化硫排放量 263.056 t，减少氮氧化物排放量 1 103.76 t，减少颗粒物排放量 31.536 t。达到了《炼焦化学工业污染物排放标准》（CB 16171—2012）和《山东省区域性大气污染综合排放标准》（DB 37/2376—2019）重点控制区排放限值的要求，这样既满足了国家最新排放标准的要求，有利于改善区域环境质量，促进区域社会和经济的进一步发展，又满足了生态环境部门对二氧化硫、氮氧化物和颗粒物的减排要求。

华润协鑫（北京）热电有限公司 2×75 MW 燃气联合循环机组脱硝工程设备成套及施工项目

苏州仕净环保科技股份有限公司（以下简称"仕净环保"，原苏州仕净环保设备有限公司）成立于 2005 年 4 月，注册资本 1 亿元，总部位于江苏苏州，是集环保设备的工程规划、设计、制造、安装、售后于一体的综合性环境治理企业。

自成立以来，公司一直专注于生态环境事业，现已形成完整的空气污染治理（含各类酸碱、有机废气和粉尘）、纯水、废水、CDS 化学品治理产业链。先后筹备成立了专业从事环境污染在线监测解决方案的子公司和专业从事环保设备的制造安装与售后维护业务的子公司，投资千万元打造了 1 000 多 m² 的智能化实验室第三方检测机构——苏州顺泽检测技术有限公司。仕净环保拥有一支经验丰富的高素质设计研发和营销团队，从业务洽谈到现场勘查、评估、规划、设计、产品制造成设备安装都建立了一套行之有效的管理体制。

仕净环保具有大气污染治理甲级资质和乙级设计资质、环保工程专业承包二级资质、机电安装专业承包三级资质，且已通过 ISO 9001、ISO 14001、OHSAS 18001 三体系认证。通过不断努力创新，公司至今已拥有 4 项发明专利、77 项创新型专利，服务多家上市企业、世界 500 强品牌企业。

≫ 案例介绍

一、项目名称

华润协鑫（北京）热电有限公司 2×75 MW 燃气联合循环机组脱硝工程设备成套及施工项目。

二、项目概况

华润协鑫（北京）热电有限公司成立于 2004 年 9 月 9 日。项目一期工程安装 2 套 7.5 万 kW 燃气—蒸汽联合循环热电联产机组，总装机容量为 15 万 kW，总投资 7.2 亿元，由华润电力控股有限公司与保利协鑫控股有限公司共同投资。该工程于 2005 年 6 月 18 日正式开工建设，2006 年 6 月 28 日顺利竣工投产。一期工程年供电量可达 8 亿～10 亿 kW·h，年供热量为 50 万 t 以上，同时具有每小时 300 t 的热水供应能力 649 t/h（1.27）。其 2×75 MW 机组于 2006 年 6 月投入运行，机组配置燃气—蒸汽联合循环机组 2 套，总建设规模为 150 MW 等级。锅炉是带烟气旁路系统的中压、无补燃型自然循环燃气轮机余热锅炉，与燃气轮机相匹配，为燃气—蒸汽联合循环电站的配套主机。原锅炉 NO_x 排放浓度高于北京市生态环境局、北京市质量技术监督局颁布实施的《固定式燃气轮机大气污染物排放标准》（DB 11/847—2011）的新标准，北京地区电厂 NO_x 排放浓度标准状态下应小于 20 mg/m³。现有锅炉氮氧化物排放不能满足新排放标准的要求，必须增加烟气脱硝系统。

三、项目规模

需改造机组容量为 2×75 MW；机组 2 套；总烟气量为 560 t/h；余热锅炉入口烟气温度平均 500℃，最高 540℃；余热锅炉排气烟气温度 180℃；过热器后烟气温度 450℃；蒸发管束后烟气温度 245℃；余热锅炉入口烟气压力 2 600 Pa。

主要设备及工程：高效逆流式脱硝塔 2 台（直径 6.5 m，高 45 m）、烟道补偿器 2 套、旋流除雾器 2 套（除雾效率达 95%）、加药及循环系统（按照设计数量配置）、控制系统 2 套、在线监控系统 4 套以及其他配套设备、管路等；改造范围内的设备安装、热工及电气安装、保温油漆、土建施工等。

四、技术特点

通常大型装置氮氧化物治理采用 SNCR 或者 SCR 工艺治理，但是这两种工艺针对本项目存在以下问题：

SNCR 工艺要求氨的喷入地点在锅炉上部、烟气温度 950～1 050℃的区域。本项目燃气锅炉中无法做到此温度空间，且 SNCR 会对锅炉产生压力、温度损失较大且对锅炉减少使用寿命，所以此方案不适合该公司脱硝，无法使 NO_x 排放量达到标准状态下 20 mg/m³ 的标准。

SCR 有如下几种情况在本项目中较难解决：喷氨空间和装 SCR 箱体及更换保护空间要充分，其中催化剂无法有 2 层以上空间（哪怕作为备用也要有 2 层以上空间）安装及清灰系统；在这种温度和风道短及催化剂填得不够多的情况下，NH_3 逃逸率超过 $10×10^{-6}$，会产生新的污染与少量的 NH_4HSO_4，对炉体腐蚀较强，且易导致催化剂失活；改造过程中对炉体的强度有所影响，而且加强的同时要加大其体积，喷氨+电费+催化剂费用运行成本较高；喷出来的氨气会降温，有热能损失，如果 SCR 保温效果不好则余热回收效果锐减。

针对这些问题，本项目脱硝未采取常见的 SNCR、SCR 工艺，而采取了仕净环保独创的 LCR 工艺。

五、项目优势及工程创新

本项目所使用的 LCR（Liquid Catalytic Reduction）是针对废气排放所含氮氧化物，使用高效脱硝塔进行整体治理，烟气入口温度在 15～200℃，高效脱硝塔是利用液态催化剂的催化反应来处理氮氧化物。脱硝效率达 95% 以上，最高可达 98%，出口 NO_x 标准状态下降至 30 mg/m³，最低可达 10 mg/m³。LCR 治理 NO_x 技术能在常温下通过湿法吸收，将 NO_x 还原成氮气，具有药剂价格较便宜、运行成本较低、设备投资较少等优点。特别适用电力、钢铁、化工、焦化、水泥、电子、光伏等行业，减少维护与投资成本，降低运行成本。

脱硝剂分 A、B 两种，主要由有机硫化合物、有机胺、V_2O_5、WO_3、MoO_3、杂多酸、多种络合物、特殊无机物等化合物组成。公司通过特殊的化学、物理手段，将这些催化剂在常温、有水存在的状态下激活，并制备成悬浮液体系，在排放吸收液时通过塔内的特殊结构并辅以高效多相分离，悬浮液中的催化剂损耗很少，基本不外排，可循环使用。

六、效益分析

本项目建成后，在 2 678 元/天、803 400 元/300 天的较低运行成本下，尾气中的氮氧化物实现了达标且超低排放。

烧结机烟气低温（180℃）SCR 脱硝项目

同兴环保科技股份有限公司（以下简称"同兴环保"）创立于 2006 年，注册资本 6 500 万元，总部位于合肥市政务区，生产基地位于安徽省马鞍山市清溪工业园，占地约 110 亩，配备各类先进的生产设备 320 多台（套），是国内知名的非电行业烟气治理综合服务商，主要为钢铁、焦化、建材等非电行业工业企业提供超低排放整体解决方案，从工艺设计、设备开发与制造、组织施工、安装调试服务，到配套脱硝催化剂的生产等，业务涵盖了烟气治理全过程。

同兴环保推出一系列先进环保装备和材料，如焦炉烟道废气脱硫脱硝、焦炉地面除尘站、高压氨水侧导除尘、脱硫废液提盐、余热回收利用、高炉煤气除尘等领域全套先进技术。其中，焦炉烟道废气脱硫脱硝、焦炉地面除尘站、高压氨水侧导技术处于国内领先水平。

同兴环保拥有环境工程设计专项（大气污染防治工程）甲级资质和环保工程专业承包一级资质，连续多次被认定为高新技术企业，是安徽省企业技术中心、安徽省工业设计中心。

同兴环保业务覆盖全国 20 多个地区，先后为宝钢湛江、鞍钢集团、唐钢集团、邯钢集团、莱钢集团、南钢集团、津西钢铁、敬业钢铁、瑞丰钢铁、神华巴能、峰峰集团、山西焦化、西山煤电、潞宝集团等非电行业知名企业提供了烟气治理产品及项目服务。

▶ 案例介绍

一、项目名称

烧结机烟气低温（180℃）SCR 脱硝项目。

二、项目简介

唐山瑞丰钢铁烧结机烟气低温（180℃）SCR 脱硝项目（3#烧结机）装置规模 200 m^2，烧结矿产量 170 万 t/a。该烧结机采用循环流化床半干法（CFB）脱硫除尘工艺+低温（180℃）SCR 脱硝工艺，于 2018 年 11 月投运，投运后系统运行稳定，各项排放标准均优于国家生态环境标准，减排效果显著。

1. 原始烟气参数及排放要求

瑞丰钢铁 3#烧结机采用循环流化床半干法脱硫除尘技术，脱硫除尘后的烟气进入脱硝系统，脱硝系统入口烟气参数：脱硫除尘出口烟气量 1 080 000 m^3/h，脱硫除尘出口温度 75～100℃，脱硫引风机出口压力 200～300 Pa，脱硫除尘出口湿度 15%；脱硫除尘后，入口粉尘浓度范围标准状态下≤20 mg/m^3，入口 SO_2 浓度范围标准状态下≤50 mg/m^3，入口 NO_x 浓度范围标准状态下 0～450 mg/m^3。

项目设计排放指标：NO$_x$ 浓度标准状态下≤50 mg/m^3，氨逃逸≤3×10^{-6}，SO$_2$/SO$_3$ 转化率小于 1%，脱硝系统总阻力≤4 000 Pa。

2. 脱硝装置建设规模及工艺

（1）建设规模：与 3$^#$烧结烟气量相匹配，建设 1 套烟气脱硝系统。处理烟气量为 108 万 m^3/h。

（2）工艺技术方案：3$^#$烧结烟气→静电除尘（利旧）→主抽风机（利旧）→CFB 脱硫（现有）→布袋除尘（现有）→脱硫引风机（现有）→GGH 换热器→烟气热风加热→脱硝 SCR 反应器→GGH 换热器→脱硝引风机→回原有烟囱（利旧）。

（3）工艺流程：经 CFB 脱硫系统之后，布袋除尘器出口温度为 75℃左右的烟气被脱硝系统新增引风机抽取，经 GGH 后被换热至 150℃左右，被换热后的烟气再与热风炉系统出口 800～1 000℃的高温烟气混合成 180℃的混合烟气，混合烟气经过脱硝反应器后完成脱硝反应。180℃的高温烟气再经过 GGH 与脱硫系统后温度为 75℃左右的烟气换热至 105℃左右经脱硝系统引风机排至大气。

3. 系统组成

瑞丰 3$^#$烧结烟气脱硝系统主要由烟气系统、喷氨系统、脱硝反应器、低温催化剂、GGH 系统、引风机、热风系统、氨水站等组成。

三、技术特点

本项目采用先脱硫后脱硝技术，最大限度地降低硫酸氢铵、硫酸铵等铵盐及其他有害物质对脱硝催化剂的影响；低温脱硝催化剂保护装置可以拦截烟气中可能对催化剂产生危害的物质，同时具备对烟气均化将烟气与氨气混合均匀的作用；装填低温脱硝催化剂后可有效脱除烟气中二噁英；脱硝后烟气与脱硫后低温烟气利用 GGH 进行换热，最大限度地降低低温脱硝需要补充的热量，减少投资及运行费用。

四、项目优势

（1）本项目是当前世界范围内首套真正意义上的低温 SCR 技术在烧结机烟气净化上的成功应用，且运行温度在 180℃时脱硝效率达到 95%以上。

（2）采用低温脱硝工艺，同等标况的烟气在进入 SCR 脱硝反应器处理的工况烟气量相对较小，系统温降低，最低温降可控制在 2℃以内，在一定程度上减少煤气耗量，降低运行成本。

（3）采用低温 SCR 脱硝，大幅减少 GGH 换热器的处理工况烟气量，减小 GGH 直径，显著降低了 GGH 的一次性投资。

五、应用效果分析

1. 生态环境效益

自 2018 年 11 月 2 日项目投运至今，系统运行稳定，各项排放标准均优于国家环保标准，达到了预期目标，减排效果显著。

（1）NO$_x$ 减排：中控画面及历史数据显示，脱硝反应器催化剂共填充 2 层，第一层催化剂床层温度为 184.9℃，第二层催化剂床层温度为 178.2℃，脱硝反应器一般入口 NO_x 标准状态下为 200～300 mg/m³，出口 NO_x 标准状态下稳定在 20 mg/m³ 以下。通过喷氨量调节出口 NO_x 标准状态下可稳定在 5 mg/m³ 以下，氨逃逸≤$1×10^{-6}$，排放浓度远低于国家及河北省地方标准要求的 50 mg/m³ 排放浓度，初步验证了低温 SCR 脱硝工艺在烧结烟气上的适应性和可行性，完全能够实现烧结烟气 NO_x 的超低排放甚至未来的近零排放要求。

（2）二噁英减排：180℃低温 SCR 脱硝在应用过程中表现出优异的二噁英去除效果。经检测本项目 SCR 脱硝系统出口烟气中二噁英浓度为 0.011 ng～TEQ/m³。远低于《钢铁烧结、球团工业大气污染物排放标准》（GB 28662—2012）要求的 0.5 ng～TEQ/m³ 的排放要求。

2．节能效益分析

（1）节省运行煤气消耗：与传统的中温（240～280℃）SCR 脱硝工艺相比，采用低温（180℃）SCR 脱硝工艺，同等标况的烟气在进入 SCR 脱硝反应器处理的工况烟气量相对较小，系统温降低，最低温降可控制在 2℃以内，在一定程度上减少煤气耗量，降低运行成本。

（2）降低设备投资和运行能耗：与传统的中温（240～280℃）SCR 脱硝工艺相比，采用低温（180℃）SCR 脱硝，同等标况的烟气在进入 SCR 脱硝反应器处理的工况烟气量相对较小（工况烟气量减少 15%～20%），可以减小 GGH 换热器和脱硝引风机的选型，低温脱硝运行的烟气加热能耗和系统引风机运行电能消耗明显降低。

3．投资效益分析

（1）投资分析：本项目投资 3 340 万元，包含设计费、设备费、安装费、运输费、提供技术服务费、调试费、保险费、管理费等全部费用及各项费用的相应税费。

（2）运行费用分析：本项目烧结矿年产量为 170 万 t，采用低温（180℃）SCR 脱硝工艺的年运行费用为 1 930 万元，折合吨矿成本为 11.35 元/t。与中温（240～280℃）SCR 脱硝运行工况相比，吨矿运行费用可减少 1.5～2.5 元/t，年运行费用可降低 255 万～425 万元，极大地降低了企业的生产成本。

德龙钢铁有限公司 132 m² 烧结机烟气深度治理工程

中晶昆仑实业集团有限公司是一家专注于环境治理的国家高新技术企业集团，始终秉持初心，坚持践行"以废治废""变废为宝"的污染物治理路线，致力于成为用循环经济理念开发新技术与新材料，建设让污染物资源化、商业化的应用新平台，着力打造基于工业固体废物资源化的污染物治理体系和基于城市固体废物资源化的污染物治理体系以及两个板块的系统协调同步发展，用可持续的创新推动环境治理改善、生活质量提高和现代环境治理体系构建。

其子公司中晶环境科技股份有限公司（以下简称"中晶环境"）成立于 2013 年 12 月，总部位于北京市经济技术开发区，是国内专业从事工业烟气治理（脱硫、脱硝、除尘、脱汞）及副产品综合利用的国家高新技术企业。经过多年的发展和积累，中晶环境拥有了一支高素质、高效率、适应市场需求的技术和施工队伍，具备了技术研发、工程设计、成套设备提供、施工、安装、调试、售后、运营的"一站式"服务解决能力。

成立至今，中晶环境累计签约项目 40 余个，承担运营项目近 20 个。公司一直秉承以循环经济治污理念进行工业烟气治理技术的研发及应用，先后攻克了烟气多污染物协同治理、副产物资源化利用等行业性难题，取得已授权发明专利 40 项、香港专利 11 项、申请中专利 105 项，研发成果均属国际先进水平。仅 2019 年新签合同 10 份、运营合同 13 份，销售收入 9.6 亿元，2018 年、2019 年连续两年非电行业运营第一名。

截至目前，中晶环境负责的项目已在邢台德龙钢铁、天津荣程钢铁、鞍钢、唐山德龙钢铁、镔鑫钢铁、唐荣钢铁、江苏中天钢铁、邯钢集团、衢州元立等多家大型钢铁企业成功实施，获得了业主及当地政府的认可。

》 案例介绍

一、项目名称

德龙钢铁有限公司 132 m² 烧结机烟气深度治理工程。

二、项目概况

德龙钢铁有限公司根据国家生态环境要求以及自身发展的需要，对 132 m² 烧结机进行烟气深度治理，使其排放量符合国家及地方标准。

本项目采用中晶环境自主研发的 FOSS®-D 脱硫脱硝除尘一体化超低排放技术。FOSS®-D 技术是由离子气态选择性脱硝、碱性吸收剂脱硫并完成 NO_x 吸附、高效率布袋除尘及除氟脱汞等多种污染物同时去除的复合功能型一体化协同脱除技术组成。

本工程于 2018 年 9 月 17 日顺利通过超低排放 168 h 试运行，于 2018 年 11 月 20 日通过邢台市环境保护局邢台分局的验收，达到《钢铁工业大气污染物排放标准》（DB 13/2169—2015）相关排放限制要求。

工程自运行以来，运行连续稳定，运行后的排放数据可稳定控制在颗粒物浓度标准状态下 $\leq 10 \, mg/m^3$、SO_2 浓度标准状态下 $\leq 35 \, mg/m^3$、NO_x 浓度标准状态下 $\leq 50 \, mg/m^3$。经第三方检测公司对本工程的废气污染源监测，检测结果显示各类污染物排放均达到超低排放标准。

此外，项目产生的固体废物主要是烟气治理后副产物硫酸盐、硝酸盐以及少量的亚硫酸盐、除尘灰，由中晶环境回收后，运输至天津建材厂生产绿色建材产品。目前，项目运行人员 18 人，运行费用平均为 18 元/t 矿，年运行成本约 3 150 万元，装置年运行达标率为 98%。

本项目的实施，解决了污染物排放不能满足超低排放要求的问题，为实现钢铁行业绿色、低耗可持续发展夯实了基础。项目年可削减 SO_2 约 1 272.8 t、NO_x 约 907 t、颗粒物约 2 950 t、无组织扬尘约 5 400 t。项目的实施提升了钢厂企业的绿色、环保形象，在帮助排污企业实现烟气一体化协同治理的同时，还可消纳企业生产过程中产生的水渣、钢渣等固体废物，协助企业打造"无烟工厂""绿色工厂"，实现了工业生产循环经济一体化，使工业走上绿色发展的道路。本项目的实施，协同带动了天津、河北等地钢铁、化工等行业减排技术改造和工业 4.0 绿色升级，在行业内及京津冀地区的烟气综合治理领域有积极的示范作用，促进了京津冀的协同发展，优化天津、河北区域高排放高污染行业的产业布局，打造钢铁、化工等行业的产业集群，加快形成规模效应。同时，项目响应国家号召的打赢污染防治攻坚战、响应五部委（生态环境部、发展改革委、工业和信息化部、财政部、交通运输部）提出的《关于推进实施钢铁行业超低排放的意见》，在 2025 年钢铁企业全面实现超低排放等方面具有积极的示范作用。

三、项目规模

本工程是由中晶环境对德龙钢铁有限公司厂区内一台 132 m² 烧结机（烟气量标准状态下为 81 万 m³/h）进行治理改造，占地面积 485 m²。

四、技术特点

本工程是以中晶环境自主研发的 SIOD® 离子发生器、碱性吸收剂、一体化强化脱除反应塔为核心，包括烟气预处理系统、烟道系统、吸收塔系统、脱硫布袋除尘器系统、吸收剂供应系统、物料再循环系统、脱硫灰排放系统、工艺水系统、压缩空气系统和电气仪控系统等组成。

技术采用离子发生器作为氧化 NO 到 NO_2 的离子气态氧化技术；采用改进型的吸收反应塔，大幅提高了脱除效率，增加了整体系统的可靠性、稳定性及适应性；FOSS®-D 技术适应性强、应用性好。

五、项目创新及优势

1. 技术优势

（1）以离子发生器作为氧化 NO 到高价氮氧化物的离子气态氧化技术配合碱性吸收剂，

实现脱硫脱硝除尘一体化多污染物协同综合治理的工艺目的；

（2）采用改进型的吸收反应塔，大幅提高了脱除效率，增加了整体系统的可靠性和稳定性；

（3）FOSS®-D技术的适应性强、应用性好。可适用于烟气负荷的大幅变化，可以完全自动适应硫或氮氧化物含量的变化，最高范围可以承受300%以内的变化。

2. 经济优势

本项目采用的 FOSS®-D 技术是基于离子发生器、碱性吸收剂、改进型吸收反应塔这三项核心关键技术发展而来，整个脱除系统对氟化物、汞、二噁英的兼容性较强。当国家要求将这些污染物列入排放考核标准时，只需要简单在线调整上述三项核心关键技术中的某几项内容，即可轻松达标。

除此之外，可以为业主节约大额初投资，更重要的是保证了企业连续的稳定、安全生产，确保企业经营效益不受影响。在项目实施完成后运行稳定，不受地方限产停产影响，累计为德龙钢铁有限公司创效 16 863.4 万元。目前，总投资 4 800 万元，其中设备投资 3 300 万元，主体设备寿命 30 年，运行费用 13.59 元/t 矿。

3. 环境优势

德龙钢铁有限公司 132 m^2 烟气深度治理工程项目的实施，解决了污染物排放数据不能满足超低排放要求的问题，为钢铁企业实现绿色、低耗可持续发展夯实了基础。年可削减 SO_2 约 1 272.8 t、NO_x 约 907 t、颗粒物约 2 950 t、无组织扬尘约 5 400 t。

4. 管理优势

本工程项目的实施，不仅可以帮助业主规避因不断提高的生态环境要求，规避工程项目二次改造的风险，还可为企业减少外购烧结矿数量，节约人力和物力的成本，更便于业主后期对项目的管理；本项技术工艺先进，运行稳定可靠，投资及运营成本较低；副产物还可用来生产建材产品，无二次污染。

重庆长江造型材料（集团）股份有限公司
铜梁厂区覆膜砂再生废气治理项目

重庆市环境保护工程设计研究院有限公司成立于 1984 年 6 月，原隶属重庆市环境保护局，2002 年完成事业单位改制，更名为"重庆市环境保护工程设计研究院有限公司"（以下简称"重庆院"）。2015 年，重庆院完成资本重组，现为深圳市深港产学研环保工程技术股份有限公司控股公司，公司注册资本 3 750 万元，年产值超 1 亿元。

作为重庆老牌环保企业，重庆院凭借良好的发展环境、雄厚的人才资源与科研实力，利用现代化的企业管理制度，得到了蓬勃发展。与多家高校合作，建立产学研一体化合作关系，为公司发展提供了良好的平台资源和后备技术力量。重庆院贯标 ISO 9001、ISO 14001、ISO 45001 体系管理，拥有各类资质 20 余项，获得授权专利成果 34 项、各类荣誉认证 20 余项，是国家高新技术企业。

近年来，公司推行并实施量身定制生态环境技术解决方案，在农村环境综合整治、土壤污染评估及修复措施、流域水污染防治规划、工业园区环保综合服务、建设项目环保托管服务、环境损害司法鉴定与评估等多领域、多模式取得了突破性进展。

重庆院秉承"责任、进取、诚信、创新"的理念，努力打造集环境科学咨询、环境污染治理设施设计、投资、建设和运营为一体的高科技环保企业，致力于发展成为国内外知名的生态文明建设与环境管理决策咨询服务商、环境污染治理整体方案技术提供商和运营商，为共建绿色中国贡献力量。

》》案例介绍

一、项目名称

重庆长江造型材料（集团）股份有限公司铜梁厂区覆膜砂再生废气治理项目。

二、项目概况

主体项目共建设覆膜砂生产线 4 条，设计产能分别为覆膜砂 15.84 万 t、再生砂 20.16 万 t、砂芯 3.6 万 t。该工程为覆膜砂一线的废气治理装置，设计处理能力为 70 000 m^3/h，年工作时间 1 600 h。

三、技术特点

由重庆院自主研发的 VOC 复合多效净化器（已申请专利）专门针对涂装、铸造等行业的 VOC 废气治理问题，具有净化效率高、低能耗、安全可靠、占地面积小以及智能信息化控制等特点。净化器主要由六大系统组成：

（1）收集系统：该系统是废气处理的基础，收集效率直接决定项目的成败。重庆院为铸造废气的工艺特点量身打造了此系统，收集效率超过 90%，可实现不同工况下系统内各废气收集点风速、风温及风压的恒定，以确保各废气收集点收集效率恒定。

（2）预处理系统：铸造废气成分复杂，通常含有颗粒物、苯酚、甲醛、氨及胺类物质，此系统将颗粒物与其他有机污染物分离，降低后续 VOC 治理系统及循环水系统的负荷，从而降低后续系统的使用寿命和维保难度。

（3）净化系统：该系统是铸造废气治理系统的核心组成部分，重庆院研发的专用药剂作为吸收介质，并在一系列机械剪切、热解的作用后形成高温、高压的情况，产生大量具有强氧化性的羟基自由基和高级氧化，废气中的有机物与其接触后，通过自由基氧化及超临界水氧化等化学作用，最终使废气中的有机物分解为无机物。

（4）药剂系统：重庆院针对铸造废气研发的 RH 系列专用药剂，在 VOCs 新型多效净化装置内作用下形成高温、高压状态，产生大量具有强氧化性的羟基自由基和高级氧化，进而完成铸造废气中有机污染物的分解和吸收。

（5）循环水系统：整个净化系统是通过循环水系统搭载的专用药剂吸收和分解净化铸造废气，因此，在没有废水处理能力的地方可搭配此系统，提高专用药剂的有效利用率，降低运行成本。

（6）智能信息化系统：系统通过各种仪器仪表的搭载，将控制数据传至 PLC，实现全面无人值守，可通过各废气收集点的运行情况自动调整风量、风温及风压，确保系统的正常运行；同时，在线监测及监控系统的信息可及时通过云端数据处理和保存，为企业生态环境设施运行状态自动建立管理台账及档案。

四、项目优势

铸造行业作为我国乃至世界制造业的重要基础，大力推行的同时也遇到不少生态环境问题。目前，国内铸造企业的生产车间普遍工作环境较差，尤其是室内空气浑浊。即使企业已经在生产车间内使用了部分除尘设备，由于收集效果差，同时悬浮的气溶胶（$PM_{2.5}$ 及更细小的颗粒污染物）和气态的有机污染物仍然十分严重。随着人们生态环境意识不断加强，生态环境标准越来越严格，企业本身也有了更多的向前意识。该项目是重庆院联合重庆长江造型材料（集团）股份有限公司合作建设的拟提高行业废气排放标准的探索性项目。旨在通过本项目的实施，找到适合我国铸造行业的、经济、高效、实用的新型铸造废气治理技术，从而提高行业废气排放标准，拓展铸造企业在环境保护新形势下的生存空间。

五、工程创新

本项目具有三大创新点：

（1）治理技术的多效性：项目将若干单一的技术进行了有效的结合，并根据重庆院多年生态环境治理的经营，对各项技术进行了工程优化，扬长避短，很好地弥补了单一技术去除效率不足的缺点；

（2）专用药剂的针对性：重庆院为该工程研发的专用药剂，不是单纯地将污染物由气相转为液相，同时将铸造废气中的有机物反应为无机物，将氨转为盐，有效地避免了二次污染的发生；

（3）自动控制的便捷性：重庆院为本项目打造的自动控制系统，可将所有生产线上废气治理设施的运行情况传至中控室，同时监控技术的运用使中控室的操作人员足不出户也能身临其境，云技术可实现运行数据自动上传，运行台账及档案使企业管理更加轻松。

六、效益分析

（1）社会效益：铸造生产过程中将游离产生或分解产生醛类、酚类、胺类等有机物质，混于空气中形成有机废气，不仅造成环境污染，还影响人体健康，铸造生产中的有机废气污染已成为行业关注的焦点问题之一。解决铸造生产中的有机废气污染问题采取经济、有效的方法，对铸造行业可持续发展和我国的生态文明建设具有重要的现实意义，社会效益十分显著。

（2）环境效益：本项目实测有机污染物浓度较排放标准降低了 90% 以上，甲醛减排量为 1.598 t，酚类化合物减排量为 0.662 t，对氨及臭气浓度的削减也超过了 90%。因此，该项目不仅对污染物进行了减量，更是从根本上解决了职业健康卫生问题，具有良好的生态环境效益。

（3）经济效益：从狭义上看，生态环境治理设施属于基础设施，一般只有投入，没有产出，因此该项目并不具备直接的经济效益；但从广义上看，项目主要通过减少废气排放，避免对企业（排污税）和社会（生态修复成本）造成的经济损失，间接经济效益明显。

珠海金鸡化工有限公司工业废气处理建设项目

广州同胜环保科技有限公司（以下简称"同胜环保"）是一家专业从事有机废气、工业粉尘、可燃性粉尘、焊接烟尘、酸碱性废气、异味治理等工业废气治理的环保公司，为国内最早应用吸附、催化燃烧及吸附+蓄热式催化燃烧工艺治理有机废气的公司之一。

经过多年的发展，同胜环保已成为集科研、产品工程设计、设备制造和大中型废气治理工程承包于一体的创新型生态环境企业。同胜环保是挥发性有机物污染治理技术与装备国家工程实验室共建单位、中国环境科学学会挥发性有机物污染防治专业委员会成员、广东省环境保护产业协会理事单位、《粉尘爆炸危险场所用除尘系统安全技术规范》（AQ 4273—2016）起草单位、广东省环境保护工业有机废气污染控制工程技术研发中心共建单位、广东省守合同重信用企业单位，拥有住建部颁发的建筑业企业资质证书环保工程专业承包资质。同胜环保承担国家中小型企业创新基金项目（立项编号：10C26214414753）（高性能复合膜净化回收有机废气技术的开发及产业化推广），承担项目东莞黄江成元鞋材制品厂干式机烘干废气处理工程入选原环境保护部推荐的《2016 年国家先进污染防治技术目录（VOCs 防治领域）》。

同胜环保在有机废气治理方面，主营产品有分子筛转轮吸附浓缩+热氧化再生装置、活性炭吸附（热空气/氮气脱附）+热氧化装置、蓄热式低温催化燃烧装置（RCO）和蓄热燃烧装置（RTO），适用于不同行业、不同溶剂成分、不同工序的废气的处理，广泛应用于集装箱、摩托车、印刷包装、鞋材、化工、大型铝型材等行业。近两年公司在危险废物厂暂存库、预处理车间及焚烧车间等尾气除臭领域有多个典型业绩。在工业粉尘处理方面，主营产品有可燃性粉尘处理系统及一般工业粉尘处理用的滤筒除尘器、布袋除尘器、固定/移动式工业焊烟净化器、湿式除尘器。

》案例介绍

一、项目名称

珠海金鸡化工有限公司工业废气处理建设项目。

二、项目概况

珠海金鸡化工有限公司成立于 2005 年，占地面积 4 万 m^2，公司主要产品为羧基丁苯胶乳，年生产能力为 12 万 t。废气类型为典型的化工行业高浓度废气，化工行业工况相较其他行业较为特殊，对工艺设计环节中安全设计考量较多。项目中废气主要组分：丁烷（主要成分）、4-乙烯基环己烯（主要成分）、甲苯（主要成分）、苯乙烯（主要成分）及聚合反应过程中产生的衍生物、大量水蒸气等。

三、项目规模

数量：1 套（3 条生产线，每条 1 000 m^3/h，合计总处理风量为 3 000 m^3/h，稀释后总风量为 30 000 m^3/h）

四、技术特点

蓄热式催化氧化法（RCO）原理是以 250～400℃在催化剂的作用下将有机废气（VOCs）氧化成无害的 CO_2 和 H_2O，去除效率可达 97%以上，热回收率高达 90%以上。

RCO 的热回收是利用陶瓷材料的高热传导系数特性作为热交换介质。有机废气首先经过已经"蓄热"的陶瓷填充层预热后，废气继续通过加热室加热到 300℃左右，在催化剂的作用下氧化成无害的 CO_2 和 H_2O，同时释放大量热量。经催化氧化分解后的废气导入低温的蓄热体填充层，回收热能后排到大气中，其排放温度仅略高于废气处理前的温度。

五、项目优势

它的先进性主要表现在：低温氧化条件，避免了 RTO 由于高温而产生 NO_x 二次气态污染物，符合越来越严格的环保法规要求，同时大幅降低运行温度，在系统运行中可节约大量能量。

六、工程创新

针对其废气构成，采用喷淋预处理+缓冲过滤器+蓄热式催化氧化装置的工艺进行处理。

全套设备操作简单、管理方便，系统全程由 PLC 自动控制，利用贵金属（钯、铂）的催化作用，有机废气起燃温度低、能耗低，处理效率高，无二次污染，净化效率≥97%。

配套设施齐全，包括安全阻火系统、自动降温系统、紧急报警装置及自动停机等保护措施。全面符合防爆、防台风、防雷、防雨水腐蚀等安全需求。

七、效益分析

处理效果符合国家、广东省、珠海市生态环境局及采购单位的要求并安全高效运行。

机动车尾气区域性污染综合治理示范工程

　　上海纳米技术及应用国家工程研究中心有限公司（以下简称"中心"）是我国政府在布局国家发展纳米科技与产业方面专门设立的、国内唯一一所从事纳米技术及应用研究的国家级工程研究中心。中心以国家战略和市场需求为导向，立足于纳米技术研发与工程化应用；研发产业技术进步和结构调整所亟须的关键共性技术，推进科研成果孵化、转化及产业化，搭建产业与科研之间的桥梁。

　　中心研究领域涉及环境净化、功能材料、清洁能源、生物医药、信息材料与表面等，并承担、参与科技部"973"计划、"863"计划、科技支撑计划、国家重点研发计划，上海市自然科学基金计划、基础研究计划，以及国家和地方政府国际合作项目等 100 多个。中心在环境领域主要致力于空气、水污染治理，以及自清洁涂料开发；2014 年加入上海市空气污染物检测与治理专业技术服务平台；2018 年被上海市室内环境净化行业协会评为"提升公共场所空气质量公益活动指定检测机构"；2019 年成立"纳米技术及应用国家工程研究中心上海湖泊河道污染控制与修复中心"。中心针对室内空气、大气污染物以及工业废气开发了多项常温、中低、高温净化技术，可为企业及市政工程提供环境综合治理服务。

》》案例介绍

一、项目名称

　　机动车尾气区域性污染综合治理示范工程。

二、项目概况

　　该项目是在国家科技支撑计划"道路隧道空气治理关键技术研究及示范工程应用"、国家高技术研究发展计划"城市地下空间机动车排放研究及示范工程应用"、国家重大科学研究计划"半封闭空间机动车排放污染物常温净化的工程示范"的支持下，针对机动车尾气区域性空气污染（PM、CO、NO_x 和 HC）展开的净化治理研究。项目系统集成了 PM、CO、NO_x 和 HC 等污染物的净化技术，设计开发了除尘-CO 常温催化氧化-NO_x/HC 吸附成套净化系统设备，在上海打浦路隧道、原济南军区总医院地下车库、上海翔殷路隧道分别进行了为期 2.5 个月（风量 3 000 m^3/h）、3 个月（风量 20 000 m^3/h）和 7 个月（风量 120 000 m^3/h）的空气污染物治理应用示范。PM、CO、NO_x 和 HC 的平均净化效率分别高达 97.2%、82.1%、80.6% 和 83.9%，整体技术处于国际领先水平。项目首次实现了全污染物（PM、CO、NO_x 和 HC）综合高效治理，并创建了"道路隧道空气污染净化设备净化效果的评价方法"的上海市地方标准。项目完成后，同时在室内空气净化方面研制了一系列室内/车载/桌面空气净化器、大型公共场所自循环空气净化系统等，相关产品获中国（上海）国际发明创新展览会金奖、银奖，以及法国蒙彼利埃国际发明展览会银奖。

三、技术特点

本项目采用纳米技术，整合纳米材料、环境、催化和化学反应工程等多学科优势，在常温常压和低浓度条件下，通过静电除尘-吸附/催化技术协同，对机动车排放空气污染物实施综合净化治理，具有效率高、无二次污染等特点。

四、项目优势

项目形成了多项具有自主知识产权的多个系列的净化材料与集检测和治理为一体的全套检测设备和治理技术，形成了材料制备、检测治理、应用服务一体化专业技术平台。具有以下优势：

（1）治理污染物全：综合治理 PM、CO、NO_x 和 HC，国内外首次报道和实施。

（2）治理效果高：PM 和气态污染物的年平均净化效率分别高于 95% 和 80%。

（3）技术原理新：静电除尘-吸附/催化协同净化技术，避免污染物转移。

五、工程创新

常温下机动车排放空气污染物的净化治理难点在于催化材料效率低、成本高。项目通过结构与晶面暴露设计降低 CO 室温氧化催化剂的贵金属用量或采用非贵金属催化剂的 CO 催化氧化，以及采用吸附原位氧化-碱吸收技术联用，或吸附富集-原位光催化氧化技术分别实现 NO_x 和 HC 净化的技术思想，未见前人报道和实施。

六、效益分析

项目采用静电除尘-催化/吸附集成技术，进行机动车尾气区域性排放污染物常温综合高效治理，对所有污染物的去除率均在 80% 以上，可适用于隧道、停车场、拥堵路段空气污染治理，与传统强制通风稀释方法相比，可减少大量能量损失，若得到全面推广和应用，将有望减排污染物百万吨以上。该项目提出的污染物净化技术，可为室内空气净化技术提供参考与借鉴；为工业上排放的低浓度挥发性有机物、臭（异）味的控制提供参考；为环保业人才培训、创新创业提供智力支持。

项目涉及纳米净化材料、支架材料、静电除尘、测试、控制、鼓风、土建等多项技术和产品，有望形成生态环境产业链，经济效益将达数百亿元。

原济南军区总医院地下停车场

生产线

翔殷路隧道工程照片

中心环境治理产品

净化材料

伊犁新天煤化工有限责任公司标准状态下20亿m³/a 煤制天然气项目新增蓄热式热氧化项目

　　浙江天地环保科技股份有限公司（以下简称"天地公司"，原浙江天地环保工程有限公司）成立于2002年，经过十余年的工程实践和科技创新，迅速发展成为国内生态环境产业骨干。公司由浙江省能源集团投资管理，是集团节能减排技术研发及项目实施的主要承担者，专业致力于环保工程总承包、环保设施特许经营、环保产品及技术开发、电力工程设计、环保设施营运及技术服务等综合业务，在脱硫、脱硝EPC总承包工程建设中屡获国家优质工程金质奖、中国建筑工程鲁班奖、全国电力用户满意建筑工程奖及国家重点环境保护使用技术示范工程认定。

　　公司通过引进升级与自主创新双管齐下，相继开发了脱硫、脱硝、除尘、环保装备制造、石膏综合利用、废水处理、污泥干化等系列技术产品。作为2017年度国家科学技术发明一等奖的主要完成单位，也是"超低排放技术"（多种污染物离效协同脱除集成技术）的首创者和实践者，天地公司凭借十余年在环保领域的探索和实践，积累了丰富的环境综合治理经验，同时实现了生态环境多领域跨越式发展。其中，超低排放技术代表我国能源环保产业最新发展成果亮相阿斯塔纳世博会，并获得广泛好评。

　　公司具有环境工程设计甲级资质、环境污染治理设施运营资质、工程咨询资质、浙江省环境污染治理工程总承包资质，并通过质量、职业健康安全、环境管理体系认证，是中国环境保护产业协会常务理事单位、全国电力用户满意企业。公司是国家高新技术企业、国家科技成果转移转化示范企业、国务院百户"科改示范企业"、浙江省创新示范企业，建设有环保技术和装备省级企业研究院、企业高新技术研究开发中心、多污染物控制工程实验室、中试基地等省级创新载体。

　　公司多项具有自主知识产权的成果已实现产业化，多次入选国家重点环境保护实用技术及示范工程，打通了废气、废水、固体废物治理及环保装备制造的生态环境产业链，为客户提供优质的大气污染物治理工程综合解决方案及BOT模式运营服务，在国内拥有已建及在建环保工程项目100余个，遍布全国10多个地区，年度新投运及累计投运容量皆名列国内生态环境行业前茅。稳步实现了从电力行业为主转向各工业、市政领域并重发展，从国内市场为主向国内国外市场齐头并进拓展，为打造"国内领先的资源利用及环保综合方案解决供应商"而努力前行。

》案例介绍

一、项目名称

伊犁新天煤化工有限责任公司标准状态下 20 亿 m^3/a 煤制天然气项目新增蓄热式热氧化项目。

二、项目概况

伊犁新天煤化工有限责任公司于 2010 年 4 月在伊犁州注册成立，坐落于伊宁市巴彦岱镇，注册资本 20 亿元。该公司低温甲醇洗采用林德工艺，分为 A、B 两个系列。按照林德工艺低温甲醇洗设计排放尾气总量标准状态下约 35.6 万 m^3/h（包括低温甲醇洗尾气、CO_2 产品气）。依据国家《石油化学工业污染物排放标准》（GB 31571—2015）的相关要求，需对其低温甲醇洗工段产生的尾气进行综合治理，且需同时处理生化池加盖的废气标准状态下 14.5 万 m^3/h。

两个系列的低温甲醇洗尾气和 CO_2 产品气分别收集，送往蓄热式氧化装置界区，在进入蓄热式热氧化炉前，低温甲醇洗尾气与 CO_2 产品气、生化池废气和稀释风共四路气体混合充分后进入蓄热式氧化炉进行燃烧。

三、项目规模

本工程共配置有 6 台 RTO 装置，每台装置设计处理风量标准状态下为 120 000 m^3/h，即设计总处理风量标准状态下为 720 000 m^3/h，同时配置 2 台余热锅炉，设计副产 1.5 MPaG、250℃等级的过热蒸汽共计 90 t/h。

四、技术特点

本技术具有非常好的燃烧热效率，顶部燃烧室温度稳定在 950℃左右，VOCs 去除效率较高，几乎不产生热力型 NO_x。

本技术主要有以下特点：

（1）几乎可以处理所有含有有机化合物的尾气；

（2）可以处理风量大、浓度较低的有机尾气；

（3）处理有机尾气流量的弹性很大（50%～110%）；

（4）可以适应尾气中 VOCs 成分和浓度的变化和波动；

（5）对尾气中夹带少量灰尘、固体颗粒不敏感；

（6）在所有热力燃烧净化法中热回收效率最高（可达 98% 以上）；

（7）在合适的尾气浓度条件下无须添加辅助燃料而实现自供热操作；

（8）净化率较高：99%～99.5%；

（9）维护工作量少、操作安全可靠；

（10）系统可选装 LEL 在线监测装置，确保入炉可燃物浓度在安全限以下；

（11）装置自动控制，操作简单。

五、项目优势

技术优势：公司自主开发 RTO 装置的核心工艺包计算，包括物料平衡、热量平衡以及 RTO 装置详细设计、控制逻辑等 RTO 核心技术。

性能指标优势：VOCs 去除率≥99%，热回收效率≥98%，各类主要污染物排放值均能达到国家或地方排放标准。

本项目 RTO 装置主要参数见下表

RTO 装置主要参数

RTO 炉结构型式	3 室塔式 RTO 炉
RTO 炉台数	6 台
RTO 炉外形尺寸	15.62 m（L）×5.442 m（W）×8.147 m（H）
总处理量（标准状态下）	720 000 m³/h
RTO 炉入口设计温度	25℃
RTO 炉出口设计温度（最高温度）	70℃（＜90℃）
燃烧室设计温度	950℃
燃烧室设计压力	6 000 Pa
尾气停留时间	≥0.8 sec
RTO 炉整体压降	＜5 500 Pa
氧化炉外壁温度	≤60℃（室外环境温度 25℃）
VOCs 去除率	≥99%

六、工程创新

公司以该项目为基础，在建设期内先后开展了 RTO 装置物料衡算、热量计算、停留时间计算，换向阀结构及密封，蓄热体选型，工艺参数优化等研究工作，大幅提升了 RTO 系统的可靠性和稳定性。

通过对该项目的研究应用，累计获得授权实用新型专利 3 项，申报发明专利 5 项，申报软件著作权 1 项。

七、效益分析

该项目自投运以来效率高，可调性优，运行成本低，并可富产蒸汽，非甲烷总烃排放浓度标准状态下小于 80 mg/m³，优于合同要求指标及现行国家排放标准。每年可削减有机物排放量近 2 万 t，实现了污染物的大幅减排，极大地提升了排放企业的环保形象，对改善周边环境的空气质量起到了积极作用，取得了显著的环境效益和社会效益，为保护生态环境做出了贡献。

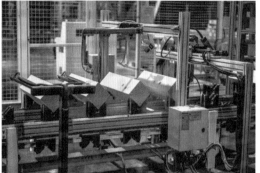

浙江桐梧环保科技有限公司
固体废物焚烧炉烟气超低排放控制工程

浙江天蓝环保技术股份有限公司（以下简称"天蓝环保"）成立于 2000 年，注册资本 8 257.2 万元，专业从事燃煤烟气治理工程总承包和环保设施第三方运营业务，拥有环境工程（大气污染防治工程）设计甲级资质、建筑业环保工程专业承包二级资质等，是国家高新技术企业和中国环保骨干企业。

天蓝环保在烟气脱硫技术板块自主开发了电石渣-石膏法、白泥-石膏法、石灰石-石膏法等多项脱硫工艺，其中电石渣/白泥-石膏湿法烟气脱硫技术入选原环境保护部推荐技术，钙基湿法烟气脱硫装置入选科技部首批自主创新产品。在烟气脱硝技术领域自主开发了 SNCR、SCR、SNCR-SCR 联合、臭氧湿法脱硝技术等多项工艺。2017 年，天蓝环保在非电脱硝、脱硫新签合同额方面位居全国第二、第三。另外，在高效细颗粒物去除、节水消白、废水近零排放、有机废气及恶臭气体治理等方面，拥有具有自主知识产权的技术与成套设备，形成了独具特色的、先进的烟气治理环保岛超低排放控制技术。

天蓝环保建有 4 个省级技术平台及省级博士后工作站，先后承担 9 项国家"863"计划和国家重点研发科技计划项目、3 项省级科技计划项目、5 项市/区级项目。公司申请专利 200 余项（含发明专利 130 余项），获得授权专利 160 余项（含发明专利 100 余项），牵头编制了《工业锅炉及炉窑湿法烟气脱硫工程技术规范》（HJ 462—2009）和《湿式烟气脱硫除尘装置》（HJ/T 288—2006）两项国家行业技术标准，荣获浙江省科学技术进步奖一等奖、教育部科学技术进步奖一等奖等科技奖励。

》》案例介绍

一、项目名称

浙江桐梧环保科技有限公司固体废物焚烧炉烟气超低排放控制工程。

二、项目概况

浙江桐梧环保科技有限公司采用污泥干化+边角料协同焚烧工艺路线，新建两条 500 t/d 污泥+150 t/d 工业固体废物处理回转窑。为了保护周围的生产、生活环境，保证排放的烟气达到国家排放标准，同时满足地方环保总量控制要求，需配套建设先进高效的尾气处理装置。

污泥焚烧和工业固体废物焚烧烟气成分复杂，污染物浓度波动大，治理难度大。针对以上难题，天蓝环保结合多年烟气治理的成功经验，采用端面雾化双流体 SNCR+SDA 半干法脱酸塔（辅助强氧化剂增强脱硝）+SDS 钠基干法脱硫+一级布袋除尘+活性炭喷射+二级布袋除尘，以保证烟尘、酸性气体（HCl、HF、SO_2、NO_x）、重金属（Hg、Cd、As 等）、二噁英等污染物的达标排放。

其中端面雾化双流体 SNCR 脱硝技术经鉴定委员会（郝吉明院士为主任委员、侯立安院士和刘文清院士为副主任委员）鉴定认为："该成果在……数据化智能调控的液滴分布……具有显著创新性。……多项技术填补了国内外空白，整体技术达到国际领先水平。"

三、技术特点

本工程为针对污泥干化-回转窑焚烧的首台套烟气净化超低排放工程，为污泥焚烧、固体废物焚烧业及其他相近行业的超低排放控制提供了重要技术支撑及成套设备。与其他行业的同类工程项目相比，具有以下技术特点：

（1）采用了端面雾化双流体 SNCR 喷枪，实现了脱硝还原剂的稳定供给和高效利用，显著减少了氨逃逸，性能优于进口产品，并实现完全替代，成本仅为进口产品的 10%。

（2）采用 SDA 半干法脱酸工艺，利用先进高效雾化设备，将石灰浆液雾化为液滴（平均雾滴直径约为 50 μm），与烟气在反应塔中充分均匀混合。通过控制气体的分布、石灰浆流量和雾滴大小以确保液滴接触 SDA 内壁之前干燥。数以十亿计的细小液滴与含 SO_2、HCl、HF 等污染物的烟气密集接触反应，从而达到脱酸的效果。脱酸塔进口喷射强氧化剂，将氮氧化物氧化成高价氮，并通过脱酸塔内吸收，达到增强脱氮的效果。

（3）SDA 脱酸塔后辅以 SDS 钠基干法脱硫，通过喷入钠基脱硫粉进一步净化吸收烟气中的 SO_2 及其他酸性气体。喷射装置具有在线自动调节功能，根据进出口 SO_2 浓度调整喷入量，确保 SO_2 的超低排放。

（4）采用两级布袋除尘器，布袋滤袋采用 PTFE+PTFE 覆膜处理，具有完美的耐酸、耐碱、耐磨性以及抗高温冲击，提高微细粉尘的收集率，实现 99.99% 以上的颗粒物去除率，达到超低排放的要求。为减少危险废物的产生量，采用两级布袋除尘，一级除尘收集的粉尘作为一般固体废物处理；两级布袋之间的烟道上喷入活性炭，吸附二噁英与重金属等污染物，并在二级除尘时被收集下来，作为危险固体废物处理。两级布袋的除尘布置方式，不仅保证了粉尘的超低排放，更能大大降低危险废物的产量，显著减少危险废物处理费用。

（5）采用了智能调控的环保岛技术，基于模型分析优化进行快速响应，基于智能调控进行及时反馈控制，解决常规技术对烟气变化不能及时跟踪、响应和调整的问题。

四、项目优势

该工程针对 500 t/d 污泥+150 t/d 工业固体废物处理回转窑的烟气特点，采用了端面雾化双流体 SNCR+SDA 半干法脱酸塔（辅助强氧化剂增强脱硝）+SDS 钠基干法脱硫+一级布袋除尘+活性炭喷射+二级布袋除尘，以保证各项大气污染物的达标排放。

污染物	采取措施	初始值	净化后
粉尘（标准状态下）	两级布袋除尘器	3 000 mg/m³	<5 mg/m³
SO₂（标准状态下）		2 565 mg/m³	<35 mg/m³
HCl（标准状态下）	SDA 脱酸塔结合 SDS 半干法	558 mg/m³	<50 mg/m³
HF（标准状态下）		66.8 mg/m³	<6 mg/m³
NOₓ（标准状态下）	端面雾化双流体 SNCR，强氧化剂结合脱酸塔	400 mg/m³	<50 mg/m³
Hg（标准状态下）		—	<0.05 mg/m³
Cd+Ti（标准状态下）		—	<0.1 mg/m³
Sb+As+Pb+Cr+Co+Cu+Mn+Ni（标准状态下）	活性炭喷射+二级布袋除尘	—	<1.0 mg/m³
二噁英（标准状态下）		—	<0.1 ngTEQ/m³

五、效益分析

该工程削减粉尘 9 600 余 t/年、二氧化硫 2 400 余 t/年、氮氧化物 330 余 t/年、氯化氢 500 余 t/年、氟化氢 60 余 t/年，同时还包括二噁英、重金属等指标，有效改善了项目区域的大气环境空气质量，提高了企业形象，对促进地区的社会稳定和经济发展起到了积极作用，为当地工业企业和同行业企业发展树立了典范。

固体废物、危险废物
处理类

苏州新区环保服务中心有限公司
危险废物集中处置项目

北京美福莱环保工程有限公司是一家危险废物处置工程技术服务专业提供商，为客户提供危险废物处置公用焚烧线系统及专业焚烧线系统总承包或技术服务。

公司自成立以来，每年服务于国内五六家焚烧处置企业，积累了丰富的工程建设以及运营经验，获得了客户的一致好评。以自身实力结合处置企业当地条件，能够使焚烧系统运行稳定，实现达标达产的目标。

公司技术团队实力雄厚，核心团队成员都服务本行业 10～15 年，行业经验丰富，核心专家均为硕士学历及中级工程师以上，掌握了危险废物焚烧系统核心技术，做到知其然，知其所以然，知其所以不然，既做到稳固发展，也追求技术创新，共同引领危险废物处置领域行业发展方向，是业界的风向标。

公司遵循"精诚团结、勇于创新、求同存异、追求卓越"的企业精神，通过建立健全公司治理体系、风险控制体系、经营管理体系、创新发展体系，全面提升经营管理水平和综合竞争力，着力打造市场化、现代化、国际化的生态环境企业。

公司总包服务（EPC）：有效地实现建设项目的进度、成本和质量控制，符合建设工程承包合同约定，确保获得较好的投资效益。

技术服务：具体的工作范围主要包括焚烧系统工艺设计、协助业主对主要设备厂家进行考察、招标或议标全程服务、设计编制设备采购合同模板及技术规格书等；设备升级改造方面，优化和提高装备素质、工艺升级、加速生产手段的现代化、以部分设备的有形和无形磨损为出发点而进行的技术升级改造。

》》案例介绍

一、项目名称

苏州新区环保服务中心有限公司危险废物集中处置项目。

二、项目规模

苏州新区环保服务中心有限公司危险废物集中处置项目建设一套 80 t/d（设计平均热值为 14 630 kJ/kg）。

三、技术特点

新回转窑焚烧系统设计了更清洁的大倾角斜溜槽进料方式，完善了窑尾结构，结焦挂壁概率大大降低，急冷回喷脱酸洗涤盐水更节能，湿电作为超净排放措施让数据更精准。

四、效益分析

苏州新区环保二期回转窑在 2020 年 1—11 月，运行 284 天，运转率达到 94%，处置量达到 20 228 t，日处置量 71.2 t（设计处置量 70 t/d）；此焚烧线特别在 2020 年 1 月 1 日至 8 月 5 日（8 月 5 日至 9 月 2 日因耐材问题停炉大修）连续运转天数为 213 天，运转率达到 97.7%；此焚烧线在中环信 7 条焚烧线运行数据对比中，故障率最低、运转率最高、维修费用最低、电力单耗最低。

山东日照钢铁年处理 50 万 t 除尘灰综合利用项目

湖南博一环保科技有限公司成立于 2013 年，是一家专业从事固体危险废物处置利用、土壤修复、工业污染治理及农村环境综合整治等业务，集科研咨询、环境工程和投资运营为一体的综合环境服务商。公司已取得环境工程乙级设计资质、一级施工资质和市政公用工程三级资质。

公司以固体危险废物处置利用和一般固体废物填埋、土壤修复与环境治理、技术研发与技术咨询、环境检测与产品检测、环保管家与第三方服务为核心业务。

公司现有六家控股企业，包括三家危险废物处置利用企业，年处理固（危）废渣达 30 万 t。一家为专业检测技术公司，从事环境检测、农业与农产品检测、工业产品检测、工程检测、公共卫生检测等多方面分析检测，开展环境污染调查与评估。配备价值近 2 000 万元的分析检测仪器。检测项目涵盖水和废水、空气和废气、土壤、固体废物、噪声、微生物、农产品、食品等八大类别，获得国家 CMA 计量认证项目 1 000 余项。一家为专业的在线监测公司，为企业污染物排放口安装在线监测设备并提供运营服务。

公司现有员工 200 多人，其中专业人才占比超过 70%，注册类职业资格和高级职称类人才 50 余人。公司聘请国内外知名教授组成专家科研团队，综合实力雄厚，科技研发力量和技术装备在同行业内处于领先水平。公司与中南大学、湖南大学、中南林业科技大学、湖南农业大学、湖南有色金属研究院、中南矿冶设计研究院等科研机构和高校建立了良好的产学研合作关系，在危险废物处置、重金属污染治理等领域已获得数十项发明专利。

》》案例介绍

一、项目名称

山东日照钢铁年处理 50 万 t 除尘灰综合利用项目。

二、项目概况

该项目总投资 1.53 亿元，新建年处理 50 万 t 钢铁烟尘综合利用生产线，处理日钢公司的炼铁高炉布袋除尘灰、电炉炼钢二次灰、粗灰、细灰和转炉炼钢的除尘污泥以及烧结电除尘灰。通过水洗脱氯除重、多效蒸发实现脱氯脱盐，通过回转窑挥发脱锌，保证日钢公司的正常生产。同时把烟尘中有害的氯盐变成工业级钾盐和钠盐，把其中 2%～10% 的锌富集成含锌 52% 以上的氧化锌产品，实现了经济效益和环境效益双丰收。

三、项目规模

配料系统 1 套、水洗脱氯系统 3 套、除重系统 2 套、三效蒸发系统 1 套、4.5 m×68 m 回转窑处理除尘灰生产线 2 条、余热锅炉 2 套、收尘系统 2 套、脱硫系统 2 套、其他配套工程。

四、技术特点及工程创新

（1）含氯高的高炉灰和烧结灰进水洗脱氯，得到高炉灰滤饼、烧机灰滤饼和漂洗水，漂洗水除重后进多效蒸发系统制工业级钾盐和钠盐，实现氯、钾、钠元素的高附加值回收利用。水洗脱氯与除重系统的关键技术在于脱除氯盐、碱金属和重金属的效果以及耗水量，耗水量决定了该技术在经济上是否合理，因为它直接决定三效蒸发的投资和成本。除重效果好坏决定了氯化钠和氯化钾的重金属是否会超标。三效蒸发的关键技术在于钾钠分离能否彻底，直接影响钠盐和钾盐的质量，也就决定了产品能否合格、能否销售、能否盈利。

（2）高炉灰滤饼、锌含量较高的收尘灰，通过配置一定含水率配料进回转窑进行富铁提锌处理，得到高铁低杂质含量的窑渣和次氧化锌，窑渣作为炼铁原料，次氧化锌作为冶金化工原料外售。实现锌铁的分离及高附加值回收利用。智能配料系统的关键是解决两个问题：一是环保问题，传统行车配料和装载机配料，扬尘大，且这些扬尘含重金属 Pb、Zn、Cd，有的还含有 As，影响员工身体健康；二是结圈的问题，配料的均匀性和稳定性直接影响炉况，而炉况稳定是缓解结圈的重要因素。博一团队研发的智控系统比较科学地解决了这些问题，这个系统还包括对异常状况进行自动处置。

（3）回转窑烟化系统的关键在于控制窑内微负压状态和还原气氛，因此供、引风配置和窑头窑尾圈的结构设计十分重要。

（4）余热锅炉系统的难点在于是否通畅、运行是否稳定，氯盐在烟尘中一旦有晶种，在 450～500℃容易黏结搭桥、造成堵塞，通过水洗脱氯可解决该问题。

（5）烟气经过收尘及脱硫处理后可达排放标准，固体废物实现 100%利用，达到零排放。

（6）该技术可解决钢铁厂收尘灰中含氯、碱金属较高而铁含量较低使收尘灰难以全部返回烧结或转炉炼铁的难题，通过水洗脱氯去碱，回转窑的还原挥发，可将原含铁低的收尘灰进行富铁，布袋收集次氧化锌，达到固体废物零排放的目的。

五、项目优势

钢铁厂收尘灰一般包括烧结灰、高炉灰、转炉灰、电炉灰、污泥等，产量不一，性质各不相同，一般的技术仅针对其中的一种灰进行处理，且易造成二次污染。本技术可根据不同灰的成分，有针对性地进行组合处理，使钢铁厂的收尘灰都得到处理，实现富铁收锌、固体废物 100%利用，尾气达标排放的目的。

六、效益分析

1. 经济效益

经济效益分析一览表

序号	项目名称	总价/万元
1	主要原材料成本	252.65
2	燃料及辅料供应成本	8 298.17
3	其他项目成本	1 300.00
4	折旧摊销	1 500.00
5	主要产品效益	33 453.75
6	综合效益	22 102.93
7	单位投资成本	0.03 万元/t 次氧化锌
8	单位运行成本	0.22 万元/t 次氧化锌

2. 环境效益

每年可减少 50 万 t 的收尘灰，产出富铁窑渣 265 350 t，次氧化锌 50 750 t，可有效解决收尘灰无法全部作为返料进行炼铁，堆放场地过大，容易产生二次污染的问题。经处理后的收尘灰 100%利用，烟气达标排放。

城市建筑垃圾循环经济产业园项目

　　浙江天造环保科技有限公司（以下简称"天造环保"）成立于 2011 年 7 月 12 日，位于丽水市经济开发区丽景民族工业园，总投资 3.5 亿元，占地面积 150 亩（1 亩=1/15 hm²）。公司于 2016 年完成项目技改，完成城市建筑垃圾循环利用产业园规划。产业园由年处理 100 万 t 建筑垃圾再生骨料项目、年产 60 万 t 再生混凝土项目、年产 40 万 t 再生沥青混凝土项目、年产 60 万 t 水稳混合料项目、年产 30 万 t 环保干混砂浆项目、年产 8 000 万块海绵城市透水砖项目组成。

　　作为目前丽水市唯一一个建筑垃圾再生循环利用产业园，企业的发展受到了各级政府的关注和支持。同时，天造环保的发展理念也得到各地企业的高度关注，尤其是在 2018 年天造环保与中国光大集团签署建筑垃圾循环使用战略协议，为天造环保的未来发展谱写了崭新的篇章。

　　在董事长聂海波秉承"天道""孝道""师道"的指引下，天造环保以打造循环经济的"丽水样本"，成为"绿水青山就是金山银山"的全国标杆和"诗画浙江"鲜活样本的探路者为愿景，以遵循"尤为如此"的重要嘱托，发展绿色建材共建秀山丽水为使命，以"发展绿色建材，有限资源，无限循环"为经营理念，用最优的品质和最佳的服务，致力于成为中国领先的资源循环利用产业集团。

　　随着城市建设的推进，建筑垃圾数量愈加庞大，建筑垃圾资源化循环利用趋势日益凸显，天造环保将心系环保使命，让绿色与生命共存，健康与财富共进，为生态环境事业贡献自己的力量。

》案例介绍

一、项目名称

城市建筑垃圾循环经济产业园项目。

二、项目概况

　　天造环保涵盖城市建设、市政、交通领域的建筑固体废物、工程渣土等垃圾再生资源循环利用。年处理 100 万 t 建筑垃圾、循环利用 60 万 m³ 再生混凝土、60 万 t 再生水稳无机料、40 万 t 生态沥青、30 万 t 环保砂浆、8 000 万块海绵城市透水砖等再生绿色建材。

　　天造环保在"两山"理论指引下发展绿色建材，以资源循环利用、智造城市新生为使命，立志成为中国领先的资源循环利用产业集团，情系生态环境，筑梦美丽中国。

三、项目优势

中国光大集团是正部级央企，光大绿色环保（HKSE：1257）是其在香港上市的行业领军企业，总资产超过 820 亿元。2018 年，天造环保与光大绿色环保签订战略合作协议，光大集团将利用自身品牌和资源优势，在全国推广和复制天造环保中国首创建筑固体废物循环模式，助推无废城市，让资源无限循环。

四、工程创新

城市建筑垃圾循环经济产业园项目"1+6"模式。

五、技术特点

天造环保首创"1+6"模式："1"代表建筑固体废物垃圾，"6"代表 6 个建筑固体废物垃圾资源化利用产品项目：年处理 100 万 t 建筑垃圾再生骨料项目、年生产 60 万 t 再生混凝土项目、年生产 40 万 t 再生沥青混凝土项目、年生产 60 万 t 水稳混合料项目、年生产 30 万 t 环保干混砂浆项目、年生产 8 000 万块海绵城市各类用砖项目。

研发中心对各类建筑垃圾和资源化利用产品进行研究、试验、开发，提供各项数据技术支持，建筑垃圾再生骨料项目根据研发中心提供的研究数据将各类建筑垃圾处理成符合资源化利用要求的再生骨料（各种规格石子、沙子），优质再生骨料用于再生混凝土、环保干混砂浆，次级再生骨料用于沥青混凝土、海绵城市各类用砖，低级再生骨料用于水稳混合料。通过 6 个项目配合，形成全产业链闭环，建筑垃圾资源化利用率可达100%。

六、效益分析

截至目前，天造环保"1+6"模式已处理建筑垃圾 60 万 t，衍生制造出的商品混凝土、沥青混凝土、干混砂浆、再生砖、水稳混合料产品产值达到 2 亿元。几年来，公司勇于探索，大胆实践，在建筑垃圾资源化综合利用领域做出微薄贡献。在国家和地方低碳环保产业政策的引领下，天造环保会进一步克服困难，为"无废城市"建设目标做出应有的奉献。

山西建龙实业有限公司
96 万 t 钢渣有压热闷处理及加工生产线项目

中冶节能环保有限责任公司（以下简称"中冶节能"）具有"中冶环保"品牌，国家高新技术企业，前身为 1978 年成立的冶金工业部环境保护研究所，国家首批环境服务业试点单位，现为世界 500 强中国冶金科工集团有限公司下属中冶建筑研究总院有限公司的全资子公司。

中冶节能沿承中冶建筑研究总院在节能环保领域的所有商誉和无形资产，始终坚持以科技创新为驱动力，建有钢铁工业环境保护国家重点实验室、工业环境保护国家工程研究中心、国家环境保护钢铁工业污染防治工程技术中心三个国家级平台，专注于工业环境治理与资源化利用定制服务、区域环境修复等领域技术创新研发，多项技术属行业领先；同时，中冶节能持有环境工程（水污染防治工程、大气污染防治工程、固体废物处理处置工程、物理污染防治工程）专项设计甲级、市政行业（排水工程、环境卫生工程）专业设计甲级、建筑行业建筑工程施工总承包一级、钢结构专业承包一级等数项专业资质，在冶金、市政、电力等行业完成依托自有科技成果建设的各类环保各领域工程千余项，能够为大型工业企业、城市区域环境综合治理提供整体环境解决方案。

▶▶ 案例介绍

一、项目名称

山西建龙实业有限公司 96 万 t 钢渣有压热闷处理及加工生产线项目。

二、项目概况

山西建龙实业有限公司 96 万 t 钢渣有压热闷处理及加工生产线项目合同于 2019 年 3 月签订。该项目在建龙集团钢渣处理领域首次采用公司自主研发、完全具有自主知识产权、世界领先水平的第四代钢渣有压热闷处理工艺。该工艺集机械化、自动化和洁净化于一体。

公司现有转炉 4 座，年产转炉钢渣 75 万 t，考虑到发展规划，未来年产转炉钢渣 96 万 t，目前钢渣均采用热泼的方式，即钢渣运至炉渣跨后倾翻落地、喷水冷却后用装载机装车运走外委加工进行二次处理。此处理方式主要存在以下问题：处理周期长，占地面积大；污染严重，钢渣在倾翻及冷却的过程中产生大量的尘汽；热泼完的钢渣与钢分离效果差，增加了后续筛分磁选的难度，造成铁资源的大量流失；钢渣中的游离氧化镁和游离氧化钙无法消解，造成钢渣稳定性较差，尾渣不能做建材、建材制品和道路材料使用（使用不经稳定化处理的钢渣会造成建材制品、建筑物、道路开裂破坏），利用率低；钢渣的外围二次加工增加了企业的运营成本。

项目采用中冶节能自主研发的钢渣有压热闷工艺，现已形成渣罐倾翻机 2 套、辊压破碎机 2 套、密闭罩 2 套、接渣转运台车 2 套、立式有压热闷罐 12 套、超低排放除尘设施 2 台、棒磨机 2 台、胶带输送机 13 条、振动筛 3 套、除铁设备 5 套以及配套的水处理、电气自动化控制等先进工艺设施的世界一流的豪华钢渣热闷处理及加工生产线。

辊压破碎作业工序主要是完成钢渣的快速冷却、破碎，此阶段的处理时间为 20～30 min，经过此阶段的处理，可将熔融钢渣的温度由 1 600℃左右冷却至 500℃左右，粒度破碎至 300 mm 以下。

有压热闷作业工序主要是完成经辊压破碎后钢渣的稳定化处理，此阶段的处理时间约 3 h，处理后钢渣的稳定性良好，其游离氧化钙含量小于 3%。

三、项目规模

钢渣热闷处理 75 万 t/年，钢渣加工处理生产线 96 万 t/年。

四、项目优势、技术特点

钢渣有压热闷工艺具有如下独特优势：

（1）热闷周期短，处理效率高。

（2）自动化水平高，劳动定员少。

（3）洁净化程度高，利于环境保护，对钢渣处理厂房的腐蚀小，钢渣处理厂房维护费用低。

（4）热闷后的钢渣粉化率高，粒度＜20 mm 粒级达到 60% 以上；粒度均匀，最大粒度小于 300 mm，利于后续钢渣加工磁选，可显著降低钢渣加工运营费用。

（5）钢渣有压热闷过程中所产生的带压蒸汽可用于发电。

（6）能够将钢渣中所含的游离氧化钙和游离氧化镁进行充分的消解，达到钢渣固体废物资源的充分利用，变废为宝。

（7）粉尘有组织排放小于 10 mg，无废水、废气、废渣的排放，环境友好性优良。

采用棒磨机提纯工艺，代替了传统的多级破碎-筛分-磁选工艺，最大限度地提高金属回收率。钢渣加工工艺有如下特点：

（1）完全干式磨选工艺，无须水处理，无湿式尾矿产生。

（2）采用跨带磁选机组将磁性物一次性选出，减少多次磁选工序和设备。

（3）采用周边排矿干式棒磨机提纯渣钢，渣钢的品位 TFe≥85%，可直接返回转炉使用。

（4）采用动态双辊磁选机磁选小于 10 mm 钢渣得到的磁选粉，磁选粉的品位 TFe≥35%，可直接返回烧结使用。

（5）尾渣中金属铁含量小于 2%，满足生产钢渣粉和钢渣建材制品的技术要求。

中冶节能配套钢渣金属回收工艺所研发的干式周边排矿棒磨机，结构与矿用棒磨机有显著区别，在磨矿过程中磨矿介质与物料呈线性接触，具有一定的选择性磨碎作用，产品粒度比较均匀，过粉碎矿粒少，配之以动态磁选机最大限度地提高金属铁的回收率，确保尾渣中金属铁含量小于2%。

五、工程创新

本项目的渣罐倾翻机是公司在原有倾翻机专利基础上充分结合山西建龙现有液态渣罐的前提下而最新开发的一种新型的倾翻结构。此倾翻结构无须对原有渣罐进行任何改造，大大节省了该工程的投资费用。山西建龙炼钢一厂和二厂拥有已经浇筑好的液态渣罐超过40个，每个渣罐按照25万元计算，直接节省工程费用超过1 000万元。

六、效益分析

本项目建成后，极大地改善了之前钢渣热泼处理造成的环境友好性不良的问题，钢渣辊压破碎及热闷过程中产生的烟气经过处理后进行有组织排放，能够满足颗粒物排放浓度的要求，工人的工作环境得到极大改善。二次处理线在皮带转运点及各个转动设备容易产生扬尘点设置单机除尘器，能够有效捕集生产过程中产生的粉尘。整个生产线无废水、废气排出，符合清洁化生产的理念。本项目带来90人的岗位就业，能缓解当地劳动人员的就业问题。

本项目投资约1.9亿元，每年回收渣钢6万t，按照1 200元/t计算每年直接产生7 200万元的效益；回收磁选粉11万t，按照300元/t计算每年直接产生3 300万元的效益；尾渣每年产量58万t，按照5元/t的售价每年产生290万元的效益；仅此直接收益近1.08亿元。综合考虑运营成本及财务成本，经测算，本项目具有较高的营利能力，项目税后投资内部收益率为22.85%，税后全投资回收期（不含筹建期）为4.3年。

项目的建成促进了节能减排、地区经济的可持续发展，有利于循环经济发展，为水泥等相关行业的发展提供了有限度的资源保障。此项目能够带来很好的社会效益和环境效益。

连云港市赣榆区柘汪工业园区日处理 30 t/d 工业危险废物污泥气化熔融资源化项目

　　华夏复兴环境科技有限公司（以下简称"华夏复兴"）是一家集城市生态环境管理以及项目运营管理、环保科技于一体的高科技环保企业。公司致力于城市与区域生态和谐，以人口、资源、环境、能源等问题的耦合关系为对象，研究探讨和实施城市及人类密集地区的生态评价、生态规划、生态管理的系统方法。

　　华夏复兴立足于城市污水治理、污泥治理、大气治理、河道治理、土壤修复、危险废物处理、固体废物无害化处理等项目工艺设计及运营管理，配套发展环境工程等增值性业务，充分发挥完整技术资源、产业链优势，以废物资源化、生态和谐化为核心的全能处理技术服务平台。公司位于中国硅谷北京中关村，被评为中关村高新技术企业，被列为国家发改委中国战略性新兴产业联盟理事单位、科技部民营科技协会理事单位、中国质量万里行诚信经营"3·15"放心承诺单位，获得 2019 年中国经济新锐企业、AAA 级信用单位、AAA 级诚信企业等荣誉，拥有自主知识产权专利著作等 13 项，其中自主发明的工业污泥气化熔融制岩棉专利系统，填补国内工业活性污泥减量至零、全部资源化再利用的空白。这一系统技术的广泛应用，可以为国家减少因建填埋场而浪费的大量土地资源，减少二次污染物的增长，为化工园区及工业园区环境治理提标升级。

》》案例介绍

一、项目名称

　　连云港市赣榆区柘汪工业园区日处理 30 t/d 工业危险废物污泥气化熔融资源化项目。

二、项目概况

　　建设地点：赣榆区柘汪临港产业区

　　建设规模：年资源化处理 9 000 t 工业危险废物污泥（日处理 30 t）

　　赣榆区云通水务有限公司（以下简称"云通水务"）位于连云港市赣榆区柘汪临港产业区，属于国有企业，主要经营生活供水、工业供水、污水处理、给排水运营管理及服务、水质检测等业务。

　　目前，云通水务每天处理综合污水 1 万 t，其中石化污水 2 500 t、酿造污水 3 000 t、生活污水 3 000 t 和其他产业接入的污水 1 500 t。采用高压压滤机产生含水率 65% 左右的污泥，前期交与发电厂焚烧处理，但因化工工业污泥属危险废物类别，电厂焚烧违反危险废物处置要求，现柘汪工业园区没有危险废物处置中心，所以企业急需上马危险废物处理设施。由于污泥属于危险固体废物，交第三方处理的费用高达每吨 5 000 元。经过国内外行业咨询和调查，选用华夏复兴的工业危险废物污泥气化熔融资源化处理系统技术。此技术可将处理成本降到原来的 10%～20%，具有无害化、无二次污染、废物综合利用、生态环境友好的特点。

三、技术特点

本系统技术填补了危险废物污泥资源化再利用的市场空白，使危险废物污泥处理实现减量化至零，杜绝了因传统焚烧剩余残渣二次填埋带来的二次污染，节约了因建设填埋场而占用园区宝贵的土地资源。

本系统技术是华夏复兴于 2017 年投入近千万元创新研发，融合多项专利技术形成的实用专利技术系统。本系统技术在处理工业污泥过程中的优点如下：

（1）无害化程度高：消除 99.99% 的菌落（致病微生物），无卫生危害，熔渣气化将污泥的有机质减到 1% 以下，熔融汽化温度高，缺氧气化，还原气氛，无二噁英污染物产生，无焦油，废水易处理。重金属完全固定，玻璃态，无渗滤性，并且完全稳定，完全对环境无害。

（2）资源化利用彻底：有机质通过气化转化为可燃气体，可燃气体可根据企业需要作为生产补充热能或电能，无机物熔渣密度＞2 500 kg/m³，可以全部资源化回收利用。可做建材、路道砖、岩棉及生产水泥的原料。柘汪工园区污水处理厂产生的污泥，其中的无机物含量符合生产岩棉的原料条件及指标，再加入其他的配料可生产建材及岩棉。生产建材及岩棉所需的电力又来自污泥自身产气发电，杜绝岩棉额外高耗能用外接电力，实现危险废物污泥全部资源化的最大利用。

（3）减量化至零排放：工业危险废物活性污泥在处理过程中全部资源化再利用，没用剩余的残渣要填埋，所以减量化至零。

四、项目优势

本项目及系统技术推广及应用，每年可为国家节约大量因建设填埋场而占用的土地资源，提高利用废物资源产生的能源使用，因采取华夏复兴的系统技术，处理后污染物排放只有传统焚烧方式的 1/3，二噁英排放远远低于欧盟排放的国际标准，减少污染物对生态环境的影响，其建设成本为传统方式的 60%，危险废物污泥处理成本是传统方式的 50%。

目前，国内还没有把工业污水处理厂产生的污泥减量化至零的技术系统，并且全部资源化再利用，本项目在行业内具有技术的领先优势。本技术系统装备可以为企业及污水处理厂量身设计，实现小型化运营，解决企业及污水处理厂产生的危险废物污泥处理成本高的难题。

五、效益分析

本项目总投资 3 900 万元，财务评价的计算期定为 10 年，包括建设期 6 个月，经营期 9 年。计算期内依据行业每年进行的大修视同正常经营，未预计非常规停产损失。

项目投产后，项目年均销售收入（含税）为 4 371.43 万元。

本项目年均增值税（退税后）为 155.37 万元。

本项目年均利润总额为 3 804.9 万元，年均税后利润 2 853.68 万元。

项目投资利润率为 140.92%，投资利税率为 148.21%，资本金净利润率为 105.69%。项目全部投资税后财务内部收益率为 90.27%，大于基准收益率 12%；全部投资回收期税后为 1.6 年。说明本项目有较好的经济效益，项目营利能力较强。

城镇生活垃圾蓄热裂解气化处理项目

陕西华诚实业股份公司是一家专注于生态环境保护的科技创新企业，也是一家提升人居环境质量的高新技术企业。公司逐步建立了"城镇生活垃圾综合处理、生产生活污水处理、土壤修复防治与治理""三位一体"的综合性人居环境质量提升服务体系。

目前，公司具有环保专业承包资质、市政公用工程总承包资质、建筑工程施工总承包资质、机电工程施工总承包资质；取得安全生产许可证，危险化学品经营许可证；公司已通过 ISO 9000 质量管理体系认证、ISO 14001 环境管理体系认证及 OHSAS 18001 职业健康安全管理体系认证；同时获得高新技术企业认证、陕西省科技民营企业、技术贸易资格证、陕西省中小企业创新研发中心等资质荣誉。

通过自主研发，公司已获得技术专利 30 余项，并先后承担了 10 多个科技研发项目，多次在国家、省级创新创业大赛中获奖。近年来，公司先后承接完成了百余项环境综合治理项目，包括污水处理、垃圾填埋场、矿山治理、土壤修复、市政工程项目，涉及市政、烟草、煤矿、医院、学校等行业。

 **案例介绍**

一、项目名称

城镇生活垃圾蓄热裂解气化处理项目。

二、项目概况

本项目采用"裂解气化"工艺对城镇生活垃圾进行处理。项目在实验室试验、小型试验的基础上，进行工业生产性试验，在陕西省安康市镇坪县建设处理能力为 10 t/d 的生活垃圾裂解气化处理示范装置。

本项目内容包括：10 t/d 生活垃圾裂解气化项目技术方案的制定；项目施工图设计；全套设备研发及生产加工；项目建设施工；设备安装及调试运营。

本项目应用了陕西华诚实业股份公司自主研发的"城镇生活垃圾蓄热裂解气化炉"，采用了先进的尾气进化工艺。

通过项目的实施，实现了小型城镇生活垃圾处理无害化 100%，减量化 95%，处理过程自热平衡，尾气排放 100% 达标。

三、项目规模

生活垃圾处理能力 10 t/d。

四、技术特点

城镇生活垃圾蓄热裂解气化处理项目技术的核心是"生活垃圾蓄热裂解气化炉"。生活垃圾蓄热裂解气化炉包括一燃室、二燃室和蓄热器三个部分。生活垃圾裂解气化过程分两个阶段进行：第一阶段为缺氧状态的裂化和过氧燃烧，在一燃室内进行，工作温度控制在 600～750℃，使垃圾中的大部分有机质裂解气化成可燃的 CO、H_2、CH_4 等气体，剩余少量的固体可燃物在裂解气化炉底部过氧燃烧，为气化裂解反应提供热量；第二阶段为过氧燃烧，第一阶段产生的可燃气体被输送进入二燃室，进行充分燃烧，工作温度控制在 850～1 100℃。"生活垃圾蓄热裂解气化炉"工艺在二燃室后面再设置一个蓄热器，利用二燃室出来的高温度炉气，加热即将输送到一燃室的空气，将热量返回到系统，起到蓄热作用，保证了系统热量的自热平衡。

裂解气化技术与垃圾直接焚烧技术最根本的区别就在于裂解气化焚烧技术解决了烟气污染问题，无二次污染，烟气达标排放，尤其对抑制二噁英的产生有显著效果。直接焚烧是一个强氧化过程，焚烧过程产生大量的 SO_2、HCl 和 NO_x 等污染物。由于炉排无法承受 1 000℃以上的高温，使焚烧的工作温度只能限制在 1 000℃以下，难以使二噁英完全分解。裂解气化焚烧过程可以使二燃室温度接近 1 100℃，气体停留时间大于 2 s，能使大部分二噁英分解成无害物质，残留量极少。裂解气化过程垃圾固体物基本处于静止状态，防止了烟气携带大量粉尘进入后续工序，使烟气净化过程负荷大幅降低，有利于排放尾气净化达标。

五、项目优势

（1）可处理所有生活垃圾。除建筑垃圾、金属和危险废物，各种生活垃圾都可以进行裂解气化处理。不需要对垃圾进行预处理。

（2）节约能源，在生活垃圾裂解气化处理正常运行中，不需要添加任何助燃剂，可依靠垃圾自身热值，维持裂解气化处理运行。

（3）系统温度、压力、风量控制稳定。

（4）烟气净化工艺简单，尾气排放达标。排放的烟气中的飞灰和有害气体也完全符合国家规定的排放标准。

（5）裂解气化炉与二燃室采用一体化设计，结构紧凑，节约投资成本。

（6）系统无飞灰产生，炉渣容易收集，无固体废物污染。

（7）系统正常的日常运行看不到烟尘，车间无异味，排放达标，对周边环境和居民没有任何影响。

（8）裂解气化炉能够有效地控制炉内各处的温度，防止烟气中二噁英的生成并破坏分解产生的二噁英。各项指标都能达到国家排放标准。

（9）裂解气化炉下料均匀、传动装置稳定运行、能够有效控制炉渣板结和焦化，排灰方便。安全性好，生产效率高。本设备结构设计更加人性化，便于维护和检修。

（10）裂解气化炉根据处理量可通过调整二燃室进气量使炉体达到自热平衡和长期的运行。

（11）裂解气化炉可以根据处理能力需要制造设备具体大小，单位处理能力的建设投资没有明显增加，适用于小规模装置使用。

六、工程创新

（1）增加蓄热器：系统在二燃室后增加蓄热器，将系统部分热量返回一燃室，进一步提高热利用效率，保证系统各个工艺点温度在可控范围内。

（2）烟气降温工艺优化：降温过程采用极冷降温，使烟气温度由 500℃ 以上急速降到 200℃ 以下，避免烟气输送过程中二噁英二次合成。

（3）尾气进化处理工艺优化：采用旋风除尘器、吸附净化器、静电除尘器、烟气洗涤塔进化工艺，除去烟尘、二噁英和重金属。使排放烟气完全符合《生活垃圾焚烧污染控制标准》（GB 18485—2014）的要求。

七、效益分析

本项目的示范装置于 2019 年年底建成，通过调试于 2020 年年初投入正常运行，日平均处理垃圾达到 9.8 t，各项工艺和经济技术指标均达到了设计要求，主要效益体现在生态环境效益方面。

运行正常以后，裂解气化处理排放烟气完全符合《生活垃圾焚烧污染控制标准》（GB 18485—2014）的要求。

项目每年可处理生活垃圾 3 000 t，无害化率达 100%，减量化率达 95%。

无锡高新区新能源新材料产业园生态保障中心
一期工程固体废物综合处置示范项目

　　无锡能之汇环保科技有限公司是中广核环保产业有限公司旗下项目公司，环保产业公司成立于 1995 年 9 月，是中国广核集团全资二级子公司。目前公司总资产近 30 亿元；规划与在运供排水超过 100 万 t/d；具有股权投资、BOT、TOT、EPC+O 等多元化的商业模式；拥有全国等离子体危险固体废物处理示范项目；是"核环保"主要参与者。环保产业公司是国家高新技术企业，全国环保工程专业承包百强企业；拥有环保工程专业承包一级、环境工程（水污染防治工程）专项甲级等施工资质 30 余项。

　　业务范围：提供"区域环境综合治理"解决方案及打造环保全领域能力平台为主要目标，秉持"水循环 4.0""城市环境综合体"发展理念，围绕城镇供排水、水环境综合治理两大核心业务，聚焦中低放固体废物、危险废物、高危险废物水等重点专项治理市场。公司具备强大的资金、平台、资源、技术实力，可为客户提供从规划、投资、设计、建造到运营管理的全产业链服务，一站式的水务环保与危险固体废物问题解决方案。

　　核心技术：实现技术到产品产业化和应用落地的突破，打造"和润"HSS 优质饮用水保障系统、"和清"AAA 高效全集成水质净化厂、"和美"CII 城市水环境综合智慧管控系统、"和融"等离子体气化熔融技术"四和"系列核心产品。

中广核环保产业公司

》》案例介绍

一、项目名称

　　无锡高新区新能源新材料产业园生态保障中心一期工程固体废物综合处置示范项目。

二、建设地点

江苏省无锡市国家高新技术产业开发区（新吴区）。

三、项目概况

无锡高新区固体废物综合处置示范项目于 2018 年开始建设，占地面积 84 亩，投资规模达 3 亿元，新建两套等离子体气化熔融生产线（2×30 t/d）用于处置无锡高新区新能源新材料产业园产生的综合危险废物，危险废物处置量达 1.98 万 t/a，致力于打造等离子体气化熔融标杆项目。

四、技术特点及创新

该项目的核心技术是中广核自主知识产权的等离子体气化熔融技术，采用去工业化、花园式设计，尾气排放执行全球最严格的欧盟 EU/2010 标准，严于国家排放标准。固体废物进入等离子体高温熔融气化熔融系统，有机物经过等离子体气化处理后，变成气化合成气，进入二燃室燃烧回收热量；无机物经过等离子体熔融处理后，形成玻璃固化体，可用作路基、建材、保温棉等使用，真正实现固体废物无害化、稳定化与资源化处置，真正实现无废渣、无废液处置工业危险废物。

浙江油田昭通页岩气示范区水基钻井废弃物
不落地无害化处理工程

浙江油田分公司是中国石油天然气股份有限公司所属的地区分公司，总部位于浙江省杭州市，主营业务涵盖原油、天然气的勘探、开发、科研、生产、储运和销售等。

浙江油田分公司以发展为第一要务，坚持"油气并举，稳油增气"的发展战略，"十二五"期间，在滇黔北等地区山地页岩气业务取得重大突破，建成并投用了昭通国家级页岩气示范区，页岩气年产能达到 5 亿 m^3，尤其是独立探索总结形成的山地页岩气开采六大技术系列 22 项专项技术引领国内页岩气勘探开发技术领域，推动页岩气业务发展驶入"快车道"。

进入"十三五"以来，浙江油田公司紧紧围绕建设绿色、可持续的百万吨油气田总目标，以稳健和谐发展为主题，以转方式、提质量、增效益为主线，大力弘扬"石油精神"，持续加强党的思想建设、组织建设、人才建设和纪律建设，深入实施业务增长、效益提升、基础保障、绿色发展、人才强企"五大工程"，公司呈现出有质量、有效益、可持续发展的新局面。2016 年，公司油气当量达到 50 万 t 规模，较 2015 年翻了一番，并实现成立 11 年来首次扭亏为盈；2017 年公司油气当量达到 51.8 万 t，并连续两年保持盈利，连续 3 年获得集团公司安全、环保"双先进"。自 2018 年起，公司实现了油气当量上 100 万 t。

 案例介绍

一、项目名称

浙江油田昭通页岩气示范区水基钻井废弃物不落地无害化处理工程。

二、项目概况

从 2016 年起，全面推广钻井泥浆随钻不落地技术，现已实现 100% 的应用，全面取消了泥浆坑。固体废物无害化处置后用于制作烧砖、铺垫井场等，实现了固体废物的资源化利用。在水基钻井液的压滤液回收利用方面，浙江油田制定发布了《钻井液的压滤液回用要求（暂行）》，对各离子含量、钻井液性能和其他技术提出了要求，并要求滤液经处理后必须满足钻井回用配浆用水指标要求，回用率要达到 70% 以上。剩余无法回用的压滤液外运至公司回注井站，经处理合格后回注。

水基钻井泥浆随钻处理项目采用北京嘉禾天华节能环保科技有限公司（以下简称"嘉禾天华"）的处理技术。这一系列技术由嘉禾天华、中石油勘探开发研究院、南方勘探公

司合作研发，2015 年通过了中石油科技部组织的科技成果鉴定，2016 年获得了中石油科技进步奖二等奖，2017 年获得了国家 5 项新技术专利、1 项发明专利，是中石油勘探与生产分公司召开现场推进会推广应用的成熟技术——"水基泥浆随钻处理技术"。

三、项目规模

地跨川滇黔 3 省，水基随钻处理每年 70～80 口页岩气井。

四、技术特点

两大核心技术优势：

1. 利用嘉禾天华自主研发的各种"破胶脱稳药剂"，能够处理目前国内应用的各种不同体系的水基泥浆和"水代油"的高性能水基泥浆。

2. 利用嘉禾天华研发的两种"离子还原剂"还原处理的滤液水，可以达到不同体系、不同开次的配制泥浆用水标准，满足现场泥浆配制要求。

设备、处理工艺：

设备全部实现了模块化、撬装化，现场布局灵活，可根据钻井队设备摆放位置、现场空间大小进行灵活调配，合理布局，可以满足不同地形钻井需要。这项技术与钻井队配合界面清楚，实现了与钻井队的同步搬迁。

另外，采用本工艺相比于传统混拌固化可减少 50% 的固体废物产生，同时固体废物无害化处置后用于制作烧砖、铺垫井场等，实现了固体废物的资源化利用，液相通过二次处理后可用于现场及压裂的回用。

现场处理设备共分 4 个单元：

一是收集单元，主要作用是将钻井过程中振动筛、除泥器、除砂器、离心机等固控设备产生的泥浆废弃物收集起来；

二是破胶脱稳单元，主要作用是将收集起来的泥浆废弃物加入嘉禾天华研发的"破胶剂、脱稳剂"，进行破胶脱稳反应，进行无害化处理，为固液分离做准备；

三是固液分离单元，主要作用是将经过处理的泥浆废弃物利用板框压滤方式，分离成固相和液相，也就是岩屑和滤液水；

四是滤液水还原单元，主要作用是将分离出来的滤液水加入嘉禾天华自主研发的"离子还原剂"进行还原处理，去除高价金属离子，使其达到配制泥浆用水的标准，现场配制泥浆重复利用。

五、项目成果

随着生态环境管理的日益严格和污染减排形势的日趋严峻，提高钻井废弃物资源化率，减少环境风险，成为油气田实现持续、绿色发展的重要问题。推行清洁生产、开发利用综合技术、加强源头与过程控制是目前治理钻井废弃物的当务之急。

水基钻井泥浆随钻不落地工程实现了钻井的清洁化生产，并通过工艺改进以及资源化利用的方式减少了固相、液相的产生和排放，同时全面取消了泥浆坑，节省了井场的占地面积，并取得以下效果：

（1）减量化：应用这项技术随钻处理，从钻井源头就对产生的固体废物减量，在昭通页岩气区块一般 3 000 m 左右的井深，产生钻井岩屑量为 500 m³ 左右，产生量为传统混拌固化方式的 50%。

（2）无害化：应用这项技术随钻处理，实现泥浆不落地，现场进行固液分离，处理过程与钻井同步进行，泥浆废弃物的化学成分绝大部分包含在滤液水里，经过还原处理后继续重复利用；滤液水回用技术实现了对废弃钻井液滤液的回收再利用，有效地解决了废弃钻井液排放带来的环保隐患，同时降低了钻井对淡水的需求，对水资源缺乏地区钻井具有重大意义；由于钻井滤液中保留了原钻井液中部分处理剂成分，其抑制性明显优于清水，在替代清水配浆的同时可降低体系中相应抑制剂的加量，从而实现了滤液水重复利用的目标。

（3）资源化：该项工艺可以最大限度地使废弃物资源化，经固液分离系统压滤后的滤液水在现场还原处理全部做泥浆配制液循环使用回用率可达 70% 以上，减少了钻井对淡水的用量；固相泥饼（岩屑）干燥坚硬，含水率低于 30%，便于存放，可以用作铺垫井场、道路基土和制砖材料，资源化利用率可达 100%。目前固相主要用于烧制砖，既解决了砖厂取土困难的问题，又可将钻井岩屑资源化利用，无须现场掩埋，彻底消除了环保隐患。

（4）现场清洁化：该项技术所用设备均为随钻设备、现场处理、封闭运行，产生的滤液就地配制泥浆回用，岩屑存放在岩屑棚内，施工现场看不到任何废弃泥浆，不存在泥浆拉运，有效解决了废弃钻井液排放带来的环保隐患，彻底消除了泥浆混拌拉运带来的渗漏抛洒等环境污染风险；钻井结束后，井场就完全随钻清理干净，真正做到"工完、料净、场地清"，大幅提高了钻井现场清洁化生产水平。

（5）占地节约化：四川地区均为山地地形，井场施工面积较为紧张，这项技术可以避免挖泥浆坑，可大幅减少施工占地面积，平均单平台可节约土地 2 亩，对于同一井场多个井眼、多台钻机同时施工的优势十分明显。

设备存放基地：

设备制造基地：

有机合成浆替代煤炭醋酸造气工艺
节能减排技术改造项目

梵境新能源科技（浙江）有限公司（以下简称"梵境新能源"）是一家以气化炉综合利用有机废弃物的高成长性科技型环保企业，致力于多源合成浆气化技术的研发和推广应用，并拥有多项自主知识产权。公司以"节能环保+新能源"双核驱动为发展模式，以多源合成浆气化技术为依托，实现对各类有机废弃物的终端无害化处置和新能源再生利用。

梵境新能源拥有面积达 2 000 m² 的研发实验室，配备各种分析仪器和实验平台。能完成各种危险废物和一般废物指标分析，资源综合利用全流程过程分析，各种危险废物配伍成浆实验，强力支撑公司分析检测需求和技术研发需求。

梵境新能源为研究危险废物资源综合利用建有 2 t/d 和 20 t/d 的危险废物资源化综合利用中试平台。可进行气化资源化利用危险废物技术关键共性技术放大、设计、验证及持续改进研究，核心设备及部件可靠性能验证、改进及优化，气化协同处置技术参数验证，全流程经济性评价，污染物迁移规律研究，工业装置气化试烧研究等。梵境新能源已经在该平台对上百种有机危险废物进行试处理，积累了大量的数据并促进了研发技术的产业化应用。

梵境新能源与中国东方电气集团科学技术研究院在固体废物处理领域展开深度合作，成立了固体废物综合利用及处置工程技术研究中心，共同开发固体废物的资源循环利用和无害化处置的先进技术。并与浙江瑞启检测有限公司建立了梵境-瑞启联合实验室，开展有机危险废物检测技术的合作。

》案例介绍

一、项目名称

有机合成浆替代煤炭醋酸造气工艺节能减排技术改造项目。

二、项目概况

江苏索普化工股份有限公司（以下简称"索普化工"）和梵境新能源合资合作，共同成立了镇江普境新能源科技有限公司，利用索普化工的水煤浆气化技术和梵境新能源的有机合成浆制备技术，实现优势互补。并由合资公司建设、管理、运营"醋酸造气工艺节能减排技术改造项目"中的有机合成浆制备工段。借助索普化工的公用工程，采用先进的水煤浆气化炉协同处置装置将周边地区的有机类危险废物循环利用，实施有机类危险废物（混配兰炭、石油焦）再利用，从产业提升方面杜绝污染物排放源，同时按照"减量化、资源化和无害化"的原则，淘汰落后的焦炭制气，以有机合成浆替代煤炭，将周边地区的有机类危险废物综合利用，实施有机类危险废物（混配兰炭、石油焦）再利用，提高废物综合利用水平，将有机类危险废物转变为具有高附加值的产品，从根本上实现废物的资源化利用、变废为宝。

对有机类危险废物进行按类收集、进行预处理。将危险废物按照一定比例与兰炭、石油焦进行混配，制备出有机合成浆产品，送至气化炉使用。

本项目实施后，可以有效妥善处理 15 万 t/a 的危险废物，并将这些危险废物转化为具有高附加值的产品。

三、项目规模

本项目年综合利用危险废物的规模为 15 万 t，其中固体及半固态危险废物 10 万 t、液体危险废物 5 万 t；年操作时间 8 000 h；采用"四班三运转、八小时工作制"。

四、技术特点

有机类危险废物经收集预处理后，与化工煤进行混配，制备出的有机合成浆可用于醋酸造气节能减排技术改造项目。经项目中的水煤浆气化炉协同处置，可生成满足要求的 CO 和 H_2。

五、项目优势及工程创新

（1）有机合成浆在气流床气化反应条件下，生成的玻璃态炉渣可广泛应用于建材行业；生产过程不产生二噁英；产生的废水经生化处理后可达标排放。生产过程不形成二次污染，环境友好。

（2）项目采用 1 台气流床气化炉替代现有 11 台常压固定床造气炉，减少倒炉频次，气化炉采用全封闭形式，碳转化率从 85% 提高至 99% 以上，主要污染排放物总量降低，每年分别减少 COD、硫化氢和氨氮的排放量分别为 50 t、0.62 t、9.29 t；设备运行可靠，生产过程稳定可控。

（3）项目可立足于索普化工基地，服务于镇江市及周边，实现危险废物无害化、资源化处置，进一步完善江苏省危险废物处理体系。

综上所述，本项目实施后，对行业节能减排、煤炭资源替代、有机类危险废物处置起到了很好的示范作用，可形成良好的生态环境和社会效益。

万华化学集团股份有限公司
3.5 万 t/a 固体废物综合利用项目

意大利赫拉集团是欧洲领先的综合型公共事业公司，米兰交易所上市公司，业务涉及环保板块、水务板块、燃气板块和供电板块等。2019 年营业额 74 亿欧元左右，EBITDA（税息折旧摊销前利润）10.85 亿欧元，是意大利环境服务领域的龙头企业。依托于先进的垃圾处理技术和可持续发展理念，在对环境影响方面达到远低于欧盟标准的接近零排放的水平，被评为意大利最佳公用事业公司，连续多年获得欧盟最具有社会责任感的公用事业企业表彰（CEEP CSR LABEL），连续 10 年蝉联最佳雇主，意大利在线通信排名第三，荣获 2017 年商业国际金融奖，31 位创新奖获得者之一。

2019 年，意大利赫拉集团共实现营业额 74 亿欧元左右，EBITDA（税息折旧摊销前利润）10.85 亿欧元，增长 5.2%；净利润 4.02 亿欧元，增长 35.5%。其中业务涉及的环保板块占 24.4%。

2011 年，意大利赫拉集团开始进入亚太市场。为了提高市场竞争力，也为了更好地为全球市场提供服务，2013 年，意大利赫拉集团在中国正式成立赫拉（北京）环境保护技术有限公司。2018 年正式更名为赫拉环境保护技术有限公司，注册资本为 5 000 万元。

赫拉环保专注于各类垃圾、废弃物处理技术等环保技术的本土转化，引进欧洲配套厂家配合国内设备厂商实现国产化，做到"欧洲设计的性能，中国制造的价格"。

》案例介绍

一、项目名称

万华化学集团股份有限公司 3.5 万 t/a 固体废物综合利用项目。

二、项目概况

万华化学集团股份有限公司固体废物综合利用项目位于烟台经济技术开发区烟台西港的临港工业区内，是国内单条装置处理能力最大，综合排放水平最先进的危险废物焚烧处理项目。

三、项目规模

本项目的废弃物基础焚烧装置量达 35 000 t/a，二期预留同等规模处理线。单条装置处理弹性范围 30%～120%，即单条装置固体废物和废液处理能力最高可以达到 42 000 t/a，除常规危险废物之外,本项目含特殊危险废物,如含水80%的污泥为4 000 t/a,废活性炭为1 200 t/a,半固态焦油为1 000 t/a。产生30 bar,300℃过热蒸汽31 t/h。

四、技术特点

采购欧洲成熟的工艺,在焚烧系统、余热回收系统和烟气净化系统中都有很多应用成熟的技术特点。

(1)进料系统维修简便性;对传动系统进行重大改革、取消了常规的大齿轮传动设计,由电机+减速机驱动托轮,再利用托轮与轮带之间的摩擦力,从而驱动窑体旋转,可有效降低回转窑驱动机构的长期疲劳应力,同时利于正反转的及时切换;二燃室与锅炉间烟气管路属于容易积灰堵塞的"脖颈区",为了避免熔灰沉积所造成的检维修和故障,将二燃室与锅炉间烟气管路长度设计小于500 mm。

(2)采用三回程膜式壁锅炉+蒸发器+过热器+省煤器的设计,高效利用热能;同时,过热器和省煤器是可互换的,方便维修和降低备品备件的管理成本;锅炉停炉清灰间隔可以超过8 000 h;锅炉采用抽屉式可提取的热单元,极速安装和更换;锅炉尾部自然循环的立式结构,有效解决了卧式结构和立式结构的弊端,做到绝对安全、可靠和节能。

尾气净化的所有加药系统一用一备,确保系统可靠性万无一失。

五、项目优势

本项目位于烟台万华工业园,服务于烟台万华企业自身产生的近500种企业自产危险废物;危险废物种类繁多,包括废液、废气、固体废物和半固体废物等多种形态,涵盖了国家危险废物名录中的20多类;同时,针对各种不同包装形态的废弃物,有针对性地设计了多个独立的自动/半自动预处理系统,极大地提高了厂内自动化水平,降低了人员操作风险,有效地保障了安全运营。

全面采用欧盟EU2010/76/EC LIMITS排放标准,高于现行国标和现行国标征求意见稿,其中氮氧化物排放标准状态下为40 mg/m^3(9%氧含量),是国内同行排放最低的项目。

六、工程创新

基于深刻贯彻万华化学对于"安全生产高于一切"的管理理念,本项目实现了以下创新:

(1)应对复杂的物理形态实现了传统进料方式之外的吨袋拆包、输送机进料、柱塞泵进料、水浴、管道输送等一系列半自动进料系统,降低了工人操作风险和时间;

(2)危险废物处理领域首创全自动废液预处理线,实现自动开闭盖、自动抽吸泵送等;

(3)全面采用物联网管理理念,进行来料的登记收集、库存登记、配伍提货、精准控制、精细管理的运营操作流程;

(4)专枪专用,共配置了11个专用喷枪,应对复杂的多种性质物料;

(5)配置二噁英累积采样系统,对污染排放实施全过程管理,控制全年累积排放、突破抽样检测的实时排放管理理念;

(6)全厂采用艾默生DCS系统控制,集中整合了常规的各子系统PLC独立控制单元,同时配套专用的 SIS 系统。

七、效益分析

总投资：3.5 亿元

投资收益率：22%

许昌垃圾焚烧发电（许昌天健易地改建）项目

许昌旺能环保能源有限公司位于河南省许昌市魏都区颍昌街道香山公园南侧，承担着许昌市居民生活供暖和生活垃圾集中处理等民生保障任务。公司注册于 2011 年 12 月 29 日，注册资本 3.29 亿元，是浙江旺能环保有限公司的全资子公司。公司主营业务为售电、热电联产、生物质能发电、环境卫生管理。

公司投产之后彻底解决了许昌市"垃圾围城"的问题，节约了土地资源，有效控制了环境污染，在节约能源、无废城市建设、改善城乡人居环境、实现资源综合利用和经济社会的可持续发展等方面发挥了重要作用。

案例介绍

一、项目名称

许昌垃圾焚烧发电（许昌天健易地改建）项目。

二、项目概况

项目位于许昌市西郊香山公园（原垃圾填埋场封场而建）以南，庞庄村以西，垃圾填埋场以北及以东地块，占地 179 亩，投资约 10.5 亿元。

本项目服务范围设定为许昌市域及附近周边县城所有能收集的垃圾，近期主要考虑市本级、禹州市、长葛市、襄城县，远期考虑鄢陵县和一期服务区域增量以及乡村垃圾。

三、项目规模

建设 3 台 750 t/d 机械炉排焚烧锅炉，配 2 台 25 MW 抽凝机组 + 1 台 B15 MW 背压机组；并预留远期扩建场地及条件。建设的主要目的是为满足 2 250 t/d 垃圾焚烧发电所需的所有主辅工程，包括垃圾储运系统、垃圾焚烧系统、烟气净化系统、除渣系统、除灰系统、化学水处理系统、电气系统、控制系统、渗滤液收集及处理系统、点火油系统、压缩空气系统等。

四、技术特点

项目采用"SNCR 脱硝（氨水还原剂）+ 旋转喷雾半干法脱硫［脱硫剂 $Ca(OH)_2$］+ 活性炭喷射除二噁英、重金属 + 布袋除尘器"烟气净化工艺。

为了长期、稳定、可靠地运行，该工程选用技术成熟可靠的炉排炉焚烧方式。炉排面由独立的多个炉瓦连接而成，炉排片上下重叠，一排固定，另一排运动，通过调整驱动机构使炉排片交替运动，从而使垃圾得到充分的搅拌和翻滚，达到完全燃烧的目的，垃圾通过自身重力和炉排的推动力前进，直至排入渣斗。炉排分为干燥段、燃烧段和燃烬段三部分，燃烧空气从炉排下方通过炉排之间的空隙进入炉膛内，起到助燃和清洁炉排的作用。

五、项目优势

自许昌被列为全国 11 座"无废城市"试点城市之一以来，不断探索建立健全"无废生活"体系，实施生活垃圾全过程管理，生活垃圾处理成为"主力军"。

随着城市快速发展，人口不断增多，生活垃圾不断增加，传统的填埋处理方式已不能适应时代的发展，许昌生活垃圾的处理方式也由填埋转变为焚烧发电，真正实现无害化处理。随着许昌旺能环保能源有限公司投入运营，许昌采用了更先进的终端处理设备，每天能处理 2 000 多 t 生活垃圾，发电约 70 万 kW·h，不仅可以解决城市垃圾的处理问题，还能让这些垃圾"变废为宝"。通过技术处理，原本对环境有影响的各种垃圾转变为新能源，重新投入经济建设，实现资源的充分利用，助力许昌"无废城市"建设。

六、工程创新

1．工程技术难点

主厂房规模大、占地少、布局紧凑科学，工艺先进，技术领先，设备优良。

发酵工艺：垃圾坑内堆积发酵 7 d 左右。

二噁英充分燃烧工艺：燃烧时间超过 2 s。

灰渣利用工艺：利用来自锅炉蒸汽带动汽轮发电机组发电，发电后蒸汽冷却成冷凝水回收利用。

烟气处理工艺：烟气 SNCR 炉内脱硝+半干法反应塔中和脱酸+干粉喷射脱酸+活性炭吸附二噁英及重金属+布袋除尘等工艺。

垃圾坑防渗漏要求高，有限空间吊装量大，高压焊口多（高压受监焊口 24 559 道，焊口无损检测通过率达到 99.5%）。

2．新技术应用

新技术应用

大项	子项	应用部位	应用效益
钢筋与混凝土技术	2.3 自密实混凝土技术	设备基础灌浆料	利用自密实混凝土的高流动性，保证基础施工质量
	2.5 混凝土裂缝控制技术	垃圾库底板	增强混凝土的抗裂性能，确保池体无渗漏
	2.8 高强钢筋直螺纹连接技术	钢筋套筒连接	确保接头连接质量，减少现场焊接带来的光污染，提高功效，缩短工期
模板脚手架技术	3.5 整体爬升锅平台技术	烟囱	节省工期、施工方便
锅结构技术	5.6 钢结构滑移、顶（提）升施工技术	垃圾库钢结构	利用滑移技术安装垃圾库钢结构，节约成本
机电安装工程技术	6.1 给予 BIM 的管线综合技术	机电管线	综合协调，模拟布设，保证安装工程一次成优，提高施工时效
绿色施工技术	7.3 施工现场太阳能，空气能利用技术	道路、宿舍、办公室	节约能源、保护环境

大项	子项	应用部位	应用效益
绿色施工技术	7.4 施工扬尘控制技术	施工现场，道路	减少施工带来的环境影响
	7.5 施工噪声控制技术	主厂房，木工期	减少施工带来的环境影响
	7.7 工具式定型化临时设施技术	临边洞口防护	提高周期，节约材料且安全美观
信息化技术	10.1 基于 BIM 的现场施工管理信息技术	项目全过程	综合布局、科学高效
	10.2 基于大数据的项目成本分析与控制信息技术	项目全过程	优化成本控制
	10.3 基于云计算的电子商务采购技术	项目全过程	节约成本、提高功效

本工程采用了建筑业十项新技术 6 大项 13 子项。

炉排框架纵墙铸件、水冷壁施工平台获得实用新型专利 2 项；110 kV 油浸变压器注油施工工法，利用轨道和载重坦克车滑移屋面网架施工工法，有限空间内垃圾焚烧锅炉安装施工工法均获得三项省级工法。

七、效益分析

本项目为生态环境基础项目，项目投资约 10.5 亿元，约占许昌工业投资 1 078.8 亿元（2015 年数据）的 1%。项目实施所涉及的庞庄社区搬迁可带动约 10 亿元的投资，天健热电的厂区调整为城市商业用地，对区域经济的发展起到积极作用。项目实施后，城市环境档次提升，许昌作为河南省经济快速发展的城市，可以吸引更多的投资、更好的产业投资，带动当地财政收支，提高居民的可支配收入，项目的建设有利于促进区域经济的发展。

苏里格气田钻井岩屑/压裂返排液集中处理项目

内蒙古恒盛环保科技工程有限公司（以下简称"恒盛环保"）成立于 2015 年 1 月，位于内蒙古鄂尔多斯市乌审旗。公司主要经营范围包括工业废水处理（钻井泥浆、压裂返排液、试气作业污水无害化处理运营）；工业固体废物处理；环保技术的研发与服务；环保设备的研发、制造与销售；节能产品的开发与销售；化工产品（不含危险品）的研发、生产、销售及技术服务；环保工程施工；土壤污染治理与修复服务及其他污染治理业务。恒盛环保为内蒙古自治区生态环境厅环保产业协会理事单位，具有环保工程专业承包三级证书、工业废水处理、固体废物处理处置设施运营服务二级证书，拥有质量、环境、职业健康安全、HSE 四大体系认证证书。

恒盛环保与西安建筑科技大学、陕西省科学院微生物研究所、北京大学新能源材料实验室建立"产学研用"合作关系，紧密围绕油气田钻井岩屑/压裂返排液集中无害化处理资源化利用进行科研攻关，研发出"超高浓度油气钻采废液集中化综合处理与资源化利用工艺技术"，建成了国内首家钻井岩屑/压裂返排液集中处理设施，为鄂尔多斯"泥浆不落地"找到了根本出路。经中国循环经济协会及生态环境部南京环境科学研究所评价鉴定，这项技术多项成果取得国内、国际领先水平，为油气田领域的废水、固体废物指明了资源化处理方向。

≫ 案例介绍

一、项目名称

苏里格气田钻井岩屑/压裂返排液集中处理项目。

二、项目概况及规模

该项目位于内蒙古自治区鄂尔多斯市乌审旗苏力德苏木拟新建的苏里格生态新村境内，总投资 19 300 万元，于 2016 年被列为鄂尔多斯市重点项目推进，处理规模为钻井岩屑 16 万 m^3/a、压裂返排液 16 万 m^3/a，生产的产品及副产品主要为 MVR 冷凝水 33 300 m^3/a、处理后的中水 122 000 m^3/a、免烧砖 20 000 t/a（约 1 000 万块）。项目于 2016 年 6 月 21 日取得鄂尔多斯市环境保护局以鄂环评字〔2016〕58 号文件出具的《关于苏里格气田钻井岩屑/压裂返排液集中处理厂建设项目环境影响报告书的批复》，于 2016 年 7 月开工建设，2018 年 6 月投入运行，并于 2018 年 9 月完成建设项目竣工环境保护验收。

压裂返排液通过气浮、絮凝、沉淀等物理手段去除水体中的污染物质，再通过铁碳微电解技术，提高水体可生化性，降低水体生物毒性；在生物处理工段，通过水解酸化-接触氧化处理工艺，实现水体中残留有机物的生物降解，并脱除水体中的氮磷等营养物质；生化污水进入深度处理系统，深度处理工段采用臭氧氧化法+生物炭滤池的工艺对水体中的有机物进行进一步降解，随后清洁水体进入膜处理组件，经过低压抗污染膜和海水淡化膜的两级膜处理工艺，尽可能提高中水的回收率，最终出水满足《污水综合排放标准》（GB 8978—1996）一级标准，全部用于苏里格气田井场钻井用水，不外排；膜处理产生的浓水接 MVR 机械蒸发系统，实现水体中盐分结晶回收，产生的冷凝水满足《污水综合排放标准》（GB 8978—1996）一级标准、《城市污水再生利用城市杂用水水质》（GB/T 18920—2002）标准，用于绿化或回用于井场钻井，不外排；钻井岩屑通过预处理固液分离后，液相进行深度处理，固相部分用于建筑砖制作，微生物修复后用于废弃坑矿治理。

三、项目优势及工程技术创新

恒盛环保针对长庆油田井场形式、分散程度及产液量，提出了污染物无害化、减量化、资源化处理的工艺技术路线和分散式井场的集中处理模式。公司科研项目团队通过理论研究，揭示了油气钻采的多重物化—生物工程污染控制原理，先后破解了铁碳微电解化学改性技术、混凝处理技术、强化固液分离技术、核晶凝聚诱导造粒等关键技术，建成了国内首个工艺技术最完整的油气田废弃物集中处理示范项目（苏里格气田钻井岩屑/压裂返排液集中处理项目）。

"超高浓度油气钻采废弃物集中化综合处理与资源化利用"于 2018 年 12 月通过中国循环经济协会的科学技术成果评价报告［中循协（评价）字〔2018〕第 18 号］。本项目一是确立了油气钻采过程的污染物排放目标，发明了超高浓度油气钻采废液的多重物化—生物工程耦合技术；二是开发了超高浓度油气钻采废液的固液分离技术；三是开发了多重物化—生化效能协同技术；四是开发了残余有机污染物的稳定化处理的生物工程技术，其中污染物处理全流程的多重物化—生物工程耦合技术达到了国际先进水平；五是开发了集中处理资源化利用工程模式。

在钻井固体废物微生物处理方面，针对钻井岩屑资源化利用不畅难题，恒盛环保提出利用微生物修复思路，并与陕西省科学院微生物研究所共同研发出钻井岩屑微生物修复技术，通过专家评审，成为所涉及领域首个拥有并产业化应用的企业。此项技术处理后的钻井岩屑可广泛用于废弃坑矿生态修复治理用土，为钻井岩屑处理找到了根本性出路。

恒盛环保先后建立了西安建筑科技大学市政与环境工程学院研究生实习基地、陕西省污水处理与资源化工程技术研究中心、国家非传统水资源开发利用国际合作基地、陕西省科学院微生物研究基地等多个科研实习实训基地，不断为企业高质量发展积蓄潜能。

四、效益分析

钻井岩屑及压裂返排液处理本身就是一个治理污染、控制污染的环保工程，具有显著的环境效益、社会效益和经济效益。

由于钻井岩屑及压裂返排液是天然气开发过程中产生的主要污染物之一，年产生量极大。本项目提出钻井废弃物集中处理方案并投资建设运营，对乌审旗地区的钻井岩屑、压裂返排液进行集中的减量化、资源化和无害化处理。项目运行推广后，可解决苏里格气田钻探过程中岩屑处理量大、处理难的问题，大幅降低了泥浆池填埋对地下水、地表水、空气、土壤的污染以及土地占用问题，项目实施后有利于评价区域环境质量的改善。通过控制、减少污染物的环保措施，大幅消减工程建设及运行对环境产生的各种不利影响。项目的建设及环保措施的运行，培养了当地居民的生态环境意识，推动了当地生态环境事业的发展。

项目建成投产后，将目前所涉及领域的高端技术带入本地区，从而推动民族地区的技术进步。同时，由于资源加工利用必然会带动地方相关产业的蓬勃发展，促进地方经济的发展，可增加地方财政税收。利税的增加无疑会对地方城市建设提供更多的财政支持，为当地人民群众生活水平的提高和本地区的繁荣发展起到一定的促进作用，项目也可直接和间接扩大就业。

水煤浆气化协同处置有机危险废物自动化制浆系统

　　宁波领智机械科技有限公司（以下简称"领智机械"）位于浙江省宁波市国家高新区，由一批具有数十年流体机械研发经验的海外教授和海归博士创建。公司集设计研发、生产制造、多向销售与技术服务于一体，致力于流程工业高浓工艺的推广和高浓浆输送与处理设备的研发。公司产品均为国内独创，并申请了国内发明及实用新型专利，处于国际领先水平。领智机械凭借与客户建立长期合作及互惠互利原则，开发了世界首创的可输送含大颗粒硬材料及纤维高浓浆料的星蜗转子泵、摆线尖齿泵、碾磨浓浆泵及高浓浆料碾磨、均匀化破碎、造粒处理的旋齿胶体磨。

　　自 2018 年起，领智机械的发展重点是环保设备与环保系统的设计开发与技术服务，摆线尖齿泵已用于餐厨垃圾、危险废物污泥、有机废料、水煤浆等高黏度、高浓度固液混合废料的输送。碾磨浓浆泵可用于高浓度藻浆、污泥浆等输送。公司开发的高效率粉碎混合系统已经用于水煤浆气化协同处置有机危险废物的预处理系统及水煤浆油泥处理制浆系统，使危险废物处理比例提高数倍，取得了很好的经济效益。领智机械具有强大的研发能力，可为新材料、新能源、煤化工、石油化工、食品制药、环保等领域在物料输送、粉碎、均值搅拌等工艺的技术难题提供解决方案和成套设备。

》》案例介绍

一、项目名称

水煤浆气化协同处置有机危险废物自动化制浆系统。

二、项目概况

　　该项目发明的三维旋齿浆料均质粉碎机新技术和集粉碎搅拌与高浓输送为一体的碾磨浓浆泵技术，为解决水煤浆协同处置有机危险废物制浆混合困难的技术难题提供了关键设备，使废料处理能力提高了 3～5 倍；应用机器人物料传输技术和智能控制技术实现多源黏性有机下料混合制浆的自动化处理，建成有机危险废物制备水煤浆全封闭、无污染、自动化、高效率处理系统。系统可年增有机危险废物处理能力 3 万 t，为系统应用企业新增经济效益 1 亿元。

三、项目规模

　　项目总投资 500 万元，完成首套系统，日处理多源有机废料 100 t，水煤浆气化处理废料和原料（煤炭）比例由原工艺的 10% 提高到 30%，年增有机危险废物处理能力 3 万 t，适应多种物料的处理，系统具有自适应与自动报警功能，实现无人智能化自动处理车间。

四、技术特点

（1）三维旋齿浆料粉碎混合机：集成了粉碎机的剪切破碎功能、均质机的混合均质功能、胶体磨的碾磨粉碎功能，并将多相流体的机内运动由二维变成三维，切割破碎均质搅拌同步进行，将过去需要 10 h 以上的物料分解均质搅拌过程缩短到 1 min 之内，实现了连续化生产，提高了工作效率，减少了设备体积与处理系统的占地面积。

（2）新型碾磨浓浆泵和尖齿高浓浆泵：新型碾磨浓浆泵集浆料输送和碾磨破碎与混合为一体，特殊设计的叶轮和泵壳流道可实现 50% 固含量黏性浆料的输送，同时对物料中的团状物和纤维物进行切割分解，防止输送中物料堵塞泵腔和管阀系统。尖齿高浓浆泵可输送 70% 浓度的高浓高黏浆料，并具有比普通转子泵输送阻力小，可输送含大颗粒固体物料等优点。

（3）新型自动化桶装黏性物料下料系统：采用对黏性（结晶）物料钻孔、扩孔、清根、刷桶，实现自动无残留卸料，并且不破坏料桶，在减少废料储运成本的情况下，避免了新危险废物（废桶）的产生。

（4）自适应智能化控制系统：系统自动识别物料特性，自动调节下料杆的转速和进给速度，满足自动化废料处理的要求。

五、项目优势

开发新的浆料粉碎切割均值搅拌技术，以解决黏性有机废料的分解及与水煤浆的充分均质混合，提升废料的处理比率。同时，开发桶装废料的自动化卸料处理系统，结合机器人搬运技术和利用传感器与控制技术实现多种不同性质物料自适应下料，并与新的浆料混合系统和新型浆料泵送系统形成生物危险废物制备水煤浆全封闭、无污染、自动化、高效率处理系统。

目前，国内已经运行的水煤浆气化装置年消耗煤炭 1 亿 t，领智机械为煤化工企业开发的这套系统，以年处理 3 万 t 废料、消耗 6 万 t 煤炭的规格为例，系统售价 500 万元，为企业创造利润 300 万元，仅以现有的 1 亿 t 水煤浆气化系统改造，就需要 1 600 套规模系统，装备系统价值 83 亿元，可每年处理 5 000 万 t 有机危险废物。

六、工程创新

（1）三维旋齿等径高速切割粉碎混合均质技术结合了胶体磨的定转子安装结构，均质机的错齿混合机制，粉碎机的高速切割方法，并将转子螺旋槽设计成三维变径混向螺旋结构，使物料在机体内高速圆周运动的同时沿轴向上下交替运动。这种三维运动使多相物料得到充分混合均质，同时高速等径剪切作用将物料切割成 0.5 mm 以下的颗粒，并破碎生物质的细胞壁，可充分析出有机废料的内水。

（2）通过将新型开式叶轮泵与特殊碾磨盘结构相结合，发明了碾磨浓浆泵，将剪切混合和高浓输送相结合的碾磨浓浆泵作为浆料混合循环泵在制浆系统中发挥了重要作用。

（3）尖齿高浓浆泵改变了现有转子泵的曲面啮合性质，变为齿顶齿根的垂直摆线啮合，实现了对物料的刮出输送，避免了对固体物料的碾压，保证了高浓度浆料的正常输送，同时由于避免了附加动压的形成，减少了泵腔和转子的磨损，延长了泵的使用寿命。实践证明，用尖齿泵代替现在广泛应用的螺杆泵输送废料水煤浆，泵的无故障运行时间提高了 2～3 倍。

（4）可重复使用的自动开关盖废料桶是一种新的料桶开关底盖结构，实现了料桶在流水线上的自动开关底盖，保证了自动卸料的顺利实施。该料桶结构已申报了发明专利。

（5）四步法桶装废料自动卸料清桶及根据不同物料的自适应卸料控制技术。通过卸料杆上配置的压力传感器和扭矩传感器等，自行判断下料需要的转速和速度。

（6）新的有机生物废料同步制浆工艺，将现有的废料和煤炭固相混合后在棒磨机中加水制浆改为用废料和水在浆料粉碎均质机中制成废料浆，用废料浆与煤炭制成水煤浆，再通过浆料均质粉碎机对水煤浆进一步处理，使废料与水煤浆充分混合分散，同时有机废料的细胞水充分析出，使废料处理比例提高 2～3 倍的同时，水煤浆的气化稳定性也得到了提高。

七、效益优势

完成首套示范系统，日处理多源有机废料 100 t，水煤浆气化处理废料和原料（煤炭）比例由原工艺的 10% 提高到 30%，适应多种物料的处理，系统具有自适应与自动报警功能，实现无人智能化自动处理车间。年增废料处理能力 3 万 t，新增经济效益 1 亿元。

目前，国内已经运行的水煤浆气化装置年消耗煤炭 1 亿 t，仅用现有的水煤浆气化系统处理生物危险废物，可每年处理 5 000 万 t。目前，生物危险废物的处理价格平均每吨 4 000 元，每年 5 000 万 t 的危险废物处理为煤化工企业产生的收益达到 2 000 亿元。本项目的推广可为客户带来巨大的经济效益和社会效益。

用水煤浆协同处理固体废物代替现在的固体废物焚烧发电，还可减少垃圾焚烧产生的二次污染，减少因建垃圾焚烧场与地方群众产生的冲突，减少社会不安定因素，这也是本项目社会效益的体现。

项目照片：
1. 下料系统

2. 三维旋齿浆料混合均值机

废弃果蔬资源化综合利用暨生物天然气及有机肥项目

上海环境工程设计研究院有限公司创建于 1984 年 10 月，现隶属新苏环保产业集团有限公司。本院是全国第一家以环境保护为导向的专业设计院，具有环境工程设计甲级资格证书、建筑工程设计乙级资格证书。目前，全院拥有人员近百人，其中工程技术人员占 80%，云集了一批学有专长的留学生、博士及专家学者等高级技术骨干。

多年来，本院已完成各类环保、节能、技术改造、市政等工程 3 000 多项，掌握了多项国内外领先的环保高新技术，在环境工程咨询、设计、施工、运营领域中积累了丰富的成功经验。

本院核心业务在污水处理方面，主要包括工业废水治理、城镇污水处理、中水回用等，在化工、制革、印染、制药、造纸等工业废水处理方面积累了许多经验，先后完成了几百项工程，其中南京中山化工厂环氧丙烷废水治理中采用新工艺、新菌种开拓石化废水治理的新领域，得到联合国环保专家的肯定。

本院在废气处理方面，主要包括工业蒸汽锅炉烟气治理、发电锅炉烟气治理、工业窑炉烟气治理及其他工业废气治理等，其中电厂湿法及半干法脱硫工艺采用国外先进技术，达到国内领先水平，而最新开发的光纤废气处理工艺填补了国内这一领域的空白。

本院在固体废物处理方面，主要包括一般工业固体废物处理和利用、危险废物处理处置（含医疗废弃物）、生活垃圾处理、有机垃圾处理等工程等。本院是国内最早开展固体废物处理研究的单位之一，在固体废物处理领域积累了丰富的经验，其中上海浦东生活垃圾焚烧厂项目获中国咨询协会三等奖。业务范畴包括规划、咨询与设计，工艺包设计及提供，环保项目工程总承包，试运行及运营。

"踏平坎坷成大道，创新腾飞展宏图"，在新的世纪里，本院将贯彻党中央领导指示，在新苏环保集团的领导下，把生态环境产业做大做强，争创世界一流的生态环境企业。愿与社会各界在环保工程市场、环保服务市场及环保资本和投资市场三大领域携手合作，为振兴民族生态环境产业、为我国生态环境保护事业、为经济可持续发展而奋斗。

》 案例介绍

一、项目名称

废弃果蔬资源化综合利用暨生物天然气及有机肥项目。

二、项目概况

建设单位：嵩明润土农业环保科技有限公司
EPC 总承包单位：上海环境工程设计研究院有限公司
总投资：项目总投资 2.8 亿元
占地面积：81.37 亩

三、建设规模

日处理 1 500 t 废弃果蔬，年处理 45 万 t 废弃果蔬；每年生产 565 万 m^3 生物天然气（BNG），年产 17 160 t 有机肥、451 558.8 t 液体肥，并按项目需求配套厂区内天然气装卸点。

四、主要建设内容

云南省昆明市嵩明县作为"南菜北运"集运起点，具有丰富的蔬菜瓜果资源，嵩明县年产果蔬 600 万 t，年产废弃果蔬垃圾达 45 万 t。蔬菜瓜果在种植、收运、销售环节中会产生大量废弃果蔬，其中果蔬垃圾基本由叶片蔬菜菜叶组成。整个项目由预处理系统、厌氧发酵系统、沼气净化提纯系统、固液分离系统、制肥系统、污水处理系统、除臭系统及附属设施组成。项目在处理果蔬垃圾的同时，可产出包括生物天然气、有机肥、液体肥等多种循环再生资源，践行将果蔬垃圾变废为宝、有效利用的科学发展之路。

五、工艺流程

本工程属于中温高浓度混合原料发酵，发酵温度为 35℃。主要原料为有机废弃物及废弃果蔬。原料首先卸入接收仓进行存储，然后对有机废弃物及废弃果蔬进行除铁、破碎，并进行固液分离。产生的固体部分作为原料送入后续的干式厌氧发酵系统，产生的液体部分进入污水厌氧反应器。干式厌氧发酵系统产生的沼气经膜法提纯制成生物天然气，干式厌氧发酵系统脱水产生的沼渣、沼液经加工车间处理制成有机肥料和液体肥料进行销售。在整个生产过程中臭气统一收集至臭气处理车间，整个生产过程中不会产生二次污染。本项目的建成使废弃果蔬得到了全资源化利用，形成了"种植业—沼气—有机肥料—生物有机种植"循环发展的农业循环经济基本模式，见下图。

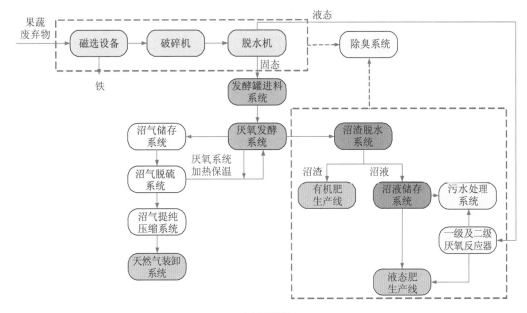

工艺流程

六、效益分析

本项目每年处理废弃果蔬 45 万 t，项目年产天然气标准状态下 565 万 m³，副产有机肥 17 160 t、液体肥 451 558.8 t。项目的实施改善了本县人居环境，防止了废弃果蔬堆积腐烂对地下水、土壤、空气的严重污染，保障了人类健康，同时为农业生产提供大量的优质有机肥料，促进生态环境的良性循环，生态环境效益显著。

七、工艺亮点

本项目是全国首个利用厌氧发酵技术对废弃果蔬资源化综合利用项目，利用厌氧发酵技术对废弃菜叶、果蔬进行固液分离并发酵处理生成沼气和有机肥，再通过脱硫、脱碳技术提纯出 CNG 车用天然气。作为零排放、全资源化利用的环保项目，项目投产将大幅降低嵩明县农业面源污染，改善生态环境；从长远来看，项目产出的有机肥推广使用后，"嵩明蔬菜"将贴上"有机牌"，土壤将获得改良升级，逐步实现绿色发展。

刚察县生活垃圾智能化连续处理系统项目

扬州澄露环境工程有限公司（以下简称"澄露环境"）创建于 1983 年，是国内专业从事水处理和生活垃圾处理领域的先行者之一。澄露环境奉行"终身学习，持续创新"的进取精神，以优秀的专业技术团队和管理团队为依托，为客户提供专业化的解决方案。

澄露环境凭借特色技术与设计能力，在石油石化市场取得优良业绩，产品远销伊朗、伊拉克、阿尔及利亚等国家。先后获得中海石油有限公司突出贡献优秀承包商、中国石油工程建设有限公司"重合同、守信誉、体系健全、服务规范"优秀合作单位等荣誉，拥有47 项水处理和 16 项固体废物处理自主知识产权。

澄露环境与生态环境部华南环境科学研究所、清华大学、浙江大学等科研院所进行长期技术研发合作。在广泛吸收国内外先进工艺技术的基础上，澄露环境研发了一种新型的生活垃圾智能化连续处理系统。本系统具有自动化程度高、占地面积小、建设周期短、适用范围广、工作环境舒适等优点，可广泛应用于村镇牧场、旅游景区、港口岛屿、军营军港、机场高速、油田矿场、应急救灾、海关检疫、工业园区等区域的生活垃圾处理。在新冠疫情防控期间，移动式生活垃圾智能化连续处理系统装置被纳入青海省医疗废物应急处置设施。

》》案例介绍

一、项目名称

刚察县生活垃圾智能化连续处理系统项目。

二、项目概况

澄露环境与生态环境部华南环境科学研究所合作，在广泛吸收国内外科研院所先进工艺的基础上，通过产学研合作攻关方式，研发了"生活垃圾智能化连续处理系统"，并成功应用于青海省刚察县的生活垃圾处理。项目自 2017 年建设完成并投入使用至今，运行工况良好，各项指标满足设计要求、污染物排放达到国家和地区标准规范要求。

三、项目规模

固定式 10 t/d（配套处理车间及机械分选给料装置），移动式 3 t/d（配套车辆载体，无车间及机械分选）。

四、技术特点

"生活垃圾智能化连续处理系统"是新一代的小型生活垃圾高温热解处理成套装置，主要由机械分选给料（固定式）、高温热解、烟气深度净化、自动控制、车辆载体（移动式）等系统组成。

本系统具有高度的集成化与机械化，操作人员在操作台前即可完成全部的生活垃圾处理工作。首先，机械给料系统将收集分选后的生活垃圾输送至高温热解系统主体内，利用高温热解气化反应堆对垃圾进行处理，产生的废气经过烟气深度净化系统净化达标后排放，剩余灰渣定期机械化排出；供风系统自动调节提供处理所需的空气，启炉系统在启动初始阶段提供助燃燃料，待处理系统内部温度达到设计要求时则自动停止运行，利用垃圾自身热值进行连续处理。

截至目前，本系统共获得 16 项自主知识产权，其中发明专利 4 项、实用新型专利 10 项、外观专利 2 项，还获得江苏省环协 "2016 年度环保实用新技术"、江苏省科学技术厅 "2017 年度高新技术产品"、江苏省经信委 "2017 年度江苏省首台（套）重大装备产品" 认定。同时，系统配套的专属软件也获得了江苏省软件行业协会 "软件产品" 认证。

五、项目优势

本项目所选 "生活垃圾智能化连续处理系统" 为国内首台成功应用于高海拔地区的小型生活垃圾高温热解处理成套装置。项目克服了高海拔地区高寒缺氧的不利条件，采用了区域化收集、就地高温减量无害化处理的全新模式，解决了原有填埋处理取土覆土困难、破坏草场、填埋渗滤液处理难的问题；同时，垃圾就地高温处理避免了转运过程中可能存在的二次污染，极大地减少了垃圾转运距离，节约了运输费用。产品自动化程度高，封闭式作业环境安全健康。垃圾中的大量可回收资源通过操作人员配合机械分选给料装置在高温处理前已完成资源化回收，创造了可观的经济效益。

六、工程创新

（1）项目根据刚察县当地的居民生活习惯及垃圾特性，结合研发试验过程分析，创新研制了机械破袋分选给料装置，解决了传统破碎机/绞龙上料容易被纺织物、泥土等缠绕堵塞，无法正常运行的问题，实现垃圾与垃圾袋的高效破袋分离以及垃圾的高效多级分选。

（2）研发了适用于项目的低能耗、高空间利用率的垃圾热解气化反应堆技术，将传统的垃圾高温处理炉膛空间缩减了 40%，处理效率提高了 30%，同时高温处理过程实现垃圾减量率≥97%。

（3）采用多段式高效隔离间接急冷、干法脱酸吸附、脉冲布袋除尘、中低温高级催化氧化一体式多级烟气净化处理技术，解决烟气处理与二噁英超标的问题，实现烟气除尘率＞99%、气体浓缩度＞30%、二噁英类＜0.1 ng-TEQ/m³、脱硫碳氯效率＞95%、NO_x＜150 mg/m³，处理过程无废水产生，节约了废水处理设施的投资及运营费用。

（4）研发垃圾原位高温热解-尾气新型组合式净化超低排放技术，在满足处理要求的基础上，通过模块化集成设计理念，缩减装备体积和投资占地，形成了适用于刚察县村镇生活垃圾处理的新型一体固定式和移动式成套技术装备。

（5）采用了适用于小型生活垃圾高温处理成套装置的绿色智能化控制技术，结合不同工况协同优化处理效率研究，实现了垃圾处理过程信息化指导、故障预警迅速、云端数据远程实时传输等功能，构建了强化协同式实时便捷运营管理模式。

七、效益分析

本项目的成功应用有效地解决了刚察县填埋无地可用的困境，完善了当地生态环境设施建设，提供了相关人员的就业岗位，改善了区域内的环境生态平衡。在新冠疫情防控期间，"移动式生活垃圾智能化连续处理系统"被纳入青海省医疗废物应急处置设施名单，为青海省抗击疫情工作做出了突出贡献。

系统成功广泛推广及应用，可有效解决我国各级村镇的生活垃圾处理难题，避免垃圾露天堆放和简易填埋所带来的生态环境污染问题，节约生态环境综合治理投资，节约填埋所需的土地资源。同时，处理垃圾产生的洁净热源可用于冬季取暖、大棚供暖或者洗浴等，满足垃圾处理的资源化要求。

湿法炼锌镁氟污染因子固体废物
减量化与循环应用实例

云南科力环保股份公司（以下简称"科力环保"）于 2019 年 12 月 19 日由云南科力新材料股份有限公司变更为现公司名，是国家高新技术企业、云南省知识产权优势企业，通过了 ISO 9001 质量体系认证、GB/T 29490—2013 知识产权管理体系标准认定和云南省企业技术中心认证。科力环保属中铝集团旗下中铝环保节能集团有限公司的控股子公司，是中铝环保服务中铝集团西南产业、拓展集团外部环保业务的主力军，是中铝集团在西南地区唯一的环境综合治理服务商。

公司目前拥有建筑企业环保工程专业承包一级资质、水污染和大气污染防治工程设计乙级资质、污水处理设施运行服务能力评价二级资质等专业资质，是云南省环保协会副会长单位。公司拥有国家各类注册人员 42 人，高级工程师及以上人员 40 人，工程师人员 41 人。

公司有多年积累的铅锌铜铝环保资源优势，要建设成为"技术+市场"的重有色冶金环保产业基地和西南地区环保产业基地，成为行业内具有较大影响力和市场竞争力的环保科技服务型企业。

公司在中铝集团"励精图治、创新求强"企业精神的指引下，以"科技环保、绿色冶金"为愿景，计划在 5 年内把公司打造成立足集团、面向全国，集环保项目投资、建设、运营管理、技术服务和环保药剂、环保装备生产于一体的冶金化工特色环境治理商。

》案例介绍

一、项目名称
湿法炼锌镁氟污染因子固体废物减量化与循环应用实例。

二、项目概况
2020 年 1 月，云南某湿法炼锌企业硫酸锌溶液中的含镁量达到了 20 g/L 左右，系统中结晶现象日趋严重，在一定程度上影响了溶液质量，降低了新液中的锌浓度。为此，特与科力环保签订脱镁除氟生产应用协议。经过两个多月的运行，结果见表 1、表 2。

表 1　生产应用过程中脱镁结果

序号	硫酸锌溶液			脱镁后液			氟引入量/（mg/L）
	Mg/（g/L）	F/（mg/L）	Zn/（g/L）	Mg/（g/L）	F/（mg/L）	Zn/（g/L）	
1	20.68	58.6	125.16	3.66	222.81	120.65	164.21
2	17.34	58.6	125.61	5.63	198.58	121.1	139.98
3	20.34	64.26	131.72	4.2	203.21	146.01	138.95
4	19.47	57.27	129.93	4.17	217.74	131.72	160.47
5	18.85	58.61	132.61	4.5	212.78	137.97	154.17
6	16.1	58.61	131.27	2.77	185.33	137.52	126.72

表 2　主要技术指标

指标	完成情况
锌回收率/%	＞99
脱镁后液含氟/（mg/L）	201.14
脱镁时氟的引入量/（mg/L）	140～150
脱镁后液镁含量/（g/L）	1～10
除氟后液氟含量/（mg/L）	43.28
除镁剂耗量/（t/tMg）	7.10
工业二级品氟化镁/t	2.89（以脱除一吨镁）

就生产应用结果而言，在整个过程中，湿法炼锌镁氟污染因子固体废物减量化与循环应用技术优势显露无遗：一是各种杂质含量指标均满足电锌系统要求；二是氟化镁达到工业二级品，杂质元素不会循环返回电锌系统；三是脱除 1 kg 镁的成本可控制在 50 元以内；四是氟化镁过滤性能较好，除镁后液氟含量稳定在 200 mg/L 左右；五是与最常见的钙法除镁相比，固体废物减量 80% 以上；六是过程中直接脱除镁离子，大大简化了除镁的工艺流程。

三、技术特点

自 2017 年 6 月起，科力环保针对湿法炼锌企业普遍存在的硫酸锌溶液中除镁的技术难点，开始了对新型除镁、除氟剂及其配套应用工艺技术进行研究，已形成了一套除镁剂生产、脱镁除氟应用的系列工程化专有工艺技术，可直接将硫酸锌溶液中的镁根据硫酸锌或锌电解生产的要求由 21 g/L 降至 1 g/L；同时，氟引入量可控，氟引入量通常在 140～150 mg/L，在除氟剂的作用下，可将氟引入量降到 50 mg/L 以下，也完全满足锌电解的要求。

产出的除镁剂与常规的氟化物不同，为大颗粒菱形多面体结构的复合氟盐。在硫酸锌溶液中脱除镁与传统的氟盐除镁相比，氟化镁过滤性能良好，溶液中的氟稳定控制在 200 mg/L 左右。与传统的钙法除镁相比，具有除镁产生的固体废物量减少 80% 以上、应用成本低的优势。同时，将硫酸锌溶液中的镁含量降到 6～7 g/L 时，溶液黏度大大降低，在锌电积过程中，电流效率可以提高 2%～5%。

浙江佳境工业废弃物资源化利用与
处置示范基地项目

浙江佳境环保科技有限公司（以下简称"佳境环保"）由浙江明境环保科技有限公司联合业内多家技术领先企业发起设立，坐落于浙江省宁波市奉化区循环经济园区，规划占地 72 亩，总投资 3.4 亿元。

目前，佳境环保在建项目采用国内领先的处理技术对工业废弃物在充分回收利用的基础上进行无害化处置，致力于打造全生命周期资源循环产业链，可以有效解决奉化区及周边地区日益增长的工业废弃物与相对滞后的处置设施及能力之间的矛盾。浙江省生态环境厅、省发改委将本项目列入工业固体废物利用处置能力建设规划，是为奉化区引进高新技术企业配套的环保设施，批复规模为焚烧年处置能力 4 万 t，综合利用年处理能力 8.3 万 t。同时，此项目被列入奉化区"项目争速"治土攻坚战三年专项行动计划。近期，新增溶剂再生 0.8 万 t，矿物油利用 1.2 万 t 的行政规划许可。

佳境环保将秉承"高起点规划、高标准建设、高效率运作"的经营理念，打造"环保、清洁、先进、亲民"的处置中心。废弃物进入工厂采用封闭式专用车辆，废气排放达到世界最严格的"欧盟 2000"标准，废水经深度处理达标后经污水管网输送到污水处理厂再次处理，处理后的废渣以专用车辆运送至专用填埋场或水泥窑协同处置。基地内所有废气、废水排放口全部安装与环保部门联网的在线监测系统，时刻接受政府监管。公司不定期安排群众开放日，既做好环境科普工作，也接受属地群众的监督。

未来，佳境环保将会把建成后的项目打造成奉化全域产废企业的安全环保清洁工、奉化全域工业企业专业的"环保医院"、奉化及周边地区的环境应急救援中心、宁波市环境保护科普示范基地以及浙江省环保产业的标杆企业。

》案例介绍

一、项目名称
浙江佳境工业废弃物资源化利用与处置示范基地项目。

二、项目概况
建设地点：浙江省宁波市奉化循环经济园区
项目投资：33 987.81 万元
项目内容包括处置场的原料收运及暂存系统、场内生产设施、公用设施、辅助设施等，其中原料收运及暂存系统包括对需处置的危险废物的分类、选择，确定收集使用的专用容器和专用运输设备、收运路线及暂存设施等；生产设施主要包括危险废物焚烧处理系统、废矿物油资源化系统、废有机溶剂资源化系统、废乳化液处置系统、废包装容器处置系统、废酸碱物化处理系统、污泥干化系统；辅助设施包括门卫及计量间、洗车台、中心化验室、变配电室、中央控制室；等等。

三、项目规模

本项目总用地面积 47 982 m²，总建筑面积 26 150 m²，处理能力 14.3 万 t/a，其中包括焚烧年处理能力 4 万 t，危险废物综合利用年处理能力 8.3 万 t。

四、技术特点

本项目处理工艺均采用国内外先进、可靠的技术，其中：

焚烧采用行业主流、可靠性最高的回转窑焚烧炉，并配合 5 级完善可靠的烟气净化工艺，烟气排放达到世界最严格的"欧盟 2000"标准，并实现了无害化处置过程中产生的余热蒸汽能源梯级利用。

废矿物油资源化采用高真空低温分子蒸馏工艺，是工业和信息化部、生态环境部推荐的先进工艺。工艺过程温度低、能耗小、无毒、无害、无污染、无残留，节能环保，产品品质高，可满足国家基础润滑油标准。

废有机溶剂资源化采用成熟可靠的减压精馏工艺，对废有机溶剂进行提纯，提纯产品返回至企业再利用，生产的乙醇、乙酸乙酯等产品均达到国家工业级产品标准。

五、项目优势

本项目拥有浙江省单体规模最大的 4 万 t/a 危险废物焚烧线，是浙江省危险废物许可证品种最全、环保标准较高、技术较先进、危险废物资源化为特色的大型综合型危险废物基地。建成后拟申请《危险废物经营许可证》，资质涵盖 347 种危险废物类别，基本覆盖服务区域工业企业内产生的常见危险废物种类，可以为企业提供"一站式"服务，大大降低了企业的委外处置成本以及政府的监管成本。

项目秉承并真正落实"循环经济"发展理念，对有利用价值的废弃物中采用资源化利用技术进行提纯和再利用；对资源化过程中产生的残渣以及无法利用的工业废物，通过焚烧进行无害化处理，处理过程中产生的热能又可用于资源化工艺所需的加热升温，不仅可以大大降低企业生产成本，而且可以将工业废弃物可能带来的环境风险降至最低。

六、效益分析

1. 改善奉化区环境

近年来奉化区经济快速增长，工业生产规模不断扩大，危险废物产生量越来越大，而处理处置能力严重不足，此类危险废物若不进行及时、有效的收集和处理，势必对奉化区乃至宁波市境内的水体和土壤环境造成严重污染。因此，本项目的建设是环境保护的需要。

2．增加就业岗位

项目建成后预计新设 200 余个岗位，大多数岗位人员在奉化当地招聘，尤其为项目周边村庄居民的就业提供了方便，由于项目预期效益良好，项目职工的工资福利也较有竞争力。

3．为奉化区提供应急处置服务

奉化区相关政府部门目前尚未建立可应对危险废物突发环境事件的专业队伍。佳境环保建成后将建立完善的应急救援物资储备及事故现场救援处理工作体系，有力提升了奉化区应急处置的能力。

4．提升循环经济园综合实力

此项目作为奉化循环经济园区的环保配套工程，不仅可以为园区产废企业彻底解决危险废物出路问题，提升园区基础设施服务能力，吸引更多企业入驻，更能依托项目资源化能力实现园区内的"循环经济闭环"。

湖州市 5 万 t/a 垃圾飞灰
无害化处置资源化利用项目

浙江锦森再生资源开发有限公司是一家专业从事垃圾飞灰无害化处置资源化利用技术研发和系统集成的高科技企业。公司依托浙江工业大学膜分离与水处理协同创新中心湖州研究院高从堦院士带领的院士专家团队，以及向海外引进国家"千人计划"内的学科带头人、科技领军人才；采用"企业+研究院所的科企平台""企业+校企的校企合作平台"的科研模式，形成强大的科技力量支撑。

公司设备先进、技术成熟，能合理运用膜法处理技术、膜蒸馏浓缩技术、结晶技术、固相催化热解技术、飞灰水洗技术等。现主要从事膜法垃圾飞灰无害化处置资源化利用生产线的开发、集成及技术研发等，是全国"垃圾飞灰固相催化热解协同无害化处置项目"示范线。

目前，公司已申请并取得一种不锈钢酸洗废水处理系统及处理方法（专利号：201610051177.3）、一种涂料废水处理装置（专利号：201510464286.3）等多项专利。

》案例介绍

一、项目名称
湖州市 5 万 t/a 垃圾飞灰无害化处置资源化利用项目。

二、项目概况

浙江工业大学膜分离与水处理协同创新中心湖州研究院于 2017 年孵化湖州森诺环境科技有限公司（以下简称"森诺环境"），并与其达成稳定的合作关系。为了解决生活垃圾焚烧飞灰处理与资源化利用问题，湖州研究院高从堦院士专家工作站团队与森诺环境研发团队共同研发出了创新组合工艺，首次成功开发了用膜蒸馏技术进行垃圾飞灰无害化资源化利用。工艺不仅有效解决了垃圾飞灰处理地域性问题，还实现了焚烧飞灰的全循环、全利用、近零排放。

2016 年 10 月，森诺环境正式通过了国家高新技术企业的认定，承担湖州市 5 万 t/a 垃圾飞灰无害化处置资源化利用项目，在湖州得到产业化。公司与杭州锦江集团合作共同成立浙江锦森再生资源开发有限公司，专业从事垃圾飞灰无害化处置资源化利用，并于 2018 年 5 月在湖州妙西镇动工，项目的产业化落地获得 2017 年度中国产学研校企合作优秀案例。

三、项目规模

项目占地面积 45 亩，总投资 1.3 亿元。

四、项目工艺介绍（技术特点、优势、工程创新与效益分析）

（1）固相催化脱氯解毒去除二噁英系统：利用矿物催化剂，在 300～350℃缺氧氛围中诱导二噁英固相脱氯，脱氯苯基母体再通过缩合反应生成高聚产物（最终为无定形碳），高聚产物无毒无害，安全性较高，廉价矿物催化低温固相脱氯，成本相对低廉，二噁英脱除率超过 90%，二噁英残留浓度低于 10 ng-TEQ/kg。环境风险大幅下降甚至消除。

（2）飞灰水洗脱氯脱水一体化系统：飞灰经淋洗装置进行混合，采用梯度循环逆流套洗方式对飞灰进行漂洗，飞灰的灰水均匀混合，达到 1：3 的水洗比。过滤采用卧螺离心机连续过滤，含盐溶液进入混凝沉淀池，含水飞灰通过水洗设备直接掉入含水飞灰暂存仓，此飞灰可直接作为水泥建材，飞灰等原料得到资源化利用。

（3）脱除重金属系统：水洗后产生的水洗溶液含有大量钙镁硬度和微量重金属离子，公司自主研发创新技术，使飞灰水洗液通过絮凝、塑胶强化工艺将浸出的重金属加药沉淀，向水中投加药剂和絮凝剂，使钙镁与重金属凝聚形成大分子胶团，胶团可以通过静电吸附作用将反电性离子约束在胶团表面，经过沉淀将重金属离子从溶液中去除。

（4）膜浓缩系统：降院士专家团队负责指导开发的"浸没式内交换膜蒸馏"技术用于不确定溶度的高盐废水，经过预处理后的水溶液氯离子含量较高，在 8%以上，采用膜蒸馏进行处理，膜蒸馏组件采用套管式结构，脱盐率高，可处理至近饱和状态。

（5）杂盐提纯/盐结晶分离系统：经 MVR 浓缩后氯化钠、氯化钾的过饱和混合盐溶液在一定的温度状态下对混合盐过饱和液进行多级固液分离，利用不同温度状态下氯化钾溶解度与氯化钠溶解度的差异，使其中的氯化钠固相首先析出，而分离出含氯化钾的液相，需经过冷却结晶析出氯化钾固相，再分别对析出的氯化钠、氯化钾固相进行真空洗涤除杂，得到较高纯度的工业级钠盐和钾盐产品，达到工业盐国家标准。

项目系统集成开发了"垃圾飞灰固相催化热解-水洗脱盐-协同资源化利用工艺技术"，使垃圾飞灰膜蒸馏预处理工艺成为国内外首创，开创了膜蒸馏工业化的运用先例，填补了国内膜蒸馏工业化应用的多项空白。项目技术成熟可行、工艺环境可控，技术总体水平达到国际先进水平，不仅可以缓解迫在眉睫的垃圾围城的现实问题，还可以在某种程度上化害为利，实现资源化循环利用，具有良好的环境效益和社会效益。

湖州市 5 万 t/a 垃圾飞灰无害化处置资源化利用项目

长庆油田水基泥浆钻井岩屑资源化利用项目

长庆油田公司是中国石油的地区分公司，总部位于陕西西安，成立于 1970 年，主营鄂尔多斯盆地油气及伴生资源的勘探、开发、生产、储运和销售等业务，工作区域横跨陕、甘、宁、内蒙古、晋 5 省（区）。

2019 年长庆油田生产原油 2 416 万 t，生产天然气 412.5 亿 m³，油气当量达到 5 703 万 t，是目前我国天然气产量最高、油气产量当量最高的油气田，已累计向国家贡献原油 3.6 亿 t、天然气 4 241 亿 m³，折合油气当量 7.02 亿 t。

站在新起点，长庆油田公司将进一步落实生态环境主体责任，全面推行清洁文明生产，稳步推进绿色矿山建设，为区域生态文明建设做出应有的贡献。

▶▶ 案例介绍

一、项目名称

长庆油田水基泥浆钻井岩屑资源化利用项目。

二、项目概况

本项目应用于油气田勘探开发领域，旨在实现水基泥浆钻井现场清洁化和岩屑资源化利用。针对油气田勘探开发过程中水基泥浆钻井岩屑无害化处置与资源化再利用的难题，创新研发"不落地随钻收集、固液就地分离、液相循环回用、固相压滤收集"的撬装式、模块化随钻处理装备，满足钻井全过程"泥浆不落地处置"要求，实现了泥浆循环回用、岩屑"减量化、无害化"处置，为后续岩屑资源化利用奠定基础。钻井现场真正达到了"工完、料净、场地清"，油气田勘探开发绿色环保钻井作业成为现实。

2015 年以来，项目每年在鄂尔多斯市、榆林市、延安市等油气开发区域应用 3 500 多口井，占到长庆油田年钻井工作量的半数以上，居陆上油气田应用前列。项目研发及实施以来，累计授权专利 4 项，获陕西省科学技术一等奖、中石油科技进步奖二等奖等省部级成果奖 4 项。项目的实施为中国陆上油气田勘探开发全面推动绿色环保钻井作业提供了重要的实践依据。

三、项目规模

项目在长庆油田每年实施 3 500 多口井，年处理和循环利用水基钻井泥浆 120 万 m³，钻井岩屑处理和资源化利用 180 万 m³ 左右。

四、技术特点

（1）装备高度集成化。本项目关键装备采用标准化、模块化、撬装化、集成化设计，实现了钻井过程中泥浆及岩屑随钻收集等不同处理工艺的高度集成和工序衔接，处理流程全过程自动化控制。

（2）安装运输便捷化。本项目关键装备具有较高的可运输性和组装灵活性，可以根据钻井现场面积大小、现场钻井装备布局灵活进行布局摆放，与钻井设备无缝连接，可以与钻井队同步搬迁、同步作业。

（3）现场作业清洁化。现场实施过程中，泥浆与岩屑从钻井设备上随钻收集，整个处理过程中钻井泥浆不落地、不溢洒，处理的产物仅为回用清水和干燥岩屑泥饼，实现了泥浆处置清水 100% 循环利用，作业现场清洁干净。

（4）岩屑处置资源化。通过高效分离与处置，使得岩屑含液率降至 30%～50%，最大限度地降低了泥浆对岩屑的影响，确保处置后岩屑为一般一类固体废物。处置后的干燥岩屑泥饼既可以就地铺垫井场，也可以用于铺设道路路基。近年来，先后对 100 余口早期原位处置岩屑水土环境监测与植物生长特性进行研究，水基泥浆岩屑处置后不会对土壤环境产生影响。

五、项目优势

（1）为油气田绿色环保开发提供了技术保障。本项目采用钻井废弃物"不落地随钻收集处理"，杜绝了在地表开挖泥浆池，彻底消除了传统作业钻井泥浆体系落地、泥浆池渗漏等潜在环境风险；同时，将水基泥浆的回收利用率提高至 80% 以上，既降低了生产成本，又减少了对水资源的消耗，同时固相产生量大幅降低，处理后的无害岩屑含液率低至 30%，便于就地利用，更符合国家废物资源化利用的政策。

（2）在油气勘探开发领域具有较大的应用空间。本项目既可以应用于长庆油田油气开发区域，也可以在全国陆上油气进行广泛应用，潜在的生态环保效益和社会效益巨大。

六、工程创新

（1）实现了泥浆及岩屑"后期处置"向"与钻井同步处置"的转变。本项目针对传统钻井废弃物"末端处理"监管困难、环境风险大等问题，将"过程处理"和"末端处理"合二为一，解决了钻完井后再处理处置泥浆及岩屑废弃物的环境保护问题，从根本上降低了钻井作业的环境风险。

（2）实现了钻井废弃物现场撬装集中处理和清洁化现场作业。本项目集成应用随钻收集、固液分离及回用水处理三项技术，有效提升了钻井废弃物处理效率，实现了泥浆、岩屑收集贮存、处理处置过程的环境影响最小化及处理产物的无害化和资源化再利用。

七、效益分析

（1）经济效益：项目应用后，单井井场征地面积可以减少 2 亩左右，钻井作业用水一口井可以减少 300 m^3 用量，减少岩屑产生量近 400 m^3，单井减少征借地费、购运水费、委外处置费用等综合费用约 13 万元，扣除关键装备运行维护费用 10 万元，单井钻井作业可以节约 3 万元左右。一年累计资源化利用 3 500 口井，每年可以节约费用近 1 亿元。

（2）环境效益：本项目有效削减了油气田钻井作业过程中对区域内生态环境的影响，最大限度地保护油区开发区域自然环境。根据近 5 年 1 万余口油气井工作量核算，累计减排 COD、悬浮物等污染物 1 万余 t，减少岩屑产生量 400 余万 m³，大幅减少了废弃物排放量。

（3）社会效益：长庆油田在鄂尔多斯盆地的油气开发区域，大部分油气开发区域分布在不同的省市县乡村，人口分布较多。做好开发过程中油区自然生态环境保护，对于地方经济发展、保护民生生计、和谐企地关系具有重要作用。本项目的实施，获得了地方政府的高度评价，对于区域生态文明建设具有极大的推动作用。

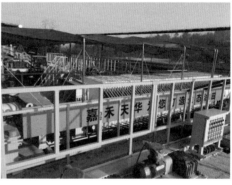

武汉市千子山循环经济产业园医疗废物处置工程项目

重庆智得热工工业有限公司（以下简称"重庆智得"）是国内医疗废物处理成套设备制造的龙头企业，也是全球性的医疗废物处理成套设备专业供应商，产品出口全球五大洲近 20 个国家，并为全国超过 100 家医疗废物集中处置工厂采用。

重庆智得生产的主要产品包括供医疗废物集中处理工厂用的大型成套设备、供医院就地处理用的小型设备、模块化处理方舱以及移动式应急处理车。

图 1 移动式应急处理车

2006 年，重庆智得与全球最大的医疗废物处理设备制造商美国 Bondtech 公司签署《医疗废物处理系统市场开发、营销、制造及售后服务伙伴协议书》，开始全面合作。2017 年，双方再度签署合作生产协议，在全球范围内展开设计、生产、销售的深度合作。

图 2 重庆智得与美国 Bondtech 签署全面合作伙伴及合作生产协议

2012 年，重庆智得与全球最顶尖的能源与环境服务商、世界 500 强排名前 50 的法国苏伊士环能集团签署合资合作协议，将全球先进的节能与环保技术引进中国。

图 3　重庆智得与法国苏伊士环能集团签署合资协议

重庆智得拥有数十项医疗废物处理与节能领域的核心专利，拥有美国、欧盟、俄罗斯等世界主要经济体的专利授权，重庆智得的 Gient 商标在包括北美、欧盟在内的全球 50 多个国家和地区注册，是国内唯一获得美国 ASME 认证和欧盟 CE 认证，并成功实现对欧美国家出口的中国医疗废物高温蒸汽成套设备制造企业。

》案例介绍

一、项目名称

武汉市千子山循环经济产业园医疗废物处置工程项目。

二、项目概况

2020 年新冠肺炎疫情之前，武汉市仅有 1 家医疗废物处理企业，最大日处理能力 50 t，长期处于高负荷运行状态。随着新冠肺炎疫情的暴发，武汉市医废处理能力不足的短板暴露出来，医疗废物积压矛盾非常尖锐。为此，应武汉市政府和国家生态环境部的要求，重庆智得助力中国节能用 14 天时间快速建成一个日处理能力为 30 t 的应急处理厂，解了武汉市医疗废物处理的燃眉之急。之后，在总结疫情期间武汉市医疗废物处置经验和教训的基础上，仅用 2 个月又新建了武汉千子山循环经济产业园医疗废物处理厂一期工程，该项目采用高温蒸汽灭菌工艺及全自动流转线设计。该项目的快速建成投产使武汉市的医疗废物处置能力得到明显提升。

三、项目规模

日处理医疗废物 30 t。

四、技术特点及优势

全智能化无人车间：车间从医疗废物送入到灭菌、毁型，直至废渣倒入市政垃圾收运车中的全部流程均按设定程序自动运行，无须人工，从而大幅减少处置工厂的人员编制，并彻底避免了处置过程人员感染的风险。

快速处置、高效低耗：处理每批次医疗废物花费的总时间直接决定着整条处理线的处理效率，同时也决定着处理工厂的实际处理能力以及能耗水平。该项目采用了国际领先的快速抽真空、快速升温及物料快速自动流转技术，使得平均每批次处理时间控制在 65 分钟左右，处理效率及能耗指标达到国际先进水平，能满足医疗废物大量处置的需要。

严控排放、环境友好：高温蒸汽处理工艺作为目前主流的医疗废物处理工艺，在污染控制上的主要难点是现场臭味控制，本项目采用重庆智得独有的热力除臭技术，从根本上控制了恶臭蒸汽的溢出。同时，采用了更大功率的抽风系统，对工作区域的带菌空气及少量散蒸汽进行定点收集，集中处理后排放。污染控制水平同时达到中国和欧盟的污染控制标准。

废线路板及覆铜板边角料（HW49）及
废环氧树脂粉（HW13）综合利用项目

　　苏州海洲物资再生利用环保有限公司（以下简称"海洲公司"）成立于 2010 年，是一家一体化经营废旧电路板回收处理及环氧树脂粉回收利用、生产研发、再生产品应用设计及运营销售的再生资源回收利用企业。公司采用国际推行的环保高效的物理破碎法对废旧电路板进行粉碎，通过高压静电分离器将金属与树脂等非金属分离，获得可再生利用的金属和环氧树脂粉，利用自主创新的新型非木质板材生产技术与工艺，将环氧树脂粉压合成可实现多场景应用的新型复合环保板材。海洲公司通过自主技术创新实现了废旧电路板再生利用行业从前端回收到后端综合利用的一体化贯通模式，走出了物资再生利用行业向更加绿色高效循环发展的探索之路。

　　海洲公司坐落在美丽的苏州高新区浒墅关镇，占地 2 万多 m^2，现有员工 100 多人。公司自成立以来始终秉持"绿色循环、以人为本、创新进取、诚信经营"的企业发展理念，充分发挥人才、技术、设备、加工等方面的优势，不断践行资源再生利用行业赋予的使命，深耕资源再生利用领域的技术革新和应用开发，实现企业价值和社会价值的双提升，力争成为产业升级的先行引领者。

》》案例介绍

一、项目名称

废线路板及覆铜板边角料（HW49）及废环氧树脂粉（HW13）综合利用项目。

二、项目概况及规模

　　苏州凭借优越的地理位置和优秀的人才储备一直以来都是电子半导体产业的集中地，也因此成为电子废物等危险废物的高产区域，建立专业的电子危险废物收集处置项目是减轻环境压力，改善生态环境，促进社会经济发展的积极手段。本项目针对苏州产业布局的特点，于 2013 年 5 月经苏州高新区环境保护局及苏州市环境保护局审批同意建设；2014

年 9 月对项目环评报告进行了修编，于 2014 年 12 月经苏州市环境保护局审批同意，2015 年 2 月通过验收，正式投入生产。

2017 年 3 月，在现有项目的基础上，扩建废环氧树脂粉（HW13）综合利用项目，利用废环氧树脂粉压合新型复合板材。扩建项目经苏州国家高新技术产业开发区经济发展和改革局备案，于 2017 年 6 月建成投产。

公司注册资金 5 000 万元，项目总投资 1.2 亿元，年处理废线路板及覆铜板边角料 1 万 t，采用干式破碎法分离回收，铜提取率大于 95%，处理后的金属粉末全部外售，树脂粉全部回收利用；年利用废环氧树脂粉（HW13）2.6 万 t、废环氧树脂基材（HW13）5 000 t，可压合新型复合板材约 210 万 m²。

三、技术特点

废线路板及覆铜板综合利用生产线为密闭系统，设备密闭、设备之间的物料输送全部为密闭管道，系统为负压输送。物料采用强力碾碎机进行初步破碎，再用涡流粉碎机对物料产生冲击、剪切和研磨，使纤维和金属剥离。细碎后的金属和塑料混合物通过负压进入振动分离机，经过振动分离和旋风分离，回收 97% 以上的铜粉，再通过静电分离工序进一步分离出金属和非金属，确保铜粉的完全回收，分离后的铜粉和树脂粉采用吨袋分包装。

废环氧树脂粉综合利用压合新型复合板生产线采用负压上料，将聚氨酯、辅料通过密闭管道用真空泵泵入拌胶机进行常温拌胶。充入氮气排空搅拌机内空气后通过密闭管道输送搅拌均匀的胶水和废环氧树脂粉均匀混合，输送至铺装机内铺装，将铺装好的物料通过传送带输送到预压机内常温预压，再到热压机内以温度 150～180℃和压力 60～93 kg/m² 热压成板，热压结束后于凉板机上待产品结构稳定，常温静置成板。使用锯床将半成品板材锯至规格要求的尺寸再使用砂光机对板材表面进行砂光打磨。

四、工程创新

废线路板及覆铜板综合利用生产线自动化程度高，不需经过人工分拣，有效节约人力及时间成本；环锤式破碎机经高速转动的锤体与物料碰撞破碎物料，具有结构简单、破碎比大、生产效率高等特点，尤其适用于对中等硬度及脆性物料进行细碎。环锤式破碎机还可根据客户要求调整篦条间隙，改变出料粒度，有利于技术人员在生产过程中不断调整优化工艺参数，提高铜粉分选效率。粉碎后的含铜含树脂物料为密闭负压输送，有效控制粉尘逸出或扬飞，跑铜率降到 0.10% 以下，树脂粉中金属含量降低，提高了后续复合基材的质量。

复合基材制造综合利用废环氧树脂粉达到 90%，采用聚氨酯（改性 MDI 胶），并通过自主研发的压合设备和压合技术，开创性地实现了全生产过程无固体废物排放，100% 在线回收利用，基材产品性能达到无游离组织排放，防火阻燃，可应用于多种场景。

五、项目优势

本项目采用的干式物理破碎法对废线路板及覆铜板边角的处置，相较于传统的直接掩埋法、焚烧法、水洗及裂解等方法造成的有毒物质释放、土壤和空气严重污染，最大限度地减少了环境污染，提高了废线路板处置后的综合利用率，大大提高了产品附加值。

对废环氧树脂粉的处理方面，相较于传统的将废环氧树脂粉直接填埋带来的土壤和水资源的二次污染，以及将环氧树脂粉少量添加用于制造附加值极低的免烧砖等建筑材料产品，本项目以自主创新的板材压合技术将废环氧树脂粉制造成新型复合板，100%使用废环氧树脂粉作为原料，不但提高了粉末的处置率，而且制造的产品作为基材，贴面处理后应用广泛，尤其是板材极佳的防水性能，在多种应用场景中具备竞争优势，大大提高了再生产品的附加值，真正意义上做到了"变废为宝"，实现资源的绿色再生循环。

六、效益分析

本项目的效益主要来自两个方面：一是对废线路板及覆铜板边角料粉碎后分选提铜；二是提铜后产生的环氧树脂粉及外收的同质环氧树脂粉料制造复合板基材，两项综合利用产生的年净产值达到 8 000 多万元，年复合板基材销售量 200 万 m^2，实现综合营业收入总额逾 1 亿元，环境效益费用比为 1.02。本项目具有节能降耗和先进的清洁生产工艺的特点，通过综合利用能源消耗，减少了污染物排放量，因此本项目具有显著的经济效益、生态环境效益和社会效益。

一流领先超高标准化的厂房

FIRST - CLASS, LEADING,
ULTRA-HIGH STANDARDIZED PLANT

低碳、环保、绿色的板材，来自一流标准化工厂

强力吸料机

板材砂光

高效作业流水线

实时数据监控生产

超大型板材设备

海洲标准化工厂

高效｜节能｜环保｜可靠｜安全

菏泽智慧环保监管平台建设及乡镇空气质量
自动监测站监测数据采购项目

聚光科技（杭州）股份有限公司（以下简称"聚光科技"）2002 年 1 月注册成立于浙江省杭州市国家高新技术产业开发区，2011 年 4 月 15 日上市，注册资本 4.53 亿元。

聚光科技以高端分析仪器产品技术为核心的研发、生产、销售，以及基于行业客户需求深度融合的创新应用开发为主业务。公司拥有多条产品线、多领域解决方案，为环保、实验室、钢铁、石化、应急安全、食品、医药、生命科学、新能源、半导体等诸多领域提供分析仪器、信息化软件、运维服务、运营服务、检测服务、咨询服务及环境治理装备的创新产品组合和解决方案。

目前，公司拥有 500 余人的研发团队，先后被认定为国家企业技术中心、国家环境保护监测仪器工程技术中心、城镇水体污染治理工程技术应用中心、环境与安全在线检测技术国家工程实验室、国家规划布局内重点软件企业、国家创新型企业、国家级博士后科研工作站、浙江省院士专家工作站和浙江省重点企业研究院。

聚光科技建立了完善的营销和服务网络，在全国设有 30 多个办事处、20 多家子公司，覆盖国内 30 多家省级行政单位，全球业务拓展至亚洲、欧洲、北美洲、非洲和大洋洲等众多地区。公司拥有超过 1 200 人的运维服务人员、全天候免费客服热线，为客户提供从咨询、方案设计、施工、售后服务"全生命周期"的全方位优质服务。

》案例介绍

一、项目名称

菏泽智慧环保监管平台建设及乡镇空气质量自动监测站监测数据采购项目。

二、项目概况

菏泽市智慧环保监管平台是一个集市、县区、乡镇于一体，横向打通生态环境局、住建局、城管局、公安局、交通局、公路局等 14 个职能部门，纵向串联市级、11 个县区级、172 个乡镇级指挥中心以及 1 045 个网格员的一体化应用平台。

平台以支撑菏泽市环境质量改善为目标，全面落实《菏泽市网格化环境监管体系建设实施方案》《菏泽市打赢蓝天保卫战作战方案》等要求，着力打造菏泽市环境综合监管，实行"专业队伍建设运维、专业机构比对、生态环境部门质控考核、政府购买合格数据"的管理模式。

该平台的建设有助于落实大气环境精细化管理与考核的重要举措，对提高空气质量预警预报水平和污染溯源具有重要意义。

三、项目规模

在菏泽市委、市政府的带领下，菏泽智慧环保监管平台建设及乡镇空气质量自动监测站监测数据采购项目于 2018 年 4 月启动全面建设，2018 年年底全面建设完毕；项目总投资额达 1.6 亿元。

项目建设内容主要包括：

（1）菏泽市智慧环保监管平台：市指挥中心及 11 个县（区）指挥中心的室内装修、系统集成、机房建设、网络建设、五大软件 App、手机 App 等；

（2）覆盖菏泽市曹县、成武县、单县各乡镇办事处共计 57 个常规空气自动监测站的建设、运维及设备更新；监测指标选取重点考核指标（SO_2、NO_x、CO、O_3、$PM_{2.5}$、PM_{10}、气象五参数），均采用国标法。

四、项目特点

（1）环保大数据支撑：运用云计算、大数据、物联网等新技术手段搭建智慧环保大数据中心，制定环境监管数据标准，对数据进行采集、共享、分析、处理。接入建委、城管局、交通局等多部门行业环境监测数据，集成全市生态环境部门环境质量监测、污染源在线监测、污染源普查、网格信息等数据，对接现有的各类业务系统，实现环境监管数据从"大量数据"到"大数据"的转变，提升数据共享、信息交换和业务协同能力，为政务数字化转型提供基础。

（2）环境综合监测预警：实现对环境空气质量监测点、水环境质量监测站点、工业废气监测站点、工业废水监测站点、生活污水监测站点、道路扬尘等环境监测指标数据统一接入平台，结合 GIS 地理信息，以文字标注、图形标注等方式展现在电子地图上。该系统可实现实时环境监测数据采集、监测指标超标告警等，用于环境空气质量监测点、水环境监测站点、工业废气监测站点、工业废水监测站点、生活污水监测站点、道路扬尘在线数据采集、入库、查询、告警等处理。能对菏泽市未来空气质量变化进行预报预警，推动生态环境监督管理从被动应对向主动预见转变，为一线人员精准高效执法提供依据。

（3）菏泽市乡镇空气质量自动监测站监测数据遵循"统筹规划、统一标准、统一规范"的原则，先进性与实用性相结合，实时性和管理性并存，安全可靠性保障并循环利用原有资源，避免浪费。

五、项目优势

（1）指挥中心由一个决策大脑、两个指挥中枢和五大核心应用构成。"一个决策大脑"是指在市级指挥中心搭建了 30 万亿次规模的计算资源和云服务平台；"两个指挥中枢"是指横向到边、纵向到底的"数据传输中枢"和"指挥调度中枢"。五大核心应用统筹市、县、乡三级用户需求，融合各行业平台，实现监测预警、网格监管、应急响应、分析决策、公共服务及舆情监控五大核心功能。截至目前，平台国控站点离群超标预警共计推送 2 427 次；污染源在线监测小时超标预警 88 182 次，日超标预警 1 267 次；启动重污染应急 30 次，提供大气污染决策分析 19 次。线下网格事件上报共计 16 285 起，已完成 15 846 起；网格员核查任务共计 2 151 起，已完成 2 086 起。

（2）聚光科技严格按照要求完成项目试运行，通过试运行全面考察项目建设成果。并通过试运行发现项目存在的问题，从而进一步完善项目建设内容，确保项目顺利通过竣工验收并平稳地进入运行维护阶段；通过实际运行中系统功能与性能的全面考核来检验系统在长期运行中的整体稳定性和可靠性。

六、效益分析

（1）全面落实网格化监管，提升环境质量。

（2）形成政府部门联防联控、社会参与、多元共治的工作体系。

（3）通过技术支撑减少对网格员的依赖，降低网格化运行成本。

（4）提升环境科学决策分析能力。

菏泽智慧环保监管平台及乡镇空气质量自动监测站建设完毕，将实现线上监控与线下网格化监管体系的有机融合，管理人员在平台指挥中心便可以对重点环保问题进行现场调度，确保第一时间发现问题、在线督办、查处整改并上报结果。实现智能监控系统建设全覆盖，全面提升菏泽环境监测监控质量水平，开创全市"横向到边、纵向到底"的污染防治攻坚战新格局，为落地打赢全市蓝天保卫攻坚战、改善提高全市环境质量、加快生态菏泽建设步伐及推进环境质量监测与评估考核体系建设提供全面支撑，大幅提高了菏泽市区域污染物和空气质量监测与管理能力，显著提升了菏泽市环境空气质量水平。

贵阳市河湖环境监管大数据管理项目

聚光科技（杭州）股份有限公司（以下简称"聚光科技"）2002 年 1 月注册成立于浙江省杭州市国家高新技术产业开发区，2011 年 4 月 15 日上市，注册资本 4.53 亿元。

聚光科技以高端分析仪器产品技术为核心的研发、生产、销售，以及基于行业客户需求深度融合的创新应用开发为主业务。公司拥有多条产品线、多领域解决方案，为环保、实验室、钢铁、石化、应急安全、食品、医药、生命科学、新能源、半导体等诸多领域提供分析仪器、信息化软件、运维服务、运营服务、检测服务、咨询服务及环境治理装备的创新产品组合和解决方案。

目前，公司拥有 500 余人的研发团队，先后被认定为国家企业技术中心、国家环境保护监测仪器工程技术中心、城镇水体污染治理工程技术应用中心、环境与安全在线检测技术国家工程实验室、国家规划布局内重点软件企业、国家创新型企业、国家级博士后科研工作站、浙江省院士专家工作站和浙江省重点企业研究院。

聚光科技建立了完善的营销和服务网络，在全国设有 30 多个办事处、20 多家子公司，覆盖国内 30 多家省级行政单位，全球业务拓展至亚洲、欧洲、北美洲、非洲和大洋洲等众多地区。公司拥有超过 1 200 人的运维服务人员、全天候免费客服热线，为客户提供从咨询、方案设计、施工、售后服务"全生命周期"的全方位优质服务。

》》案例介绍

一、项目名称

贵阳市河湖环境监管大数据管理项目。

二、项目概况

为进一步推进贵阳市"大数据+政务"发展，贵阳市水务局根据河长制工作需求，组织建设了贵阳市河湖大数据管理信息系统，通过在全市市管河流各区（市、县）入境（汇流）断面安装前端采集设备，将前端采集信息同步到软件平台，实现对各区（市、县）河流入境（汇流）断面水质水文在线监测以及断面考核。贵阳市河湖大数据管理信息系统是贵州省全面推行河长制工作的安排部署，也是"中国数谷"大生态专项的组成部分，更是深一层次推进贵阳全市河长制工作的重要抓手。建成并用好河湖大数据管理信息系统能帮助各级河长全面、动态掌握河湖水质水文现状，预警水环境风险，对水环境问题"早发现、早处理"，并可为风险预警、数据挖掘等提供较全面的数据支撑。

2018 年,贵阳市水务局采用政府购买服务方式实施了贵阳市河湖大数据管理信息系统运营项目,该项目自 2019 年 10 月 19 日正式投入运行至今,为贵阳市河流提供了实时的水文水质在线监测,同时也接入两湖一库监测数据、智慧防汛、水资源、入河排口等涉水数据,为布局智慧水务建设做了铺垫。

三、项目规模

2018 年,贵阳市水务局采用政府购买服务方式实施了贵阳市河湖大数据管理信息系统运营项目,项目总投资 5 199 万元,2019 年 1 月开始建设,2019 年 10 月 19 日正式投入运行。

项目建设内容包括:①全市统一软硬件支撑环境,软件平台涵盖全市 98 条河流,前端硬件(水文水质监测站、视频监控、水系水文遥感、数据传输链路)新改建范围为设市级河长 32 条重要河流;②智能感知前端建设内容包含全市市管河流新建 31 个断面监测点,改建 4 个断面监测点。其中,水文水质监测站监测指标为:流速、流量、水雨情;常规水质五参数(pH、水温、浊度、电导率、溶解氧)、COD、氨氮、总磷、总氮。

四、项目特点

项目根据网格化管理思想,采用云计算、大数据、GIS、GPS 等技术,以河湖保护管理(河长管理、水质达标、问题处理)为核心,围绕水污染防治、水环境治理、水资源保护、河湖水域岸线管理保护、水生态修复、执法监管等重点工作,打造多级联动的贵阳市河湖大数据管理信息系统,为落实河长工作的目标管理、任务督办、绩效考核提供抓手,为河长制工作的有效落实提供有力支撑,提高河湖水资源保护、生态环境综合治理和社会公共服务水平。具有如下特点:

(1)全面设点,完善生态环境监测网络。整合优化河流水质监测点位,按照统一的标准规范开展监测和评价,客观、准确地反映河流水质状况。

(2)全面提升环境监管水平。以实时准确的环境监测数据为基础,及时发现环境污染事件或突发问题,缩短环境异常事件的响应与处理时间,为监管提供定性定量的数据支撑。打通监测与监管之间的通道,从传统"点对点"(执法人员对具体排污单位)的监测监管模式向"点对面"(执法人员掌握所有点位的污染状况)模式转变,从而提高了工作效率。项目结合现有传统的监管方式形成一套集监测、预警、指挥、执法、管理"五位一体"的环境监管模式,实现由单一部门治理向协同治理、共同治理转变,在全市构建大环保、大监管格局。

(3)以数据为支撑,强化分析应用,实现环境决策系统化、科学化。充分利用大数据技术,深入开展环境大数据管理应用,加强环境数据资源整合集中、应用、开放与共享,通过数据发现问题、分析问题、解决问题,形成"用数据管理、用数据决策、用数据服务"的生态环境保护新模式。全面提升河流管理能力,解决突出河流环境问题,满足河流水质考核要求。

(4)中长期的生态污染防治决策支持。利用大数据技术挖掘数据之间的关系,结合地理信息数据、水文信息、多种环境质量模型,甄别影响区域生态环境的主要因素及其污染贡献，实现靶向治理和更精准的预警预报；通过中长期的连续监测，对短期管理手段和长期治理效果进行评价，为政府优化产业结构、推进产业转型升级、制订水气污染防治决策支持行动计划等提供科学依据。

五、项目优势

贵阳市河湖大数据管理信息系统以改善河湖水生态环境为核心，以加强河湖管理保护工作为目标，统筹全市河湖基础数据，充分运用大数据、云计算、遥感监测、地理信息系统和移动通信网等现代化技术手段，提高河湖水资源保护、生态环境综合治理和社会公共服务水平，全面推行河湖大数据管理机制，为建设贵阳市智慧水务做了强力铺垫。

六、工程创新

贵阳市智慧水务的发展目前尚处于信息化向智慧化转变的阶段，下一步将以完善贵阳市水务数据信息化为基础，基于贵阳市河湖大数据平台，整合先进的机理模型/数据驱动模型，统筹贵阳市水资源综合开发和水土保持信息系统、贵阳市智慧防汛决策系统、节水办节水系统、水务集团官网系统、污水管网系统等涉水系统，逐步实现水务智慧化。

七、效益分析

通过在贵阳全市市管河流各区（市、县）入境（汇流）断面安装前端采集设备，将前端采集信息同步到软件平台，实现对各区（市、县）河流入境（汇流）断面考核。河湖大数据管理信息系统的建成能够为贵阳市河长办带来明显的实际效益。

（1）强化了贵阳市河湖数据采集基础设施的建设，满足了对每条河流的数字化信息收集要求，对河湖流域污染动态实时监控及预测，对污染源实现精准定位，及时发现问题，及时传送，按分级管理原则及时处置，实现平台无漏洞、无盲点的监测。

（2）整合应用相关部门以及水务局内部数据资源，接纳并整合现有相关大数据系统，接入省级等相关平台，实现了数据资源开放共享。

（3）建设完成公众服务平台，构建公众投诉渠道，满足公众参与、社会监督的要求。实现公众投诉、事件上报派发、事件处理、结果反馈、结果核实归档的事件处理流程。同时为公众开通参与渠道，有意愿的公众可通过公众服务平台认领一段河道，实现公众监督功能。

贵阳市河湖大数据管理信息系统的建设为贵阳市河流提供了实时的水文水质在线监测，同时也接入两湖一库监测数据、智慧防汛、水资源、入河排口等涉水数据，为布局智慧水务建设做了铺垫。

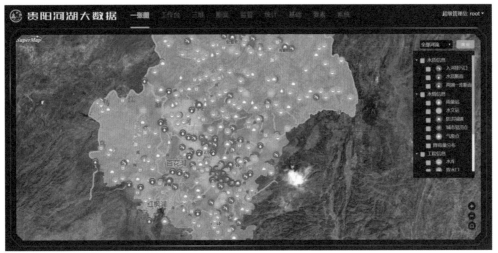

生态环境服务类

驾道汽车云检测大数据智能服务研究与
应用示范中心

　　驾道（北京）检测服务有限公司是汉树物联网技术有限公司的全资子公司，驾道（北京）公司位于中关村核心区，是国家高新技术企业和双软企业。截至目前，公司已拥有 8 项软件著作权。

　　经北京市相关部门批准，驾道汽车云检测大数据智能服务研究与应用示范中心项目在北京开始建设。项目主要研究和示范应用机动车的检测技术和维护技术以及洗车技术向智能（机器人）方向发展，实现车辆检测与维护等服务更加精准、高效、便民；研究和示范应用智能（数字化）交通与智能（数字化）停车塔等，实现分速行驶管理和停车资源充分利用及共享，减少道路拥堵和停车真正智能化；为未来无人/自动驾驶等基础设施智能化提供技术储备。

　　项目建设将增强驾道（北京）公司核心技术研发能力，为世界汽车向智能（数字化）控制技术发展提供智能（机器人）检测装备与维护服务等技术服务，使驾道（北京）公司在汽车检测与维护上处于世界领先地位；驾道（北京）公司在推动企业自身发展的同时，将增强核心技术自主创新能力和市场竞争力，并带动产业链上下游企业共同发展、实现共赢，有助于推动汽车检测与维护产业向智能数字化转型，可为我国汽车技术向智能化快速发展提供支撑，让驾道汽车产业大数据成为世界上可信的汽车技术的评判者和标准掌握人，实现我国汽车工业在世界上的话语权和市场制度建设。

》》案例介绍

一、项目名称

驾道汽车云检测大数据智能服务研究与应用示范中心。

二、项目规模

项目建设规模约 5 200 m^2。

三、建设内容

　　建设内容为六大项：容纳约 200 人的机动车后服务智能数据化（机器人方向）和智能（数据化）交通研究中心；1 个驾道机动车云检测与运营服务大数据智能管理平台（设计建设满足京津冀地区 3 000 万辆机动车的排放检测与管理能力）；6 条驾道汽车智能云检测线

（5 条汽油车检测线、1 条柴油车检测线）；8 个驾道汽车智能维修实验工位和 1 个驾道智能（机器人）汽车清洗车间；1 个微型（约 30 辆车）汽车智能自动停车塔；机动车智能化服务技术培训中心。

1. 驾道机动车云检测与运营服务大数据智能管理平台

驾道机动车云检测与运营服务大数据智能管理平台是基于高端智能检测装备+互联网+物联网+大数据云平台=实现机动车大数据智能服务（工业 2025），对汽车检测数据质量进行全过程（mg/s）管控，可准确收集汽车产业源数据，能为政府管理部门科学控制机动车污染、智能交通和汽车产业升级等提供技术支撑。通过功能强大的大数据库、监测数据网络系统平台实现对检测线的动态管理和超标车的实时跟踪管理，各检测线采集数据后统一由平台分析判断结果，监督和保证检测终端提供科学、公正、准确的检测数据。建立起一套完善的机动车排放检测管理机制。按照各种车辆排放量分类、统计和智能分析，为政府提供日、周、月、季、年的机动车污染总量和各污染物分量，对所采集的数据进行智能分析和汇总存储，为削减和控制空气污染总量及制定政策提供科学依据。

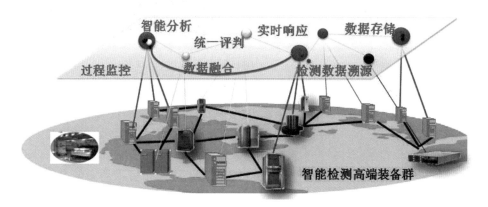

驾道（北京）机动车云检测大数据智能管理平台

技术优势：与现有检测技术相比，驾道机动车云检测大数据智能管理平台具有检测管理精细化、区域污染量精确化、汽车检测信息公开化、评判标准统一化、管理决策敏捷化、智能分析基准化、质量控制全面化、污染防控重点化、智能执法高效化等显著特点。

2. 驾道汽车智能（机器人）检测线

驾道汽车智能检测线由驾道汽车智能检测高端装备与机器人组成，并通过与驾道机动车云检测大数据智能管理平台实时联网对汽车尾气排放污染物进行智能化检测，保障检测数据误差在 5%以内，为计算汽车年排污总量提供精确的数据支撑。

3. 驾道汽车智能（机器人）维修工位

基于驾道智能检测高端装备出具的检测数据及机器人自动检测技术，驾道机动车云检测大数据智能管理平台通过大数据分析和人工智能按照每辆车的实际运行状况出具相应的个性化维修内容，杜绝目前按固定行驶公里数和年限进行不科学、不合理的车辆维修保养方式。由于整个维修保养过程对车主完全透明，车主可明明白白进行车辆保养。另外，基于车辆实际运行状况数据进行车辆保养，可大量节省汽车零部件的更换数量，最大限度地解决了因汽车零部件浪费而造成的环境污染问题。

4．智能（机器人）汽车清洗车间

通过机器人智能检测车辆洁净程度，并由云检测大数据智能管理平台根据机器人检测结果提供车辆清洗方案，车辆清洗装置由机器人自动控制，对用水量（包括废水利用率）、用电量、耗时等精确计算，可实现清洁洗车和有效节约汽车清洗用水量达 50% 以上。

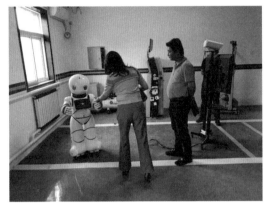 

监管实时高效、重点推进差异化管控

——沧州市生态环境局沧县分局分表计电智能管控系统

江苏三希科技股份有限公司（以下简称"3C 科技"），2002 年成立于南京。"3C"即 Computer（计算机技术）、Communication（通信技术）、Control（控制技术）。公司长期注重技术研发和技术服务，业务涉及软（硬）件研发、系统集成、技术咨询和运维服务等。

截至目前，3C 科技自主研发了 6 大类 30 多项环保软硬件产品，涵盖环境监测、污染防治、环境监察、综合监管、大数据中心、智能决策等业务。相继创新研发了《污染源自动监测设备动态管控系统》《企业排污智能管控系统》等一系列新型污染源智能监管方案，实现了排污单位产、治、排"全过程"动态管控，堪称"新常态"下生态环境部门的监管利器，解决了污染源在线及中小企业排污监管难题，引起了业界的广泛关注。

作为专注于生态环境行业的高科技企业，3C 科技将继续走在创新的路上，结合新时代的环保要求不断打磨产品，为打赢蓝天碧水保卫战贡献自己的力量。

≫ 案例介绍

一、项目名称

监管实时高效、重点推进差异化管控——沧州市生态环境局沧县分局分表计电智能管控系统。

二、项目概况

沧州市生态环境局沧县分局高度重视企业非现场执法工作模式探索，经过多方考察、调研、论证，确定用电能监管企业这一非现场执法科技手段，从全县 600 多家应急企业中选择排放量大的部分企业试点安装电量监控设施，取得了非常好的效果；之后通过公开招投标方式，与中标方 3C 科技共同研发了沧县分局分表计电智能管控系统。2019 年 6 月至今，已完成 170 余家企业电量监控设施的安装。

系统主要包括企业端和平台端两大部分：

（1）在企业端，工程师会结合不同行业、企业的工艺特点建立模块，实时识别、采集、上传反映企业生产、治污情况的用电信息，进入企业参照每家企业的环评以及重污染天气应急预案、差异化管控预案，制定安装实施方案。

（2）在平台端，根据企业排污节点在线监控数据与治污设施参数，验证企业生产和治污设施的运行水平，通过平台管理软件设定合适的报警阈值，为环境执法提供实时、精准的线索。同时，平台系统还可为错时生产、重污染天气差异化管控时段企业生产状态、掌控企业治污设施运行状况和运行质量提供支撑，解决执法人员少、监管任务重的矛盾，最终实现执法人员远程操控、精准执法。

目前，分表计电智能管控系统已经为生态环境监管部门提供重要的数据支撑服务，每周为监管部门提供电量系统运维周报，主要内容涉及企业安装情况、设置运行情况、整体报警情况、报警处理情况及多次报警企业排名、乡镇排名，为监管部门提供企业管理的数据支撑。

三、项目规模

目前，项目已完成总投资 680 万元，其中平台端投资 80 万元，企业端投资 600 万元。

四、技术特点

（1）集中器采用数据融合技术，对电量数据进行分析处理，算法成熟稳定。

（2）具备报警逻辑关系监测，针对产污、治污设备指定逻辑监控关系，监测企业违规生产等问题。

（3）建立了行业数据模型。据此完成企业工艺初步设计，极大地减少了设计错误。

（4）根据行业数据模型结合工程设计师现场调研情况，自动完成企业的工艺设计，可有效地避免因工程设计师不熟悉某个行业而出现设计失误和数据失真的情况发生。

五、项目优势

（1）对治污设施运行进行实时精准监测、精准报警，准确率高达 95% 以上。

（2）针对重污染天气应急响应、重大节日、重大活动保障、差异化管控等减排任务，可进行智能督导与评估，大大提高监管效率。

（3）实施快、成本低。企业安装时无须停产停电，可快速部署；建设成本低，运维工作量小。

（4）系统根据报警级别对企业报警信息采用县局、乡镇、企业三级联动处理，三级预警由企业自主处置上报，二级报警由乡镇督办，一级报警由县局查处、督办。

六、工程创新

（1）专家级方案设计，报警准确率高。系统可对治污设施未正常运行，重污染天气应急响应期间企业生产负荷降低不满足减排要求，因停电、设备故障、人为破坏等导致数据缺失的情况进行精准报警，主动精准识别措施落实不到位企业。

（2）全国首创差异化管控。在重污染天气应急响应期间，构建"一企一策"分析模型，根据企业所属行业、绩效分级、企业停限产情况进行差异化管控，自动生成评估报告，量化评价各企业的执行情况，大大提高监管效率。

（3）创新自动设计器，根据工程师对企业的调研情况，匹配生产工艺、关键生产设备及治污设备间的关联关系，结合行业工艺模型动态生成工艺流程图和报警算法，直观呈现企业生产工艺流程图。

（4）多维度、多角度统计分析，智能化决策支持。统计企业总用电趋势，对比应急前、应急中、应急后不同阶段关键生产设施累计用电情况，关联在线监测排放数据，进行主要污染物排放趋势分析。

七、效益分析

当前，我国生态环境质量持续好转、稳中向好，但成效并不稳固。沧州市生态环境局沧县分局在中小企业环保智能化监管上进行了有益探索，安装了以用电监控为核心的分表计电智能管控系统，有效解决了基层执法监管力量不足、污染源在线监控设施安装条件不足、治污设施运行情况监管不到位的问题。

系统通过"可视化、数字化、精细化"的智能监管新模式，大幅提升了生态环境日常执法监管效能。项目的建设与运行，对改善沧县环境质量、控制污染排放、遏制生态环境恶化、加强污染源管理、提高环境监管能力等将发挥重要作用，使管理人员动态掌握企业信息、及时决策，执法与管控精准，最大限度地降低行政管理成本，促使地方政府加快进行绿色生态产业发展，企业主动减排、依法排污。

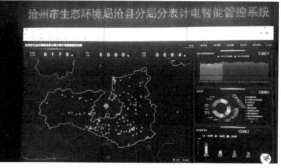

盐城市区污水处理信息系统

广联达科技股份有限公司（以下简称"广联达"）成立于 1998 年，2010 年 5 月在深圳中小企业板上市。广联达立足建筑产业，围绕工程项目的全生命周期，是提供以建设工程领域专业应用为核心基础支撑，以产业大数据、产业新金融等为增值服务的数字建筑平台服务商。

广联达现拥有员工 7 000 余人，在国内建立 50 余家分（子）公司，销售与服务网络覆盖 200 余个地市。自 2009 年起，广联达开始国际化进程，先后在美国、英国、芬兰、瑞典、新加坡、中国香港、马来西亚、印度尼西亚、印度等国家和地区设立了子公司、办事处与研发中心，服务客户遍布全球 100 多个国家。

现在，广联达正在为实现每一个工程项目都接水、接电、接数字建筑平台的二次创业理想而努力，广联达将以"数字建筑"为引领，持续助力建筑产业转型升级，用科技让每一个工程项目成功。

广联达智慧水务以智慧城市理念为依托，针对水务、环保行业特性，深度融合 BIM、GIS、物联网、互联网、云计算、大数据和人工智能等信息技术，构建水务、环保智慧管理平台，通过平台进行智能运营监管，降低管理难度与运营成本，提升管理效能，最大限度地发挥平台功能价值和社会经济效益。

》 案例介绍

一、项目名称

盐城市区污水处理信息系统。

二、项目概况

江苏省盐城市排水设施规模庞大，排水管理事务繁多，市区屡受暴雨侵袭，中心城区内多处低洼片区常出现短期淹涝现象，排水运行调度决策主要依靠以往经验推断，传统的人工管理模式难以支撑现代化城市高质、高效的管理需求。为此，盐城市城建局在市委、市政府的指导下，以信息化建设为抓手，推动全市排水管理的现代化、科学化、智能化。深入利用信息化技术手段搭建现代化的排水综合信息平台，建立排水系统管理体系，提升城市排水运行管理效益，提高排水运行管理水平，实现资源、安全、环境"三位一体"的排水发展战略。

三、项目规模

目前，盐城市共计排水管线总长约 1 400 km（含雨水、污水和合流制管线），基础数据量很大。在城市建设过程中，排水设施数据还在持续增长。该项目旨在建设和完善一个以盐城排水设施为基础、通信系统为保障、计算机网络系统为依托、一体化信息平台为核心、远程控制为手段的城市排水智慧化综合监管平台。平台需接入盐城市排水系统中的排水泵站、排水管网、污水处理厂、河道排污口等相关数据、排水户基本信息及排污量、视频、水雨情、气象信息等，建立排水管网 GIS 系统、与江苏省太湖流域城镇污水处理信息管理系统及各县（市、区）排水信息管理系统实现数据对接，与江苏政务网对接获取排水户档案信息，提升对全市排水管网、泵站、污水处理厂及其他相关附属设施的智能管控与分析，建成一个集信息共享、综合运行监控于一体的多功能智慧化综合管理平台。

四、技术特点

盐城市区污水处理信息系统在盐城市排水管理处业务流程梳理的基础上，进行顶层架构设计，按照总体建设架构和实际运行效果统筹推进，采用"共性平台+应用子集"的体系框架和开发模式，重点分离了水务物联网应用的共性技术特点和差异性，贯穿于感知互动层、网络传输层、智慧应用层等，为解决感知设备多元化、应用场景多样化、业务频繁变化带来的扩展性、快速集成等问题提供了有效的解决思路，从结构上支撑、适应未来水务监控业务变化、发展的需要，根据管理需要能较快速做出调整，具有灵活的流程定制、变更机制，有利于建立智慧水务的基础应用框架平台，在统一的标准体系下推进智慧水务体系的研究、开发、集成和应用。

系统以水务物联网的系统支撑平台为基本的建设平台，通过物联网的共系统支撑平台能够连接到感知互动层的数据采集、数据处理以及智慧应用层的业务应用等形成的应用子集。系统支撑平台分离了各类不同应用之间的共性技术特征和差异性，对水务物联网统一标准体系的建立和发展起到至关重要的推动作用。

五、项目优势

此项目是广联达基于 GIS、物联网、云计算、大数据等信息技术的深度融合应用而打造的以城市防汛排涝和日常污水排放、处理等城市排水业务管理应用为核心的城市级智慧化综合监管平台项目。项目的主要优势体现在以下几个方面：

（1）排水系统数字化：以 GIS 为基础，将全市基础数据和业务数据进行集成，对排水相关的核心数据进行有效监测、分析、评价、模拟、预测等管理及研究工作，从而为城市市政设施管理提供全面、及时、准确和客观的信息服务与技术支持。

（2）监控信息集中化：通过物联网对音视频信息、水量水质信息、液位信息、泵机运作状态信息等进行远程采集，全方位、多画面掌握市区的排水状况，实时监控局地的水量、水位、排水状况、现场视频等信息。

（3）运行管理智能化：随着城市排水体系建设的不断完善，对排水管理工作的难度越来越大。特别是盐城市现有的污水处理厂站、提升泵站等相关排水设施的分布广泛，数量众多；新建、扩建、改造的排水工程越来越多；相关排水行政许可办理时限越来越短、审批难度越来越大。通过本项目的建设，可以实现用信息化的手段协助排水管理部门更加智能、高效地进行排水工作的日常运行管理。

（4）决策支持科学化：借助云计算、大数据、人工智能等技术手段，实现信息的高度共享，实现高度智能的调度和业务协同，最终实现"实时感知排水信息、准确把握排水问题、深入认识排水规律、高效运筹排水系统"的"智慧排水"总体目标，提升盐城市排水决策的科学化、智能化。

六、工程创新

广联达借助 GIS+BIM 技术，结合现实场景进行二三维一体化展示，集成排水设施各类动态在线监测数据（如流量、液位、水质等）、视频监控数据（如下沉式立交桥、道路积水点）及气象预报、雨情信息，实现对全市辖区内"排水户—雨污管网—点源设施—泵站—污水处理厂—中水管网—河道"一张图全面可视化管理。

七、效益分析

通过建立排水管网、污水处理厂运行动态监测与内涝预警预报机制及排水管网模型辅助决策系统，助力城市排水问题监测、诊断与评估以及管网运营的全过程智能化管理，为城市防涝安全、预警预测、应急指挥以及排水规划、排水设施改造等提供科学决策依据，进而提升城市排水设施管理维护的效率和水平，增强城市排水管网运行稳定性和安全性，保障整个城市居民的生产生活和经济发展。

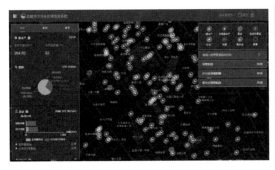

广联达数字建筑体验馆

汾阳市"智慧环保"项目

中节能天融科技有限公司是隶属中央企业中国节能环保集团有限公司的生态环境监测与大数据应用的专业公司。公司业务范围覆盖空气、水质、污染源等各领域的监测感知设备及应用系统的研发、生产、销售、运营，环保软件平台，以及环保大数据应用服务。

公司以解决客户需求为宗旨，为各级政府及行业客户提供集咨询、设计、投资、建设、运营、服务于一体的，以顶层智慧平台和底层感知为核心的智慧环境综合解决方案，为环境质量管理提供分析研判、精准溯源、靶向治理和精细化管控，同时助力地方政府产业结构转型、绿色发展。截至目前，公司已承接城市智慧环境案例 10 余个，区县级政府环境改善数据咨询服务项目 20 余个，是国内智慧环境综合项目成功案例最多的公司。

近年来，公司持续加大在环境大数据应用方面的科研投入，开展了一系列数字化、信息化、智能化产品和技术的研究开发工作，并与清华大学、哈尔滨工业大学等多家科研院所建立紧密合作关系，补充大数据发掘核心算法运用及人工智能技术，共同探索打造生态环境领域的大数据价值挖掘与应用的业务能力，致力于成为国内生态环境大数据应用行业的"引领者"。

》》案例介绍

一、项目名称

汾阳市"智慧环保"项目。

二、项目概况

汾阳市"智慧环保"项目是吕梁市乃至山西省第一个涵盖面广、监测和监管内容丰富的"智慧环保"项目，项目涵盖环境空气质量自动监测、水环境质量自动监测、河道监控、污染源监测、机动车尾气遥感监测、视频监控、能力建设服务、分析咨询与运维服务以及智慧环保综合管理与分析应用平台九大模块，并为后续政府安排的其他服务预留了扩展空间。

三、项目规模及内容

（1）该项目覆盖全市 14 乡镇、街道的环境质量监测设备和污染源在线监测设备，实现了"空天地一体化"监测网络。其中，覆盖 14 个乡镇、街道和 1 个园区的国标法空气质量自动监测站，可以实时监测当地环境空气质量。网格化空气质量监测设备 181 套，实现汾阳市环境空气质量监测"一张网"的要求，精准定位污染来源。扬尘监测点位 42 个，为治理道路扬尘提供决策依据，并开展有针对性的整治。建设 4 个小型河流水质自动监测站，实现水质数据监测实时性。安装 210 个视频监控点位，与监控平台联网，开展实时监控服务，实现河道及水体监控全覆盖，为污染来源分析提供支撑作用。建设重点污染企业工况监控系统 14 个，对重点污染企业的污染治理设施工作状态进行实时监控，精准判断企业污染治理设备的运转状态，并对重污染天气预警期间措施落实情况进行全程监督。重点污染源 VOCs 在线监测试点 4 个，旨在对 VOC 治理效果进行实时监控，推动大气污染防治工作的快速落实。建设机动车尾气遥感设备 2 套，通过严格监督移动源污染，全面建设机动车排放监控系统，完善机动车遥感监测网络。对 13 家重点污染企业安装视频监控 268 个，实现重点污染企业全过程监控，并配合"智慧环保"项目编制的行业导则和一企一策，督导企业生产行为，降低污染排放。安装 31 个点位对露天秸秆焚烧进行可视化监管。精确定位火点位置，进行有效取证，解决政府在秸秆焚烧监管工作中存在的耗时费力、发现滞后、监管效率低、取证难度大等问题。移动监测车 1 辆，可对现有点位数据进行补充，加大监测区域范围，及时掌控区域空气质量和污染特征，强化综合监测能力。气溶胶激光雷达 1 台，用于监测城市颗粒物传输以及重点污染区域，为靶向整治和污染来源解析提供依据。无人机 2 架，提供河道、建筑工地巡查功能，用于快速取证，为环境监管提供保障。构筑起"空天地一体化"全方位、多层次、广覆盖的"环境感知物联网"，实时掌握环境大数据，精准追溯污染来源，实现环境保护动态监管，及时执法。

（2）综合管理与分析应用平台。作为智慧环保的中枢神经和大脑，充分运用大数据、云计算等现代信息技术手段，加强生态环境监测数据资源开发与应用，实时可视化表达和支撑生态环境质量现状精细化分析，增强生态环境质量预警能力。重点区域全覆盖监控，快速提升环境监管水平，为全面实现生态环境保护综合决策、监管治理提供依据。建立健全网格化监管系统，实现各部门、乡镇（街道）环保数据资源互联互通，促使工作程序化、规范化，提高工作效率，进而实现环境问题处理过程可监控、全程可追溯，打造一个全方位、多层次、规范化的信息化监控平台。

四、技术特点

（1）一张网：建设加密监测网+网格化监管网。通过"线上千里眼、线下网格员"的综合布局实现环境监管的天罗地网，通过线上监控和线下监管联动，促进环保执法溯源明确、反应及时、处理快速、监督有效。

（2）一张图：采用多维 GIS 融合技术，将污染源分布、环境质量实时监控、污染趋势变化，网格员分布等在一张地图上显示出来，真正实现"物联网前端感知、应用时态分析、多维 GIS 空间分析"一体化的 GIS 可视化应用创新模式，实现对环境质量和环境管理的直观把控，为环保决策及监督提供有力支撑。

（3）一个库：将大气、水质、污染源、噪声、移动执法等不同业务信息集成于一个数据库，实现数据统一存取，信息共融共通，方便各种环境保护相关的工作应用。

五、项目优势

汾阳"智慧环保"项目通过数据处理与整合，实现环保大数据融合，利用大数据分析、数值模型等有效手段对数据进行有效分析，对环境质量预报预警、溯源及应急指挥等方面提供数据支持，并通过建立健全网格化监测监管系统，促使工作程序化、规范化，提高工作效率及社会服务效能，进而实现工作过程可监控、全程可追溯、公众可监督，实现综合、动态、事前、事中、事后相结合，打造一个全方位、多层次、规范化的信息化监控平台。

六、工程创新

"智慧环保"与汾阳市"雪亮工程""智慧城管"形成"三位一体"环保攻坚联防联控体系，通过实现数据互联互通，全面掌控汾阳主城区以及周边乡镇的环境质量。利用"智慧环保"环境监测网络实时发现城市各区域环境空气质量变化情况，全面综合研判分析和污染源定位，锁定污染来源区域。结合"雪亮工程"高空瞭望视频监控系统，利用云台摄像机的绝对定位能力，云台摄像机可以马上指向该区域，观察该区域的环境情况。通过跟踪观察，精准定位污染源点位，并与"智慧城管"联动，快速消灭污染源头。"三位一体"环保攻坚联防联控体系通过感知、定位、查找、处理四步流程，实现污染源全面监管，为汾阳打赢污染防治攻坚战提供有力保障。

七、效益分析

汾阳市"智慧环保"体系建设完成后，可以通过区域生态环境立体化监控和监测预警，实现对风险的预先甄别，从而将风险消灭于产生前，这样就保障了区域内企事业单位的连续运转，保证了区域的正常生产效率。

通过汾阳市"智慧环保"项目的建设，必将提高汾阳市环保监管能力，为发展循环经济、改善环境质量、强化风险信息感知、提高预警防灾能力等奠定良好的基础，为实现汾阳市环境保护总体目标、构建社会主义和谐社会做出重要贡献。

截至目前，汾阳市环境空气质量综合指数同期改善率达到 13%，水环境质量已全面退出劣 V 类，为全面实现 2020 年环境质量改善目标奠定了坚实基础。

乐平工业园区环境空气监测预警建设项目

北京雪迪龙科技股份有限公司（以下简称"雪迪龙科技"）创立于 2001 年，于 2012 年上市，是集研发、设计、生产、综合服务于一体的高新技术企业，致力于提供涵盖环境监测、环境大数据、环境综合服务、污染治理与节能、工业过程分析的环境质量改善解决方案。

公司以提升生态环境质量为目标，围绕污染源、大气环境、水环境、土壤环境、工业过程等领域，以专业的感知技术，结合物联网、大数据、智能化手段，构建"天地空一体化"生态环境监测网络，形成全要素、全产业链覆盖的智慧环保综合解决方案，提供环境咨询、规划设计、监测监管、治理运营等一站式综合服务，协助各级政府管理部门及排污企业进行精准高效的环保管理决策和实施。

公司共有研发人员 300 余名，拥有中国、英国、比利时 3 个技术研发中心及光谱、色谱、质谱、能谱、电化学传感器等技术创新平台，设有北京市工程实验室和博士后科研工作站，已在全国布局百余处技术服务中心；专利和软件著作权 300 余项，并多次承担国家重大科学仪器开发专项，多项产品入选国家重点新产品、生态环境部百强环保技术、水利部先进实用技术推广目录、国家科学技术进步奖二等奖等；产品和服务覆盖欧美、东南亚、中东、非洲等多个国家和地区。

公司以"致力生态技术、守护绿色家园"为使命，通过技术、产品、应用、服务和商业模式的不断创新，持续提升企业核心竞争力，助力环境质量改善，为生态文明建设迈上新台阶做出贡献。

》》 案例介绍

乐平工业园区是江西省精细化工园区，大气环境风险源密集、事故隐患种类繁多，形成和作用机理复杂；同时离乐平市区较近，周边敏感目标多、大气环境安全保障压力大。乐平市生态环境局积极开展乐平工业园区的环境监察治理工作，快速推进智能化监控体系建设，全面推广智慧环保平台建设与应用，完善园区预警、处置、反馈、结案闭环处理机制。建成后，企业为实现达标排放而自觉减排，各种特征污染物总量明显下降，大气环境质量明显提升，园区与周边居民关系明显改善，园区向绿色可持续发展方向发展。

一、项目名称

乐平工业园区环境空气监测预警建设项目。

二、项目概况

由北京雪迪龙科技股份有限公司承建的乐平工业园区环境空气监测预警建设项目（一期）于 2016 年 5 月中标，在充分掌握乐平工业园区大气污染特征的基础上，科学构建自动监测网络建设、搭建大气监控预警管理服务平台、构建基于物联网技术的环境综合监控预警体系，切实预防化工园区环境污染事件的发生，结合大屏显示系统，为园区特征污染物监测预警、决策指挥、应急处置等提供及时性、准确性、科学化决策依据。

平台界面

环境应急监测车　　　　　　　园区特征污染物监测站　　　　　　恶臭气体监测站

三、项目规模

本项目用户包含乐平工业园区管委会管理人员、园区内企业、第三方运维人员。项目建设内容涵盖环境空气质量预警监测站、大屏显示系统、改造监控指挥中心、研发软件平台、第三方售后及运维服务。监控预警平台至今已累积数据约 140 GB。

四、技术特点

从园区实际情况出发，按照五步走步骤实施：第一步，通过对园区环境风险评估，筛选预警监测因子及监测设备；第二步，通过建设立体预警站网全面监控、及时感知园区大气质量变化趋势，为园区的快速预警与科学分析提供数据支撑；第三步，通过预警平台为大气环境风险预警分析提供智能化的手段；第四步，通过第三方专业化的监测设备、软件平台运维等关联措施服务，保障园区大气环境风险预警体系正常运行；第五步，通过专业的数据分析团队驻场为园区政府、企业提供预警发布、数据分析服务。

五、项目优势

引入专家咨询团队，从源头、工艺过程和末端全流程梳理问题，对乐平市工业园区的环境治理提出了预防为主、提前预警、追踪溯源的新思路和新理念。通过项目建设，强化了乐平市生态环境局对污染源排放情况的监测和考核制度的力度，提高了环保部门的工作效率，实现了环境信息的共享与充分利用，同时强化了企业主体责任，主动做好防治管理。

六、工程创新

打造全国领先、全省一流的化工园区"污染源—传输途径—敏感受体"监控预警示范工程，创新园区污染预警溯源模式，创新风险防范与环保、应急相结合的园区监管模式。

七、效益分析

（1）实现污染源 24 小时监测预警及数据联网。

（2）实现有组织和无组织排放便捷化监管。

（3）实现园区及周边空气质量的实时监测预警。

（4）提升园区环境应急处理处置能力。

（5）提升园区信息化、科学化管理能力。

（6）园区信访投诉由百件下降到个别几件，环境质量明显改善。

（7）园区在 2018 年江西省争先创新综合考评中排名第 14，跻身江西省级工业园区5 强。

海南省生态环境综合监管平台项目

北京雪迪龙信息科技有限公司是北京雪迪龙科技股份有限公司的全资子公司，是专业从事智慧园区、环保管家以及智慧环保方向的技术咨询、软件研发、大数据处理、数据集成和信息服务的公司，是雪迪龙从监测设备供应商转变为环境综合服务提供商的纽带。公司办公地址为北京市昌平区回龙观高新三街 3 号 1 幢 4 层 402 室。

公司自成立以来，始终坚持以人为本、诚信立业的经营原则，荟萃业界精英，依托总公司在环境监测、工业过程分析领域近 20 年的技术积累和行业经验，同时引进国内外先进的信息技术、管理方法及企业经验为国内政府部门、环保单位、园区管理单位、工业企业提供"建设—运营—服务"的"一站式"环境监管问题解决方案，辅助用户应用科技手段和信息技术提升管理效能，增强科学决策能力。

公司拥有一支由博士、硕士及本科学历的人才组成的专业化队伍，共有成员 150 余人，子公司先后参与生态环境部、海南省、江西省、四川省、山西省、青海省、湖南省等智慧环保项目上百个，参与河南省、江苏省、安徽省、江西省等各地智慧工业园区项目 50 余个，服务省份 10 余个、区县 50 余个，拥有软件著作权 50 余项，在产品研发、知识产权、行业经验、用户服务等方面都积累了丰富的经验。

》 案例介绍

一、项目名称

海南省生态环境综合监管平台项目。

二、项目概况

平台采用"互联网+环境监管"的思想，服务于海南全省各级生态环境职能部门、工业企业以及社会公众，为各类用户提供"一站式、浸入式"的环境信息服务，通过一个平台完成不同环境业务的在线办理、数据报送以及信息公开工作。平台主要建设内容概括为"3+1+2+N"工程，在环境信息标准规范、安全保障、运行维护三大体系之上，构建一个环境服务中心、两个基础平台以及服务于 N 个环保业务的特色应用，各应用系统以"任务"为驱动，打通环境管理各个环节，实现高效的部门联动、业务协同、数据共享和决策分析。

三、项目规模

系统服务于海南省全省各级生态环境职能部门、环境管理对象以及社会公众，覆盖省级和市县级用户。通过对各业务系统数据的采集，收录 4 大类 56 小类 365 子类的环境信息资源，汇聚 4.9 亿条数据，非结构化数据 3.3 万个，污染源库共 16 302 家。

四、技术特点

（1）突出系统服务理念，整合所有业务应用。整合所有自建系统，实现所有应用系统单点登录、统一任务、统一消息管理。突出"互联网+环境监管"的服务理念，提供"一站式、浸入式"综合环境服务信息化应用门户。

（2）突出污染源统一集中管理，贯穿所有污染源系统。建立以排污许可证为核心、污染源信息管理为枢纽的污染源协同管理机制。所有业务模块的数据均与污染源或者排口信息挂接，让污染源贯穿协同各个业务模块，确保各类数据自动归集一源一档。真正建立污染源管理的一数一源、一数多用、多数归一、共管共用的数据管理模式。

（3）突出部省级数据共享协同，推进系统整合。在省级自建的信息系统基础上，扩展升级，积极完成环境信息的联网上报，既满足了国家数据汇聚的需要，也满足了省本级个性化扩展能力；同时进一步对接国家应用系统数据下行接口，避免重复建设，提升省部级数据共享业务协同能力。

五、工程创新

（1）应用二维码技术，通过二维码扫描快速确定污染源、排污口信息，提高污染源的公开力度以及监测人员污染监测效率。

（2）应用统一流程引擎、消息技术，将所有应用系统待办任务、待阅消息统一处理流转，完成从"人找系统"到"系统找人"的系统设计转变。

（3）应用电子签章技术，统一 PC 端以及手机端电子印章模式，实现流程处理电子签批，实现审批意见、电子文件的防抵赖、防篡改安全保障。

（4）应用动态表单技术，快速响应业务信息填报场景，按需迅速配置符合实际需求的电子表单，降低了维护成本。

六、效益分析

（1）基本建成生态环境大数据系统，提升用户操作体验。项目基本建成业务协同、数据共享的生态环境大数据系统，将生态环境各方面业务，包括政务管理、环境监测、污染源管理等系统，在一个环境服务中心进行统一集成，开放应用操作，统一用户登录、统一任务办理、统一消息查阅，为社会企业、环境管理人员提供更好的信息化服务体验。

（2）建立全省统一污染源库，推动污染源全生命周期管理。建立全省污染源库，并与各污染源系统有机衔接，构建了服务于各个污染源监管部门，同时又共享协同的"污染源大监管系统",截至目前污染源库共 16 302 家,排污口 3 684 个。

(3)建立全省环境数据资源中心,为数据共享以及大数据分析提供基础支撑。通过各业务系统数据采集,资源目录的梳理制定,共建立了 4 大类 56 小类 365 子类的信息资源,汇聚创建 4 753 张表、4.9 亿条数据,非结构化数据 3.3 万个。实现数据快速共享,挂接海南省数据交换平台,为发展改革委、测绘局、三防办、税务局、工信厅业务应用提供了数据保障,同时为内部各应用系统提供 23 个业务数据接口和 28 个公共代码服务,为业务协同、大数据分析奠定数据基础。

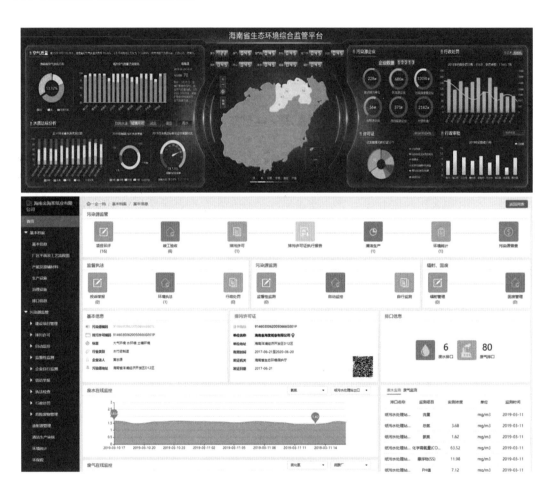

盐城大丰港华丰石化新材料产业园第三方治理服务

江苏南大环保科技有限公司（以下简称"南大环保"）成立于 2002 年，是由中国工程院院士张全兴，长江学者、国家杰出青年潘丙才等科学家团队领衔，以南京大学和无锡产业发展集团为主要依托，在环保产业内多元发展的高新技术企业，是国家环境保护有机化工废水处理与资源化工程技术中心、国家有机毒物污染控制与资源化工程技术研究中心、江苏省有机毒物污染控制与资源化工程技术研究中心、石油和化工环境保护环境综合治理咨询服务中心等多家平台的依托单位。

南大环保主持和参与了多项国家重大水专项、国家重点研发计划、国家自然科学基金等国家级研发课题，先后获得国家科技进步奖二等奖、国家技术发明奖二等奖、何梁何利科学与技术创新奖、中国产学研合作创新与促进奖、中国（行业）创新品牌 100 强等众多奖项，申请和获得授权发明专利超百项，相关技术产品和设备已在全国 10 多个省份的有机化工、集成电路、电子电镀、医药食品、光伏及市政等多个行业和园区建立了数百项工程。

》案例介绍

一、项目名称

盐城大丰港华丰石化新材料产业园第三方治理服务。

二、项目概况及规模

大丰港位于江苏省 1 040 km 海岸线中部，是江苏省重点建设的三大深水海港之一，是国家一类开放口岸，也是对台湾直航的港口。大丰港经济区是以大丰港为依托成立的江苏省省级开发区，开发区控制面积 500 km²，规划面积 200 km²。

三、服务内容

（1）园区企业生态环境排查摸底、日常巡查及协助执法；

（2）所有企业生态环境管理档案库建设（"一企一档"），根据日常检查形成企业环境行为检查报告；

（3）定期对园区工业企业开展实地调查，并提供政策及技术指导，协助其完善环保手续和规范现场；

（4）提供生态环境方面业务培训、环保政策法规咨询；

（5）协助生态环境事故应急处理；

（6）提供环评、应急预案、工程技术方案评审支持；

（7）提供招商项目环保评估技术支持；

（8）园区及企业环保方案设计；

（9）协助开展生态环境部门派发的其他非技术类工作；

（10）协助规范管理地区环保服务市场。

四、服务成果

（1）辅助园区企业完成复工复产检查工作；

（2）辅助园区完成化工园区认定报告；

（3）辅助园区完成园区污水处理厂一级 A 提标价格听证评估；

（4）盐城大丰港石化新材料产业园在江苏化工园区认定中排名第 11。

五、技术特点

为进一步提升园区生态环境管理水平，服务团队基于多年来化工园区服务管理的经验，盐城大丰区华丰石化新材料产业园进行了第三方治理服务，通过企业生态环境排查、"三废"治理设施运行情况排查评估、园区智慧园区建设提升，结合"线上智能化工具+线下技术服务+环保大数据"，打造园区管理规范化、平台化、智慧化。

数据 + 专业 = 信息 （服务于管理）

01 横向融合
实现各管理部门管理数据的有机结合，解决管理孤岛问题。

03 专业融合
融合环境管理专业、能源管理专业、安全管理专业、生产管理专业以及相关研究机构成果

智慧环保

02 纵向融合
加强各领域数据的完整性和系统性，系统分析流程间数据的关联性，支持预测预判

知识型数据

智慧环境管控平台的开放式数据构架，打通横向部门之间的数据脉络，收集更完善的基础数据，并最终将数据与环境管理、能源管理、安全管理等专业相融汇，形成具有知识化特征的数据基础

六、效益分析

采用的服务模式以预防环境风险、改善环境质量为目的，以强化污染防治、解决生态环境问题为核心，在生态环境领域构建了合作共赢的新型政企关系，为全方位提升工业园区和企业环境管理水平提供了强有力的生态环境和管理机制保障。

本工业园区生态环境污染第三方治理环保综合服务具有较好的典型性和示范意义：

（1）创建了"政府引导、企业参与、院校支撑、市场化运营、专业化管理"的合作模式；

（2）率先探索明确了各方职责与付费机制；

（3）实现了园区污染治理的专业化服务和市场化运营；

（4）实现了园区环境质量持续改善；

（5）结合"线上智能化工具+线下技术服务+环保大数据"，打造园区管理规范化、平台化、智慧化；

（6）探索了园区污染治理的长效监管机制，形成了可复制、可推广的做法和成功经验，对国内促进第三方治理的"市场化、专业化、产业化"，整体提升园区污染治理水平和污染物排放管控水平具有重要的借鉴意义。

七、项目优势

近年来，南大环保针对工业园区及企业环境治理人员不足及管理要求日益提高的需求矛盾，持续推行园区环境污染第三方治理环保综合服务，创新性地采用"政府引导、企业参与、院校支撑、市场化运营、专业化管理"的运行模式，为园区环保管理部门和相关企业提供知识培训、技术指导、方案设计、审批咨询、环境检测、专家诊断等多方面的生态环境顾问式技术服务。

自 2018 年起，南大环保在产学研合作促进会的指导下成立"中国工业园区节能环保产业技术创新联盟"，并于 2018 年 11 月获批建设"石油和化工环境保护环境综合治理咨询服务中心"，基于石化行业、节能环保行业在内的专家及产业工程师智慧经验，建立 AI 人工智能经验库，探索建立智慧化工管理平台，以数据为新生产要素，实现管理端、消费端和供给端的高效协同、精准匹配、高效管理，提升流域治理管理水平及工业园区经济发展水平。

深圳市福田区政府环卫 PPP 项目

　　长沙中联重科环境产业有限公司（简称"盈峰中联环境"），为盈峰环境全资子公司，位于湖南省长沙市麓谷高新技术开发区，占地面积 1 417 亩。公司发端于国家级的科研院所，拥有深厚的科研底蕴，主导和参与了行业 80% 以上技术标准的制定，产品的行业市场占有率连续 19 年排名全国第一，核心产品率达 65% 以上，多次获得"中国环卫机械市场用户满意度第一品牌""中国环卫机械市场最具竞争力领军品牌""中国最具价值环保设备品牌"等荣誉，经营规模与品牌影响力居于行业前列。

　　2015 年年底，盈峰中联环境凭借全球领先的环卫装备制造商地位，顺应国家 PPP 模式导向，开始进军环卫服务产业市场，其业务范围包括城镇道路清扫保洁、城镇垃圾收集转运、农村生活垃圾收运、市政公用设施维护、城镇公厕管理运营、道路除冰雪、生活垃圾分类、餐厨垃圾处理、渗滤液处理、乡镇生活污水治理、中联环境云服务等，全面覆盖城乡环卫一体化运营服务。

　　截至 2020 年 6 月 30 日，盈峰中联环境已在全国落地运营 70 余个城乡环卫一体化服务项目，项目遍及 20 个省份，累计获得项目合同总额近 400 亿元，服务保洁面积约 8 700 万 m^2，服务人口近 2 500 万人，日均收运垃圾量达 1.5 万 t，累计签约的环卫 PPP 项目数量位居全国第一。

案例介绍

一、项目名称

深圳市福田区政府环卫 PPP 项目。

二、项目概况

深圳福田区政府环卫 PPP 项目是我国首个 5G 智能环卫 PPP 项目，该项目将 5G 通信技术、人工智能、遥感技术集成到新型小微环保设备上，在城市 CBD 核心地区实现了日常保洁"无扫帚作业"。同时也是国内第一个实现批量智能小型环卫设备编队城市"毛细血管"全面覆盖、精细化智能美颜背街小巷的项目，目前该项目已成为"智慧城市服务"管理模式的行业新标杆。

三、项目规模

作为国内为数不多的年化过亿的环卫项目之一，本项目涵盖福田区福田街道（除深南大道）、南园街道（除深南大道）、滨河路、滨海路福田段（到海园一路为界）范围内 400 多万 m² 清扫保洁、18 万多吨垃圾清运、数十座公厕和转运运营服务。

由于项目作业范围覆盖深圳市福田区核心金融中心、商业中心，人口密度极大，对环卫运营装备、运营监管模式和作业效果的要求极高。

共计投入新能源小型化作业设备及机器人 190 余台，大型新能源纯电动环卫设备近百台，仅大型设备一项投资就已超过亿元。

四、技术特点

（1）作业零排放：所投入的机械化作业设备均为新能源纯电动产品，覆盖全部作业场景，真正实现区域环卫作业零排放。

（2）机械化作业场景扩展：区别于其他项目，福田项目通过小型清洗、清扫、吸扫设备的全面投入，使具有不同功能的小型化设备编队作业，突破了公园、广场、人行道、背街小巷、城中村等传统人工作业区域的机械化作业难题，实现了城市"毛细血管"作业机械化。

（3）数字化管理：公司根据自身项目运营经验和雄厚研发实力，结合福田项目现场情况，应用定制化的数字化智慧环卫云平台，大幅缩短了现场与管理端的距离，通过大量信息与数据交互，实现了人、车、事统一管理，极大地降低了管理成本，提升了管理效率。

五、项目创新

（1）环卫作业机器人军团：通过在小微设备上集成 5G 通信技术、人工智能技术，打造无人环卫机器人作业军团。在高人流量的 CBD 区域实现了无人化清扫、无人化保洁作业。目前，有智能全线控一体化扫路机、环卫智慧作业机器人、抓臂机器人、移动收集与保洁机器人等 AI 环卫作业机器人在本区域作业。

（2）环卫装备远程遥感技术：通过投入虚拟驾驶舱，机手即可远程操作设备完成作业。借助成熟的 5G 通信技术实现高速信息交互，机手通过环绕式显示器可全面、清晰地获取设备周围 360°的环境信息，通过多功能操作台，现场设备即可同步完成作业。本技术的应用是中联环境公司为实现环卫工人全面产业化的重要一步。

（3）智慧城市"精细化管理"模式：借助定制化"智慧福田"智慧云平台，实现作业路线、作业排班、设备维护保养、设备油耗监控等项目的全面管理。借助智慧工卡、车载电子眼实时监督区域环境作业质量，消除卫生死角。借助多元化设备投入，及平台远程调度实现区域作业专业化、精细化，进而实现项目内各项资源达到最高效利用，通过提高环卫服务配套设施水平和环卫作业运营绩效，赋能市政环卫，构筑"智慧环卫"，填充"智能城市"未来环卫作业蓝图，最终实现财务透明度和政府监管成效的提升，公共环境质量的改善，周边市民的生活水平的提升。

六、效益分析

（1）大幅减少项目对人力的依赖，缓解了行业中普遍存在的作业人员长期不足的问题。

（2）通过小型机械提高了作业安全及效率，提高了项目作业人员薪资水平。

（3）降低政府管理成本和前期一次投入成本，平顺政府财政支出。

（4）大幅提升区域环卫作业技术水平，小型化设备的成功应用为环卫行业树立了标杆，越来越多的行业同人开始重视小型化设备的应用，推动了小型化设备的发展。

（5）福田项目的成功，带来了深圳环卫作业的全面革新。新模式带来的作业效果得到深圳市各级领导的认同，进而影响了深圳环卫作业的发展方向。

（6）福田项目是 5G 技术在环卫项目上的一次成功应用，其积累的经验和数据为 5G 应用的进一步发展提供了强有力的支持。

2018 年江都区农村小型污水处理设备
采购、安装及运维

　　江苏力鼎环保装备有限公司（以下简称"力鼎环保"）致力于高端分散式污水处理装备的研发、制造、销售、安装及运营。力鼎环保成立于 2013 年，总部位于苏州工业园区金鸡湖大道 88 号 C1-1001，现下设 6 家运营分公司、1 家制造子公司，现有职工 120 人，年生产能力 3 亿～5 亿 t，自主研发面向分散式场景污水处理"LD-S"系列装备、应用移动互联网+环境服务模式，拥有自主专利技术 40 多项。

　　公司立足江苏、布局全国、放眼海外，先后分别通过 EPC+O 的经典模式承接了全国示范县常熟，全国百强县昆山市，吴江区、江阴市、金坛区、江都区、江宁区、沭阳县、滨海县等全市范围的农村污水处理整体设备打包及运营项目，产品已广泛应用于江苏、安徽、河南、上海、浙江等省市及各村镇遍及 300 多个行政村、3 000 多个自然村，分散场景涉及旅游景区、寺庙、医院、农家乐、学校、高速服务区、企业、乡村、垃圾填埋场等管网未覆盖需就地处理领域。实现江苏省案例地级市全覆盖，县级市 90%覆盖业绩，细分领域行业排名江苏第一、全国前六。公司通过中新苏州工业园区领军企业、高新技术企业认证，获得"中国水业细分领域及单项能力领跑企业"，2017 年度、2018 年度"村镇污水区县运维典范奖""2017 年度全国十大经典案例""2019 年中国村镇水环境中坚力量"等荣誉，是江苏省宏观经济学会环境与资源开发专委会"江苏 263 舰队"的发起单位。

　　力鼎环保坚持"务实、进取、感恩、卓越"的企业精神，以技术创新为业务追求，立足设备+运营，践行"做一城、立一城"的可持续核心发展理念和客户承诺，为美丽中国尽绵薄力量。

案例介绍

一、项目名称

2018 年江都区农村小型污水处理设备采购、安装及运维。

二、项目概况

　　项目位于江苏省扬州市江都区各乡镇自然村，覆盖范围：江都吴桥镇、浦头镇、仙女镇、宜陵镇、小纪镇、大桥镇、丁沟镇、郭村镇、邵伯镇、滨江新城。

　　采购方式通过市供应商评选入围，政府公开招标，站区打包 EPC+O 模式（设计、新建、运营），吸引了全国多家水处理环保企业。经过激烈角逐，力鼎 LD-S 系列产品在技术、价格、质量、运维等方面以绝对领先优势胜出，在一个月内完成所有项目设备发货、安装、调试，现项目已进入运营期。

项目使用自主研发拥有 40 多项专利的 LD-S 系列设备，全部采用 FRP 一体化无组合缠绕成型技术，改良型 A/O 工艺，动力部件标配河见水泵、世晃隔膜式气泵、通过 3C 国家认证的电控系统、设备缺氧池采用 PP 球形填料，好氧采用 MBBR 生物填料，设备出水达到国标一级 B 标准。所有设备搭载自主开发拥有 6 项软件著作权的 LD-iCoudDat 智慧运营平台系统实现了 24×365 天线上巡检和线下分公司运营团队人工服务，确保覆盖范围内所有站区可全天候、无人值守、高效运行。

三、项目规模

各站区日处理 1～30 t 不等，力鼎环保提供 64 套污水处理设备。

四、技术特点

1. 技术工艺

前级生活污水经管网的统一收集，汇集到污水处理站区范围内土建调节池，经拦渣、均匀水质水量过程后，通过 PLC 一体化自动控制的提升泵，将污水有序均匀、定时定量提升到 LD-SC-AO 系列一体化污水处理设备内进行深度处理。在一体化设备内污水依次经过固定填料缺氧槽、生物接触氧化槽、沉淀槽、消毒槽，污水中污染因子被微生物充分降解分解后与水分离，污水达标排放。

2. 工艺原理

改良式地埋式一体化生物接触氧化（A/O）工艺。

3. 技术特点

装备化：规格系列全，覆盖日处理 1～500 t，安装快、调试简单。

水质稳：拥有自主专利涉及脱氮、除磷、布水、结构、电气、微生物等相关设备 40 多项，确保系统出水高效稳定。

地埋式：节省土地，地上可覆土绿化，环境景观效果好，能耗低、噪声小，无臭味产生，冬季保温性好，防腐性强，产品可使用 25 年以上，折旧成本低。

运营省：低能耗微动力设计装机功率 1 kW 左右，高品质，设计故障率低，极大地降低了设备运营维修成本，标配智慧运营平台，实现所有设备无人值守，全自动运行，最大限度地降低了长期运营的人力、电费等。

五、项目优势

项目前期各方合理分工、科学设计、有效统筹、实施过程速度快、覆盖范围广，后期运营考核精细化水平高、成本低，实现了可持续运营。

六、工程创新

（1）操作模式：项目亮点在关于设计。项目前期甲方委托第三方专业设计，做到了因地制宜、合理设计，遵循了设计的"优先接管、小型集中、分散补充"三个基本原则，避免了"一刀切"。建设分两个板块：一是管网施工，考虑项目复杂性强、地方矛盾协调量大，甲方采取了甲供材，施工统筹了乡镇村按图，运用第三方监理和审计机构的参与，做到快速实施、全面铺开，避免了一家单位实施难、协调难、推进慢情况的发生；二是设备方面，采取了以区为单位集中政府采购，通过公共招投标，运营 3～5 年，通过第三方结合地方的考核标准，做到季度考核资金挂钩的管理办法，确保了整体项目有质有量有序。

（2）工艺选择：由于农村污水收费机制的影响，农村污水治理必须回归到长效运营来考虑，运营省才是最为关键的因素，一些高能耗、高维护的工艺不适用农村污水。该项目农村污水设备工艺全部采取了一体化无组合玻璃钢地埋式 A/O（MBBR）生物膜法工艺。

（3）运营管理：力鼎环保本着扎根本土长期服务、"做一城、立一城"的发展理念，在当地设立江都运营分公司，所有设备免费搭载自主开发的远程平台，实现线上 24 小时远程巡检，联合线下分公司人工精准派单运维，从而确保覆盖范围内所有站区，实现了全天候无人值守、高效稳定运行、运营费用低的目标。同时，新老项目纳入统一运营，最大限度地发挥了项目的长期社会效应，受到百姓好评。

七、效益分析

项目最终实现了农村区域环境污染物的排放量大幅减少，稳定达标出水。农村分散污水年总污染物削减 COD_{Cr} 67.01 t/a、BOD 22.34 t/a、NH_3-N 6.14 t/a、TN 5.58 t/a、TP 0.84 t/a、SS 22.33 t/a，减轻了对河湖及周边环境的污染，为建设美丽乡村及提升农村居住环境做出了巨大贡献。

蜀山区小庙镇将军社区农村生活污水、厕所专项整治暨环境提升设计、施工、运营一体化项目

安徽蓝鼎环保能源科技有限公司（以下简称"蓝鼎环保"）是一家专业从事环保工程设计、施工、安装调试、运营管理和维保服务的国家级高新技术企业。

蓝鼎环保业绩完善、资质完备，具有环保专业承包一级资质、环境工程（水污染防治工程、污染修复工程）专项设计乙级资质、建筑工程施工总承包三级资质、市政公用工程施工总承包三级资质、机电工程施工总承包三级资质、建筑机电专业安装工程专业承包三级资质、钢结构工程专业承包三级资质。

截至目前，公司拥有 80 余项专利技术、10 余项软件著作权，是合肥市知识产权示范企业。2018 年，蓝鼎环保获准组建合肥市工程技术研究中心，有独立完善的研发团队和组织架构，对外与合肥工业大学、安徽农业大学、安徽工程大学、合肥学院等多所高等院校建立了长期的产学研合作关系，在专利许可等领域展开合作，不断研究新技术、改进新工艺。

公司的主营业务包括水环境污染治理、土壤生态修复、城乡环卫一体化、管网运营维护、智能检测远程系统服务等。

蓝鼎环保始终坚持"诚信、专业、快乐、利他"的企业文化价值观，不断凝聚力量、夯实基础，为持续、稳定建设高质量的环保工程，提供高标准的环保运营服务，改善生态环境、实现绿水青山而不懈努力。

案例介绍

一、项目名称

蜀山区小庙镇将军社区农村生活污水、厕所专项整治暨环境提升设计、施工、运营一体化项目。

二、项目概况

小庙镇将军社区污水处理站位于安徽省合肥市蜀山区小庙镇将军社区，主要收纳并处理将军社区街道及周边居民户产生的生活污水。污水处理站建成投产于 2019 年 4 月，占地面积约 770 m²，其中建筑面积为 100.76 m²，构筑物为全地下式结构，主体设备采用地埋式一体化设备。污水站设计处理规模为 100 t/d，出水标准达到《城镇污水处理厂污染物排放标准》（GB 18918—2002）中一级 A 标准并且达到环巢湖限值。

三、技术特点

小庙镇将军社区污水处理站采用先进的处理工艺、优质的设备品牌,以满足污水站能够长期稳定达标运行的目标。

其工艺主要为"机械格栅+调节池+提篮过滤器+A^2/O+MBR 膜生物反应器+石英砂过滤器+人工湿地"。其中,工艺核心为 "A^2/O+MBR 膜生物反应器",采用一体化设备集成设计;污水在各池内循环处理,利用硝化菌及反硝化菌等去除污水中的氮和磷;MBR 膜生物反应器因其有效的截留作用,可保留生长周期较长的微生物,实现对污水深度净化,同时硝化菌在系统内能充分繁殖,其硝化效果明显,对深度除磷脱氮提供可能;另外,系统内安装有流量计、溶氧仪、污泥浓度计等监控设备,各池的主要运行参数精确调节、科学处理;设备厂家选用依菲科、百事德、三菱、E+H 等国内外知名品牌。

四、项目优势、创新之处

1. 自动化程度高,可远程操控

小庙镇将军社区污水处理站所有机械设备皆由 PLC 系统控制,程序由专业电气工程师结合项目实际运行模式编写,可实现污水处理站 24 h 无人值守、自动运行。

污水处理站各设备控制可利用远程模块通过网络传输至蓝鼎环保的手机及电脑终端,除此之外,厂区还安装有高清摄像头,可将实时画面传输至蓝鼎公司,从而达到远程操控及录像监控的目的。

2. 对周边环境无污染

常规的污水处理站在处理污水的同时,对周边环境产生一定的影响,如污水所飘散的恶臭及机械设备运行的声音对周边造成空气污染及噪声污染,所以污水处理站选址一般需要远离居民区。

本污水处理站坐落于居民区中心位置,距离最近的居民区不足 20 m,长期运行以来,未对周边居民生活环境造成有害影响。主要是蓝鼎环保对污水处理站做了以下措施:

污水处理站的前端处理水池及设备皆采用地埋式设计及密封处理。污水处理站污水实现连续运行,污水在各个处理单元内流动处理,严格控制污水的停留时间,防治污水发黑发臭;一部分设备为地埋式,隔音效果好,另一部分设备安装于设备间内,所有设备均选用了国内外知名品牌中噪声较小的产品;设备间的门、窗、吊顶等均采用吸音及隔音材质;整座污水处理站的绿化覆盖率达到 70% 以上,在一定程度上净化了厂区的空气及噪声等。

3. 花园式环境

污水处理站内部环境优美,各类花草树木错落有致,其中,人工湿地更是清澈见底,在净化污水的同时也自成景观。另外,污水站设备间采用徽派建筑风格,将现代技术与古代文化融为一体,与周边建筑相得益彰。

五、效益分析

运营成本约为 1.8 元/t 水,其中主要运营费用为电费,由于污水站自动化运行程度高、设备优良,因此人工费、维护费用都很低。

污水处理站在前期投资和运营成本相对于同等规模的生活污水处理站较高，但可以达到更好的出水水质标准，产生更大的生态环境效益。

广东省肇庆市中小企业 VOCs 治理能效与
排放总量在线监测项目

佛山市南华仪器股份有限公司（原佛山市南华仪器有限公司）成立于 1996 年，是一家民营股份制高新技术企业，注册资本 13 700.837 6 万元。公司于 2015 年 1 月 23 日在深圳证券交易所 A 股创业板上市，股票简称"南华仪器"。公司毗邻广州南站 2 km 处，自有生产、办公基地/智能化生产、办公大楼建筑面积约 45 604 m²。公司主营产品包括 VOC 在线监测仪器、CEMS 烟气在线监测仪器、在线监测系统管理平台及解决方案、机动车尾气排放检测设备以及机动车排放路检设备、机动车全套检测线系统设备产品。系列产品广泛应用于环境监测领域、机动车尾气排放检测等部门、机动车年检及新车出厂技术检测、科研院校和军队机动车维修/检测部门。公司是目前国内自主拥有非分红外等核心技术、制造全部主体设备及软件开发的专业化企业。

经过 20 多年的发展与技术积淀，公司现为中科院半导体研究所光电子气体传感技术联合实验室单位、交通部机动车（I/M）排放检测与治理技术装备中心单位、广东省空气环境监测工程技术研究中心单位。截至 2019 年年底，公司及全资子公司拥有已授权的专利 76 项，其中包括 15 项发明专利、51 项实用新型专利和 10 项外观专利，拥有计算机软件著作权 106 项。公司科技成果转化能力强，新产品的不断推出，有效提升了公司的市场竞争力，促进了企业持续健康发展。

》案例介绍

一、项目名称
广东省肇庆市中小企业 VOCs 治理能效与排放总量在线监测项目。

二、项目概况
建设运行单位：肇庆市高要区亚菲亚木门有限公司、肇庆泰尔图斯石英石有限公司、肇庆市惠美涂料化工有限公司、肇庆市哈力化工有限公司、肇庆市易路佰达石材有限公司、肇庆市高要区金塑塑料有限公司、肇庆粤阳电子科技有限公司和中杰鞋业股份有限公司。

应用领域：用于工业生产过程中有组织排放（排气筒）的废气挥发性有机物（VOCs）排放监测和治理设施效率监测，如机动车维修行业、家具制造行业、喷涂涂装车间、橡胶与塑料制品行业、包装印刷行业、电子半导体行业、合成纤维行业、石油化工行业、装备行业、木材加工行业、制鞋行业等。

三、创新之处

佛山市南华仪器股份有限公司推出的"催化氧化+NDIR"原理检测 VOCs 方法，比较传统的 FID（氢火焰离子化检测法）具有同等的准确度和响应性，更体现出了设备集成度高（无须载气）和更低的价格优势。而比较价格低廉却每年需要频繁更换传感器的 PID（光离子化检测法）设备，"催化氧化+NDIR"原理设备则不需要更换传感器，且设备日常维护成本较低，尤其能实现在线监测 VOCs 去除率功能以及具备反吹及恒温防"漆雾"凝堵塞特殊功能是单纯的 PID 传感器产品所无法实现的。

"催化氧化+NDIR"原理：ISO 标准 13199—2012 阐述了"催化氧化+NDIR"检测方法，此方法采用成熟的 NDIR 二氧化碳（CO_2）检测技术，把催化剂控制在合适的温度，将所有除甲烷外的 VOC 中的碳氧化成 CO_2，并对催化氧化前后的 CO_2（图 1 中的 C1、C2）浓度进行检测，将 CO_2 的差值转换为碳浓度表示的 VOCs 的浓度值，以非甲烷总烃表示，结果以碳计。

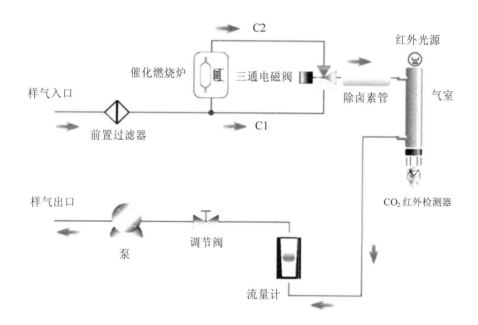

图 1　催化氧化+NDIR 测量原理

"催化氧化+NDIR"检测方法检测机构简洁，是因为直接检测催化—氧化后的碳浓度，符合等碳原理，因此对各个种类的 VOCs 的碳数量均有均匀的响应，响应系数均在 0.9 以上，在国外已经有较多的成功应用。图 2 是日本环境技术协会所做的比较试验。

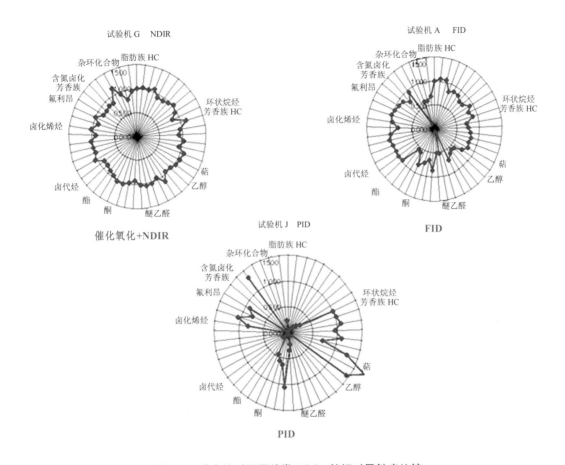

图 2 三种方法对不同种类 VOCs 的相对灵敏度比较

图 2 是采用催化氧化+NDIR、催化氧化+FID、催化氧化+PID 三种方法进行在线连续监测时对不同有机物的检出灵敏度，其中用催化氧化+NDIR、催化氧化+FID 用丙烷为基准，PID 用甲苯为基准，校准灵敏度为 1 后，用这些仪器进行各种有机物进行检测。由图 2 可知，催化氧化+NDIR 法覆盖的范围较大且对不同有机物的碳响应也是十分接近，因此"催化氧化+NDIR"是一种非常有效且准确度高的挥发性有机物的检测方法。

同时，由于催化氧化+NDIR 法对 VOCs 的等碳响应规律，符合《固定污染源废气非甲烷总烃连续监测系统技术要求及检测方法》（HJ 1013—2018）、《固定污染源废气 总烃、甲烷和非甲烷总烃的测定 气相色谱法》（HJ 38—2017）中检测结果以碳计的要求。

南华仪器 NHVOC-2 系列挥发性有机物在线监测系统：系统使用催化氧化+NDIR 法的检测分析单元，测量排放口的总烃、流速、温度、压力等排放参数，并可对治理装置的入口和出口的浓度进行实时在线监测，计算出治理装置的治理效率。

按照《固定污染源废气非甲烷总烃连续监测系统技术要求及检测方法》（HJ 1013—2018）中的试验方法，对 NHVOC-2 进行检测。试验结果表明，NHVOC-2 的性能符合各个检测项目的要求。

四、工程项目实例

为了配合本项目工作，佛山市南华仪器股份有限公司向肇庆市的制鞋厂、家具厂、印刷厂、汽车喷涂厂等企业推广使用 NHVOC-2 系列挥发性有机物在线监测系统。

为检验催化氧化+NDIR 在不同行业的适用性，南华仪器委托了广东省测试分析研究所及广东维中检测技术有限公司进行现场比对。试验数据以制鞋厂为例，非甲烷总烃排放浓度在 30～150 mg/m³，对某制鞋厂安装于废气排放口的 NMHC-CEMS 进行比对监测，为污染源自动监测数据有效性提供依据，监测期间，工况稳定、设备运转正常，符合《固定污染源废气非甲烷总烃连续监测系统技术要求及检测方法》（HJ 1013—2018）中现场检测项目的准确度要求（≤40%）。

五、总结

催化氧化+NDIR 法测量非甲烷总烃与标准方法 HJ—38 手工采样法具有很好的一致性。佛山市南华仪器股份有限公司将为更多的中小企业提供经济实用的 VOCs 在线监测系统和周到的售后服务。

蜀山区"智慧环保"空气质量监测系统服务项目

合肥中科环境监测技术国家工程实验室有限公司成立于 2018 年 7 月，位于合肥市蜀山经济开发区环境科技大厦，由中国科学院合肥物质科学研究院、蜀山区政府及合肥市产投集团三方共同设立，依托"大气环境污染监测先进技术与装备国家工程实验室"，以"新技术、新装备"产业化需求为导向，通过机制创新与技术创新，不断加强公司的研发、产业化、投资孵化能力。公司以"产业发展，产融协同"为原则，构建先进的企业运营机制，大力推进科技成果转化与产业发展，积极引进国内外先进技术与团队，打造公司综合竞争优势与持续发展能力。核心发展"环境、气象、海洋、交通"监测装备与应用解决方案。

公司注册资本 1 亿元，主要围绕环境监测、气象观测、智慧海洋、智慧交通等领域，重点开展高端装备的研发和产业化。公司拥有中国工程院院士、"万人计划"等技术专家与专业的科研创新团队，在大气环境和污染源环境光学立体监测等方面具有较好的研究基础。

 **案例介绍**

一、项目名称

蜀山区"智慧环保"空气质量监测系统服务项目。

二、项目概况

蜀山区"智慧环保"空气质量监测系统服务项目作为"地空天"一体化监测网络，分别布设颗粒物激光雷达监测系统、国标法小型空气质量监测系统、微型空气质量监测系统、数据分析服务平台、走航车监测溯源系统、卫星遥感监测服务及第三方本地化服务，可有效实现"立体监测、精准锁源、动态调度、科学研判"。监测网将"人防"与"技防"相结合，打通"测—评—管—治"大气污染防治链条，实现污染数据可视化，扎实推进蜀山区污染治理和空气质量持续改善。

三、项目规模

蜀山区"智慧环保"空气质量监测系统服务项目总投资 1 495 万元，提供两套颗粒物激光雷达监测系统、12 套国标法小型空气质量监测系统、15 套微型空气质量监测系统的数据服务，通过数据分析服务平台，将颗粒物激光雷达和 VOCs 走航服务数据快速整合，结合两年卫星遥感监测服务和两年第三方本地化驻场服务，贴身支持地方环境管理。

四、功能特点

（1）打破传统"人防"为主的局面，将"人防"和"技防"相结合，打通"测—评—管—治"大气污染防治链条，实现污染数据可视化。

（2）打破数据"孤岛效应"，在国控点重点管控区域开展激光雷达扫描、走航车巡查，实现国控点周边污染快速溯源，打通"监测"到"监管"关节，实现精准治理。

（3）打破"有法无法依"的局面，完善区域实时监控应用系统，及时发现污染源，缩短环境异常事件响应时间，观测信息同步取证，依法治污。

五、项目优势

打破传统空气质量评价的点位限制，融合地面空气质量小型站、微型站、立体激光雷达监控和卫星遥感监测，实现监测区域"地空天"立体监控全覆盖，追踪污染产生、扩散、传输和消融的全过程，分析污染来源、成分比例及其变化趋势，提供综合解决方案和决策建议。

打通"监测"与"监管"之间的通道，协助环保部门从传统的"点对点"（执法人员对具体排污单位）模式向"点对面"（执法人员掌握所有的污染状况）模式转变，提高工作效率。

结合传统的监管方式，形成"监测、预警、指挥、执法、管理""五位一体"的环境监管模式，实现由单一部门治理向协同治理、共同治理的转变，构建全区"大环保、大监管"格局。

利用大数据分析技术，结合气象数据、地理信息数据、多种环境质量模型，甄别影响区域空气质量的主要因素及其污染贡献率，提高预警预报的精准度，实现污染靶向治理。

六、工程创新

紧紧围绕蜀山区"智慧城市"和环境保护战略目标，依靠技术创新和体制创新，以建设和完善蜀山区环境整体监控监管体系、环境预警应急决策体系、环境服务效能体系为重点，以服务社会、企业及公众为宗旨，以保护生态、改善环境为目标，全面加强物联网、云计算、地理信息等新技术在环境信息化建设中的应用，建立适应新时期环境保护工作所需的环境信息化管理体系，实现决策的科学化与长效化、业务的高效化与协同化、管理的精细化与定量化、服务的主动化与公开化，破解现阶段环境保护难题，构建"智慧环保"体系，为蜀山区生态文明体制改革提供有力的技术支撑。

七、效益分析

蜀山区"智慧环保"建设将为区域经济增长、社会和谐、生态构建等带来多方收益，推动环境产业发展。"智慧环保"通过对物联网技术及信息技术的运用，改进传统的监管和应急方式，优化服务质量，加强监管力度，应急管控水平得到显著提升，将为蜀山区智慧城市建设和发展带来巨大的经济效益、社会效益和环境效益。

提升经济效益。统一规划，统一建设，节约建设资金，提高蜀山区环保信息化建设资金的规划水平，实现环境管理规范化和决策科学化、智能化，降低环境管理成本。

　　凸显社会效益。采用环境信息化领域中的先进技术与理念，支撑全市各级重点业务系统的应用，提高资源利用效率；项目研究成果可直接用于智能环境业务系统构建，助力环境质量持续改善，切实保障百姓身体健康。

　　实现环境效益。完善环境信息的感知、传输、管理与分析决策能力，提升环境保护、环境质量联防联控、城市管理、环境污染应急防范等方面的管理水平，推动环境质量持续改善，为生态环境可持续发展提供科学可靠的技术支撑。

数据分析服务平台

国标法小型空气自动连续监测系统

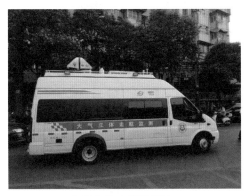
大气立体走航监测车

企业图片

设备研发实验室

中国环境谷展厅

江苏省大气PM$_{2.5}$网格化监测系统建设

江苏省环境监测中心（以下简称"中心"）成立于1979年，隶属江苏省生态环境厅，现有15个部门，125个编制，拥有一批高层次、高素质的专业环境监测人员，其中博士8人，硕士73人，研究员级高工24名，高级工程师49名。

中心2019年1月落成并投入使用监测新大楼，总占地面积15亩，建筑面积26 105 m^2，拥有各类仪器设备1 300余台（套），固定资产价值8.2亿元。目前，中心具有水和废水、环境空气和废气、土壤和沉积物等12大类253项333个方法1 136小项检测能力，检测能力全国同行一流，并建设了包括生态环境部"国家环境保护地表水环境有机污染物监测分析重点实验室"等多个国家级、省级监测技术（业务）平台。在全国率先建成流域地表水环境监控网络，率先实现全省县域以上城市空气自动监测全覆盖，率先联网发布PM$_{2.5}$等空

江苏省环境监测中心新大楼

气质量新标准监测信息，率先实现全省及地级市的重污染天气监测预报预警能力，率先建立省级层面大气PM$_{2.5}$网格化监测系统，在一系列重大活动期间空气质量保障中发挥了重要作用。

经过40余年的创新发展，中心以其"精准、求实、服务、创新"的严谨质量方针，赢得了社会的广泛关注和高度信赖。

》案例介绍

一、项目名称

江苏省大气PM$_{2.5}$网格化监测系统建设。

二、项目概况

按照国家和江苏省对大气监测工作要求，根据《大气PM$_{2.5}$网格化监测点位布设技术指南（试行）》《大气PM$_{2.5}$网格化监测技术要求和检测方法技术指南（试行）》等相关技术要求，为进一步完善江苏省大气环境监测监控网络，提高重点污染区域精准监管效能，科

学应对国家 PM$_{2.5}$ 考核，改善环境空气质量。2019 年 3 月 7 日，江苏省政府印发江苏省生态环境监测监控系统三年建设规划，谋划实施江苏省大气 PM$_{2.5}$ 网格化监测系统建设工作，江苏省政府与生态环境部签署部省合作框架协议，大气 PM$_{2.5}$ 网格化监测系统应运而生。本系统是全国首个省级层面以"千里眼计划"为核心，针对重点区域、围绕重点行业开展"精准监测"，充分发挥污染防治攻坚"大脑"作用，实施精准管控，避免"一刀切"，为"精准治气"提供重要技术支撑。

针对城市敏感区域、工业园区、涉气企业、交通等重点区域开展加密网格化监测，构建覆盖面广、重点突出、密度合理、空气质量监测和大气污染监控相结合的大气环境自动监测网格，形成可以监控污染总贡献占 80% 的热点网格的监控设施，网格覆盖区域占江苏省总面积的 15%，从而进一步完善江苏省大气环境监测监控网络体系，提升重点污染区域监管效能，促进实现环境空气质量和大气污染的精准管控、有效溯源、快速处置、科学治污目标。

省级财政投资 1.98 亿元，开展江苏省大气 PM$_{2.5}$ 网格化监测系统建设工作，共计建设 91 个常规 6 参数小型空气监测站、793 个 6 参数微型空气监测站、3 447 个 2 参数微型空气监测站，配套建设数据处理及应用平台。

三、项目特点与创新

本项目是江苏环境治理能力和治理体系现代化的重点工程，也是部省合作共建的示范工程。

系统充分借鉴了生态环境部"千里眼计划"所使用的热点网格技术，利用卫星遥感技术对工业、人类活动、污染源密集度及水体等多要素空间分布情况进行筛查，使用人工智能大数据交叉技术，抓住污染"关键少数"来源，筛选出污染贡献约占全省 80% 的热点网格 1 818 个，另在国控城市站点周边筛选出 175 个城市敏感网格，共计 1 993 个。实现"精准布局"。在上述热点网格内布设 4 331 个在线监测点，综合卫星遥感、地面监测、高精度气象等实时监测数据，利用空气质量数值模式及大数据融合模型，打造"天空地"一体化监测网络，实现工业、扬尘、机动车以及"散乱污"等污染源的"精准监测"。这一"利器"已成为高效环境监管的"秘密武器"，科学指导全省各级生态环境部门对污染环境违法行为开展更为及时、精准的监管，有效解决了监管人员少、监管区域大、监管重点不突出等难题，发挥了靶向支撑精准治理的"千里眼"作用，实现"精准监管"。

1. 热点网格

将全省面积按 3 km×3 km 均等划分为约 1.37 万个网格，从中筛选出占污染物排放总量约 80% 的 1 818 个网格，分等级建设 91 个常规 6 参数小型空气监测站，637 个常规 6 参数微型空气监测站和 3 272 个 2 参数微型空气监测站，实现对全省污染较重工业源、扬尘源等实时监控全覆盖。

2. 城市敏感网格

在热点网格基础上，分别以 72 个国控空气自动站为中心，每个站点周边设置 8 个城市敏感区监测网格，剔除与热点网格重叠网格后，共筛选出 175 个城市敏感网格，每个网格配套 1 个 2 参数微型空气监测站，建设 175 个 2 参数微型空气自动站，实现对国控站点周边散乱污染源实时监控全覆盖。

3．空气监控质量质控点

在第一等级的 91 个热点网格配置的小型空气质量监测站周边各设置 1 个质量控制点；同时，在每个设区市挑选 3 个国控和省控城市站，在其周边各设置 1 个质量控制点，共计建设 130 个常规 6 参数微型空气自动站作为质控点，检验校核网格内监测仪器数据的准确性和有效性。

4．机动车监测点

在每个设区市布设 2 个常规 6 参数微型空气自动站作为交通尾气监测点，共布设 26 个机动车监测站，用于对城市主要道路交通尾气污染情况的监测。

5．数据处理及应用平台

开发数据处理及应用平台，具体包括监测数据接收模块、监测数据质控模块、监测设备智能运维模块、网格动态更新模块、三维空气质量融合与分析模块、重污染应急管理与决策支持模块、空气质量全景监测监管指挥展示模块共计 7 模块，购置提升支撑数据处理及应用平台运行的数据中心机房冷池等设备 18 台（套），通过多源数据融合分析，加强对各类污染源进行污染识别和跟踪，为污染治理精准执法和生态环境管理提供技术支撑。

四、项目优势与效果

织一张网，精准锁定污染来源。空间监控精度可达 500 m×500 m，时间监控精度高达 1 h，实现扬尘、钢铁、电力、石化、移动源、焚烧及生活面源等数十个重点行业监控。

布千万格，及时反馈污染问题。2019 年 12 月至 2020 年 6 月，及时反馈全省扬尘污染问题 2 621 个、工业源污染问题 2 022 个、移动源污染问题 622 个、焚烧和生活源问题 342 个，通过业务平台及手机 App 第一时间将污染问题反馈至环境管理部门，为大气污染的精准管控提供依据。

一网一格全监控，为环境质量稳步改善提供有力技术支撑。2019 年 12 月，全省大气扩散条件不利，网格化系统及时发现并反馈各地主要污染时段、污染区域及污染行业，精准调度执法人员，空气质量数值模型对全月管控效果评估显示，12 月全省人为减排 $PM_{2.5}$ 浓度达 7.7 $\mu g/m^3$，显著高于全年 4.4 $\mu g/m^3$ 的平均水平。

未来，大气 $PM_{2.5}$ 网格化监测系统将不断完善溯源分析—成效评估—改善建议科学技术体系，充分发挥精准施策、科学治气的作用，助力建设"强、富、美、高"新江苏。

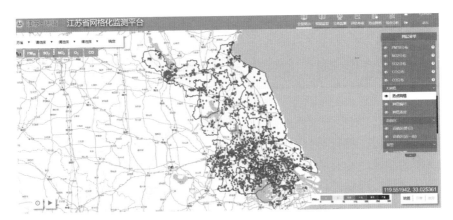

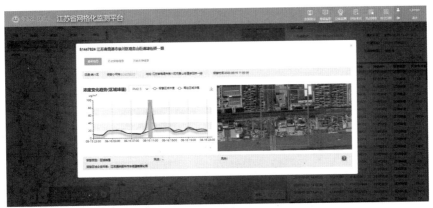

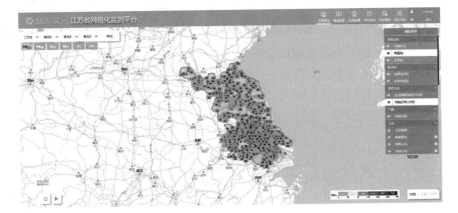

青海省环境监测、辐射实验室及应急中心续建项目

北京朗净德建设工程有限公司（以下简称"北京朗净德"）成立于 2001 年 8 月，总部设立于北京市朝阳区，专业从事各类实验室规划设计、安装施工、运行维护等服务。

公司具备建筑工程施工总承包、建筑机电安装工程、建筑装修装饰工程专业承包等多项资质。北京朗净德多次荣获"北京市建设行业诚信企业"称号，是国家级高新技术企业、中关村高新技术企业，2014 年被评为"中关村最具创新力 100 强"企业；同时，拥有多项以建设"持久性有机污染物排放和控制"环境技术为自主知识产权的核心技术和著作权；为北京建筑业联合会、中关村成长型科技企业互促会、延庆区建筑业联合会理事会员单位。

北京朗净德致力于为环境科学、生命科学、航天医学、军事医学、卫生医疗、化工行业和食品安全等相关领域的各类实验室建设提供专业服务。公司在实验室整体规划设计、实验室建设施工（装饰装修、暖通空调、给排水、电气、VAV 变风量控制、气路、洁净系统）和实验室配套设施（实验台、通风柜系列、备品配件）等各个方面依托雄厚的专业技术实力，为数百家来自国际 EPC 承包方、企事业单位和科研院所的各类实验室提供了最佳的解决方案和技术支持。公司承接的相关工程项目均通过第三方检测机构的权威认证和专家评定，赢得了广大客户的一致好评。

》 案例介绍

一、项目名称

青海省环境监测、辐射实验室及应急中心续建项目。

二、项目概况

青海省生态环境监测中心位于青海省西宁市城东区南山东路 116 号。以满足相关规范为前提，以经济实用为基础，在保证工艺要求、节约投资的同时，采用成熟可靠的新技术、新设备，提高自动化水平，减少运行维护工作量，以节省工程投资和投入运行后的运行费用。

根据工艺流程合理划分功能区，设置满足使用要求的通风空调系统、供电系统及自动控制系统；在控制整体造价的前提下，主要设备材料选用进口品牌或国内高端品牌，以保证实验室经久耐用；采用开放式设计，减少在使用过程中因房间格局不合理产生的二次改造；实验室涵盖国家目前规定的监测站各项实验功能区；通风及供电系统为以后实验室设备增加预留空间。

三、项目规模

建筑面积 4 766 m²，地上 12 层，地下 2 层，基本满足青海省生态环境监测中心、青海省辐射环境管理站实验室对场地大小的需求。

本次计划建设：青海省生态环境监测中心实验室面积 3 427 m²，青海省辐射环境管理站面积 1 339 m²。

四、工程内容

工程主要包括实验室系统及成套设备的选择、安装等。具体内容有实验室台柜、屏障系统、通风设备、电气设备及废水处理设备等。

（1）实验室台柜：实验室边台、中央台、通风柜、天平台、试剂柜、存放架、排风罩等各类实验家具的本体安装、水电连接及所在实验室墙面处理。

（2）屏障系统：实验室地面、门窗及仪器室墙面、顶面、二次隔断等。

（3）通风设备：实验室内新风空调、排风机、仪器室空调、排风管道、阀门及设备的自动控制等。

（4）电气设备：包括实验室内灯具、配电箱、门禁等。

（5）废水处理设备：包括实验室废水处理工艺需要的各类箱体及处理设备。

五、项目优势

项目建设完成后，为青海省生态环境监测中心以及全省生态建设和保护提供更进一步的技术支持。实验室功能区域符合国家规定的西部地区一级站标准；前处理实验室整体采用开放式设计，减少在使用过程中因房间格局不合理产生的二次改造；顶面处理与墙面一致，杜绝老式吊顶内灰尘堆积；顶部管线统一规划，既美观又便于检修；仪器室采用人机分离设计，降低仪器噪声对实验人员的伤害；装修采用洁净室标准设计，保证精密仪器对环境的要求，降低灰尘对精密仪器的损害。

六、工程技术

（1）装饰装修：仪器室墙面及吊顶采用憎水岩棉洁净彩钢板；前处理墙面及顶面采用耐擦洗乳胶漆粉刷；所有实验室地面采用纯天然环保亚麻卷材地面；实验室走廊玻璃隔断采用中空钢化玻璃、型材框架，具有整体美观、隔音、强度高等特点；仪器室内玻璃隔断采用暗藏框架、12 mm 厚钢化玻璃，整体通透性好；实验室门均采用玻璃门，型材边框；整体通透，满足实验室安全要求，密闭性好，经久耐用，同时设置闭门器，保证门及时关闭；仪器室外窗采用整体 304 不锈钢窗套，简洁美观，便于清洁。

（2）排风系统：整体采用通风量大的实验室设置在高楼层，通风量小的实验室设置在低楼层，降低设备无效能耗；为保证实验室房间排风不产生互相干扰，所有实验室排风均采用一对一设计原则，避免多个排风点之间的风量不平衡；采用多台风机、小型化设计，避免传统大风机变频控制的无效功损耗大、风机噪声及振动大的缺点，便于操作；对酸处理实验室排风机选用 PP 风机，耐腐蚀，其余排风机均选用低噪声离心风机，有效降低风机噪声，同时设置消音机箱，避免噪声对周边环境污染。排风机设置活性炭过滤段，对排风进行吸附处理后排放。

（3）补风系统：为排风量大的实验室设置补风系统，保证室内相对压力稳定，避免因室内排风量过大，导致实验室门无法开启的弊端；对补风温度进行控制，避免冬季冷空气直接进入实验室内，导致室内温度过低；对补风进行过滤处理，避免室外灰尘进入实验室内，影响室内环境；补风采用管道送入室内，风口均匀布置，避免局部补风导致室内气流不均匀。补风机组采用吊顶安装，不占用室内使用面积，节约空间。

（4）空调系统：根据仪器室内仪器散热量大的特点，为保证仪器正常运行，为仪器室设计空调系统。空调选用 VRV 系统，变频主机，操作便捷，能效比高。室外机安装在楼顶，散热效果好，冷媒管沿管井至室内。室内机采用卡式天花机，在吊顶面嵌入式安装，密闭性好，满足洁净要求。

（5）电气系统：每个实验室设置独立配电箱，便于使用和管理。仪器室设置仪器专用配电箱，预留仪器 UPS 连接需要，同时设置普通配电系统，供辅助设备使用，确保未来仪器不管如何更换，配电系统均能满足要求；所有供电系统均设置专用接地线，与大楼等电位箱连接，保证仪器接地要求；配电管线系统均采用顶配式，无地埋设计，确保以后因实验功能调整，实验台位置变化时地面无障碍，同时便于检修；开放实验室采用明装 LED 灯具，仪器室采用洁净灯具。

（6）自控系统：实验室补风系统采用 DDC 控制系统，设置压力、温度传感器、变频器，自动控制补风风量及温度；通风柜设 VAV 变风量控制，能够根据柜门开启高度精确控制入口风速，同时设置红外人体传感器，能够自动切换工作和值班状态，降低能耗。

水污染防治类

浙大华家池 FBR 生态塘

杭州沁霖生态科技有限公司（以下简称"沁霖生态"）成立于 2014 年，是一家专注于人工湿地技术开发与推广的国家高新技术企业。公司熟练掌握多种净化型人工湿地技术，如呼吸型人工湿地、垂直潜流湿地、水平潜流湿地等，拥有各种人工湿地相关专利技术 30 多项。

沁霖生态为水环境生态修复、河道断面水质提升、城市污水厂尾水深度处理、农业面源污染治理、村镇污水治理工程提供"人工湿地解决方案"。公司服务范围包括人工湿地项目的规划设计、工艺包、工程施工、项目运营、湿地滤料与专用设备的生产供货等。截至目前，公司已完成各类净化型人工湿地 1 200 多块，总面积超过 100 万 m²，项目遍布广东、福建、浙江、江苏、吉林等多个省市。

沁霖生态凭借专业的研究能力、规划设计能力、装备制造能力，以市场需求为导向，致力于人工湿地领域持续性的技术创新。公司开发了多种人工湿地专用设备与材料，如潮汐造流器、配水器、分流器、防堵器、模块化湿地、多孔除磷滤料、陶质生物滤料等。

沁霖生态目前拥有一条年产 5 万 m³ 的人工湿地专用的"多孔除磷滤料"生产线，另有一条年产 30 万 m³/a 的滤料生产线正在建设中。

》》案例介绍

一、项目名称

浙大华家池 FBR 生态塘。

二、项目概况

项目位于浙江省杭州市浙大华家池校区内，新宇培训 2# 楼南面。池塘水体氮磷严重超标，造成水体富营养化，蓝绿藻暴发严重；且因为学校部分管网老旧，会有一定量污水持续排入。因此，在降低水体 N、P 浓度的同时如何提升水体的自净能力、长期控制水体富营养化（藻类暴发）是治理方案的重点。

针对项目特点本次治理主要采取由"底质调理、FBR 生物床构建、沉水植物构建、水生动物系统构建、浅水区生态景观构建"组成的综合性治理措施。

三、项目规模

池塘总面积：2 554.8 m²。

建设 FBR 生物床面积：250 m^2。

四、技术特点

（1）浙大华家池作为周边区域地表水的汇聚地，污染物会通过地表径流、地下渗入、地表漫流进入该池塘，通过 FBR 生物床构建的生态池塘具有污染物削减及水质自净功能，可同时解决池塘汇水区域的点源、面源污染，实现小湖塘库水体自净功能，持续对进入池塘的污染物进行削减，使池塘水质稳定在一个较好值。

（2）不占用水面面积与水面外土地面积，不受项目地理位置及池塘周边情况限制，对周边居民的生活、出行产生的影响较小，减少了很多如征地等额外的投资。

（3）生态原位构建，无化学措施，无二次污染。

（4）自然复氧，通过水生植物的光合作用对水体充氧，提高水体溶解氧。

（5）通过生物膜上的后生动物捕食、沉水植物抑制等方式对水体蓝绿藻的数量进行控制，形成低藻低浊的生态水体。

（6）管理方便、运行费用低。一次建设完成后，后期运行维护方便简单，多依靠自身生态系统的作用对水体进行净化，人工作业很少。

（7）本项目为"景观型生态塘"，主要以景观效果为主，塘底种植一定的沉水植物，并饲养少量观赏鱼，水质良好，透明度更为显著。

五、项目优势

小微水体大多地势较低，是雨污地表径流和渗流的汇集处。通过雨污分流工程良好的实施，可收集区域内约 80% 的污染物，其余 20% 的污染物（如地表径流产生的初期雨水、未彻底截留的渗流污水等）依然会排入低洼处的水体，加上外界补水不足，导致小微水体普遍呈现富营养化甚至是黑臭状态。另外，由于小微水体往往缺乏流动性，因此多呈现蓝、绿藻暴发的情况，具有水体透明度差、鱼群单一等特点。

FBR 生态池塘构建技术是沁霖生态在 2015 年开发的专门针对相对封闭的小微水体的生态型水质提升技术，一方面可消除部分面源污染物；另一方面可控制水中藻类的暴发，形成低藻低浊的生态水体。

FBR 生物床技术与目前市场上的其他常用技术相比，在控制水体藻类繁殖、提高水体透明度、削减污染物等方面有明显的优势，同时具有不新增占地、投资省、管理方便、运维费用低、见效快且效果好、可持续等特点，更适合小微水体特别是纳污型小微水体的治理，有极高的污染物去除能力及水体自净能力。

六、工程创新

（1）在低扰动原池塘生态系统（不清淤）的情况下，通过在原池塘内构建低藻低浊生态系统的方式削减水体污染物，提高水体透明度。

（2）生态抑藻：本技术在高 N、P 浓度情况下仍然能够有效控制水体的富营养化（藻类暴发），浮游动物起到了关键作用。FBR 床内设置有多孔滤料层，可为食藻虫等浮游动物提供天然的避免鱼类捕食的避难场所，从而实现了生态抑藻。

（3）提高水体自净能力：FBR 生物床下方为生物滤料区，上方种植挺水植物，同时与草型生态塘配合使用，整个水体的生态系统达到一个相对稳定的状态。系统内，通过水生植物的光合作用对水体充氧，提高水体溶解氧；通过微生物净化作用削减水体中的污染物；通过填料吸附、植物吸收、动物吞食转化等方式对水体中的 N、P 物质进行部分去除；通过生物膜上的后生动物捕食、沉水植物抑制等方式对水体蓝绿藻的数量进行控制。其中，FBR 生物床作为细菌、浮游动物的载体起到了关键作用。多重污染物去除机制协同作用，使水体恢复到可以自净的状态。

七、效益分析

（1）环境效益：浙大华家池水体水质为劣 V 类，富营养化严重，藻类暴发严重，且存在一定量污水排入。经过"底质调理、FBR 生物床构建、沉水植物构建、水生动物系统构建、浅水区生态景观构建"组成的综合性措施治理后，主要水质指标均达到地表水 Ⅲ 类标准，同时水体透明度 ≥1.5 m，营造了一个低藻低浊的水生态系统。这对保护水体、保护环境具有重要意义，同时美化了生态环境，提升了水体周边自然景观，产生了显著的生态环境效益。

（2）社会效益：通过对 FBR 技术的开发创新，解决了池塘的修复治理问题，突破了行业面临的关键技术难题，推动了科学技术的进步。FBR 技术的应用使池塘水体不再黑臭，改善了附近居民的生活环境，提升了居民的生活水平。水体治理目标是与居民的期望吻合的，做到了"水净、水清、水美"，得到周边群众的一致好评。

（3）经济效益：本项目为小微水体的治理提供了样板工程，以此技术为支撑可以开展类似新项目的建设，从而产生经济效益。FBR 技术已在深圳、厦门等多地小微水体系列项目中推广实施并取得成就。通过改善水环境，促进经济效益，产生长远的间接和潜在的经济效益。本技术实施后，将减少周边的地表水源及地下水源的污染，提高水源的可利用程度，为当地旅游带来直接或间接的效益。同时，随着水质的改善，将带来良好的投资环境，促进经济的发展，产生巨大的间接经济效益。

沁霖生态湿地技术发展历程
2014 年至今完成大小湿地共计 1 200 多块

1998—2014 年
16年从事传统市政、
工业废水治理工程实践

2015—2016 年
• 呼吸型人工湿地
• FBR生态循环塘
• 类天然湿地
• 植草沟

2016—2019 年
• 县域农污"湿地工艺包"

2018—2019 年
• 生态渗坝
• 强化除磷砾间
• 净化带
• 功能性滤料

2019—2020 年
• 湿地专用滤料
• 模块化循环湿地
• 漂浮循环生物床

1998   2014   2015   2016   2017   2018   2019   2020

2014—2016 年
浙江 600 余块
水平潜流人工湿地

2017—2018 年
• 潮汐流人工湿地
• 强化表流人工湿地
• 城市污水厂尾水组合型湿地

山东烟台龙口某水体黑臭水体修复项目

青岛威羽山环保科技有限公司（以下简称"威羽山环保"）落地于青岛高新区，是日本九州福冈株式会社 HAYAMA 的分公司，是一家集科研、设计、生产、销售于一体的综合性环保专业治理企业。公司的 Hm 复合生物制剂为微生物领域突破性产品。多年来，公司一直从事河道治理，蓝藻水体、黑臭水体等水体修复，市政污水处理厂除臭，农业土壤改良，畜牧养殖等领域，并在中央挂牌的黑臭水体治理中精彩亮相。

近年来，威羽山环保业绩遍布广州、青岛、烟台、天津、大连、吉林等地区环保修复领域。在蓝藻水体、黑臭水体等水体修复领域，生活污水、市政污水处理厂的除臭领域，农业土壤改良、畜牧业除臭养殖等领域受到当地政府和学校的认可，是业内外领先的创新技术环保企业。

产品优势特点明显：好氧厌氧兼并；生物原菌使用量少，效果时间长，不需要持续追加；生存环境：使用温度 0～86℃，适应 pH 3.6～12；不是化学药剂，没有二次污染。

Hm 复合生物修复系统及 WHm 生物反应除臭系统应用于国内各地。系统主要应用于河道生态修复、黑臭水体、蓝藻水体等水环境。分解水体中导致水体富营养化的氮、总磷等有害有机物，在治理水体的同时，底泥分解是这项技术的强项。可以最终恢复生态，提高水体本身的自净能力。WHm 生物反应除臭系统主要应用于市政污水处理厂除臭。

威羽山环保实现了不需要增建土建加盖、不需要用电、不需要停产、运行成本低等特点。

 # 案例介绍

一、项目名称

山东烟台龙口某水体黑臭水体修复项目。

二、项目概况

山东烟台龙口某黑臭水体是中央重点挂牌水体，常年河道两侧民用、工业、生活污水随意排放，水体呈现严重的浑浊、恶臭、水体颜色感官差、COD 高等。通过威羽山环保 Hm 生物修复系统治理后，水体消除了黑臭，水质得到了改善，各项指标都逐渐得到恢复，龙口某水体成功摘牌。

龙口某水体面积约 6.4 万 m^2，因常年河道两侧民用、工业、生活污水随意排放，使河道呈现严重浑浊、恶臭、水体感官差、COD 高、溶氧低等现象。市民每行至此，无不掩鼻而过，严重影响到了周围居民的正常生活，同时也严重影响了城市整体形象。对于某水体的污染，多年来，市民通过不同的渠道反映，烟台市也一直设法治理。

施工设计：

（1）上游设施集中增氧，提前在上游水体溶解氧。

（2）排污口悬挂 Hm 复合生物微制剂袋装，起到污水预处理的作用。

（3）水体隔断设置 Hm 复合生物制剂缓释袋，让生物持续释放，达到长期稳定的效果。

（4）计算水体流速，进行水体中有害有机物的分解。同时降解厌氧环境底泥中的硫化物，改善底质环境。

施工前   施工后

三、技术特点（WHm 除臭系统技术）

WHm 全流程除臭工艺属于源头微生物除臭技术，主要是通过特质填料的接种、诱导和催化作用，利用特制的微生物培养箱在污水处理厂生物池的活性污泥中培养并增值出高效的除臭微生物，将含有除臭微生物的污泥按一定比例回流至污水处理厂进水前端，使得除臭微生物分布于污水处理厂各构筑物。除臭微生物与水体的致臭物质发生吸附、凝聚和生物转化降解等作用，使致臭物质在水体中得到去除，从而实现污水处理厂恶臭的全流程控制。该技术较国内其他全流程工艺选用的菌种具有更强的抗冲击负荷及生物世代周期（时效性更强）。

（1）从源头消除致臭物质，减少臭气对设备设施的腐蚀；

（2）无须加盖，省去一般除臭技术中的臭气收集、输送环节；

（3）无须新建设施，节省占地面积；

（4）建设方式方便快捷，尤其对于老厂改造，无须停产，即可建设；

（5）填料损耗少，耐用性较强；

（6）投资和运行成本低；

（7）改善脱水污泥性状，对污水处理系统及出水水质无负面影响；

（8）运行稳定、维护简便；

（9）工艺过程安全稳定，有效避免了一般工艺所带来的安全隐患。

四、项目创新

与其他除臭技术相比较，污水处理厂传统除臭工艺常采用生物滤池法和化学法等，这些方法均需要建设集气罩、臭气输送管道和风机，需要建设单独的除臭设施，系统庞大复杂，存在投资运行费用高、占地面积大、运行维护繁杂等弊端，同时存在不同程度的二次污染，构筑物增加集气罩后，易加重罩内设备的腐蚀老化，导致额外的经济损失。全流程除臭工艺只需在污水处理厂生物池内安装一定数量的除臭微生物培养箱，铺设除臭污泥投加泵和管道，即可实现全过程的恶臭治理，系统精简、占地面积小、投资运行成本大幅降低，运行稳定、维护简便。

威羽山环保 WHm 生物反应除臭系统具有不增建土建加盖、不用电、不停产、运行成本低等特点。

青岛中水回用热电厂供水工程

青岛西海岸公用事业集团水务有限公司（以下简称"西海岸水务"）成立于 2015 年 11 月，是由原青岛经济技术开发区供排水总公司和原青岛西海岸市政集团自来水公司整合组建的国有独资企业，注册资本 10 亿元。西海岸水务主要经营自来水的生产、销售与服务，污水处理与再生水（含精致中水）回用，城市公用供水设施的管理和维修，农村供水项目投资、建设管理；农村供水资产收（并）购、租赁、经营与管理；水表、热量表及二次供水设备的生产、销售与管理，水质检测与环保监测等业务。服务面积 277 km²，用户 50 余万户，主要供水区域东部城区包括黄岛、辛安、红石崖、长江路、薛家岛 5 个街道办事处和灵珠山、灵山卫 2 个街道办事处的部分区域；西部城区包括小口子军港以北、石寨山路以南、东方影城以西、海西路以东（含铁山）的大部分区域。

西海岸水务下设办公室、财务审计处、经营管理处、安全应急处、督查考核处、资源交易处、工程管理处 7 个管理机构职能处室，水务调度中心、客户服务中心、维修保障中心 3 个运营中心，设有 22 个一线生产部门（12 个供水所按照供水服务响应时间需要分布在供水区域内，石河头水厂、高家台水厂、小珠山水厂、吉利河泵站等 10 个制水厂站负责原水输送与自来水生产供应）。此外，西海岸水务拥有青岛中润监测有限公司、青岛中润设备仪表有限公司、青岛西海岸公用事业集团农村供水有限公司 3 家子公司，参股青岛碧海水务有限公司，在岗员工 1 100 余人。

西海岸水务管理 8 座净水厂，设计日制水能力达 56 万 t，DN75 以上净水管线 1 334 km。2019 年供水量 1.19 亿 t，日均供水 32.5 万 t，最高日供水量 37.38 万 t，供水水质综合合格率达 100%，管网压力合格率达 100%。

西海岸水务管理 2 座污水处理厂，设计污水日处理能力 13 万 t，精致中水日处理能力 1.2 万 t。2019 年累计处理污水 3 200 余万 t，生产中水 470 余万 t，生产精制中水 48 万 t。

西海岸水务先后荣获中国供水服务促进联盟 AAAA 级企业、全国市场质量信用 AA 等级用户满意企业和用户满意服务、中国水业十大最具社会责任服务企业、中国城镇供水协会全国优秀县镇供水企业、山东省城镇供水工作先进集体、山东省服务名牌、山东省档案管理先进单位、青岛市供水排水节水协会先进单位、青岛市智慧建设十佳典型案例、青岛市级劳动和社会保障工作先进单位等多项国家级、省级、市级荣誉。

公司充分发扬"先行先试、善作善成"的新区精神，全力践行"公用事业、情满万家"服务品牌，全力打造"国内一流供水服务企业"，为建设"军民幸福、干部自豪、令人向往"的美丽新区贡献力量。

》》案例介绍

一、项目名称

青岛中水回用热电厂供水工程。

二、项目概况

2014年以来，青岛遭遇持续干旱天气，年降水量不足600 mm，全市各大中型水库蓄水量持续减少。为有效缓解水资源紧张局面，拓展多水源供水格局，2015年，西海岸水务投资7 718万元，在豆金河中水处理厂内东南角建设了中水回用热电厂供水工程。水源来自豆金河中水厂活性砂滤池出水，主体工艺采用最新的"超滤+低压纳滤"工艺，最终出水水质达到地表水Ⅱ类标准，设计总规模为15 000 m³/d。主要工艺路线为原水池→提升泵→自清洗过滤器→超滤→超滤产水池→低压进水泵→保安过滤器→高压泵→纳滤产水主机→产水池→最终供水泵→最终用户。其中，超滤部分设置6台超滤组器，单台产水能力为3 580 m³/d，能够实现自动反洗和化学清洗，极大地降低了劳动强度。本工艺中脱盐的核心设备为低压纳滤产水主机，设计5台纳滤产水主机，单台产水能力为3 333 m³/d。

三、工程创新

本工艺设计在能耗等方面优于传统的"超滤+反渗透"的双膜法工艺，运行压力更低。在水质方面，中水经过"超滤+低压纳滤"的双膜法工艺深度处理后，水质能够达到地表水Ⅱ类标准，其中，TDS等指标已经优于自来水水质标准。在能够满足用户对水质要求的情况下，能够节约更多的能源，创造更多的再生水源。

由于青岛属于缺水严重的城市，常规水资源紧张。本项目充分利用污水处理站排放的中水源进行继续深度处理，通过独有的膜处理技术，为当地多个热电厂提供优质的再生水源，是青岛地区开源节流的典范工程。其中，冬季供暖期用于博源热电公司用水、明月热电公司用水、海西热电公司用水、广源热电公司用水；非供暖期向明月海藻、聚大洋海藻、海王纸业、晨旭商混等生产供水，同时供水管线周边预留接口用于园林绿化、道路洒水。

四、效益分析

本项目建成后，已累计供水 560 余万 t，有效缓解了城市供水压力。

辽宁省阜新市阜蒙县东梁温泉城污水处理厂 5 000 m³/d 污水处理项目

山东金天环保科技有限公司（原青岛金天环保设备有限公司）是专业从事电站、热电、印染纺织、造纸厂、钢铁厂、水泥、化工等配套设备设计与制造的新型开放企业，拥有一流的输煤系统（物料输送）、输渣系统、输灰系统、布袋除尘系统、脱硫脱硝系统、污水处理、设备技术专家。长期致力于产品的持续优化改进，以满足化工行业对设备越来越高的需求。金天环保公司以勤奋、创新、高效的企业精神，生产优质产品、提供优质服务以满足客户的需求。

公司现有员工 80 人，均是来自安装公司、电站辅机、锅炉辅机、电建公司、设计院等资深工程师及熟练技术工。其中高级技术工程师 2 人，工程师 4 人，技术人员 8 人，分布全国各地。拥有生产建筑面积 4 000 m²，加工设备齐全，拥有一流的设计、制造、安装水平。

公司遵循为不同客户量身定制，为客户创造价值，为客户创造文明、安全的生产环境而生存的原则。以真心、诚心、用心、专心的态度和作风对待客户。

≫ 案例介绍

一、项目名称

辽宁省阜新市阜蒙县东梁温泉城污水处理厂 5 000 m³/d 污水处理项目。

二、项目概况

阜新蒙古族自治县位于辽宁省西北部，东西最大距离 114 km，南北最大距离 94 km。东邻彰武、新民、黑山三市（县），西北与北票市毗连，南和北镇市、义县接壤，北靠内蒙古自治区库伦、奈曼两旗。全县总面积为 6 246.2 km²，县辖 21 镇、15 乡、13 个农林牧渔场、523 个行政村。自治县有蒙古族、汉族、满族、回族、朝鲜族、锡伯族等 14 个民族，总人口 73 万人。

本项目位于阜新蒙古自治县东梁镇，污水处理厂址中心地理坐标为：东经 121°33′22.17″，北纬 41°53′40.55″。

阜蒙县东梁镇现有污水处理厂 2 座，设计污水处理量分别为 30 000 m³/d 和 5 000 m³/d。由于现状污水量不足 5 000 m³/d，目前阜蒙县东梁镇温泉城区污水（除老城区及其他行政村）通过市政管网收集，排入 5 000 m³/d 的污水处理厂进行处理。

污水处理厂位于东梁镇东南，细河西岸，设计出水水质执行《城镇污水处理厂污染物排放标准》（GB 18918—2002）中的一级 A 排放标准，出水经消毒后排入细河。

污水处理厂的处理水量为 5 000 m³/d，具体水质如下：进水水质 $COD_{Cr} \leqslant 320$ mg/L、$BOD_5 \leqslant 170$ mg/L、SS$\leqslant 170$ mg/L、总磷$\leqslant 4$、氟离子$\leqslant 40$、总氮$\leqslant 35$ mg/L，出水水质 $COD_{Cr} \leqslant 50$ mg/L、$BOD_5 \leqslant 6$ mg/L、SS$\leqslant 10$ mg/L、总磷$\leqslant 0.5$、氟离子$\leqslant 10$、总氮$\leqslant 15$ mg/L。

三、项目规模

本项目对现有 5 000 m³/d 的污水处理厂改造后保留原项目水量处理能力，仅利用 5 000 m³/d 处理规模，新增除氟设施工程，新建中水管网及污水管网。本项目污水处理厂新建中水管线总长 11 550 m，污水管线总长 3 270 m。本项目服务区域为阜蒙县东梁镇镇区，总面积约 38 km²，北到包家窝堡村高速口，东到西河，西到佛寺镇，东至南团线、南荒村，包括现状的镇区，一级周边的吐呼噜村、南荒村、下巴台村 3 个行政村的部分地区。

四、技术特点

根据本项目特点，本工程选用"粗格栅+细格栅+旋流沉砂池+厌氧池+缺氧池+好氧池+MBR 池+UF 反渗透工艺+回用"技术工艺路线。工艺路线共分水路（园区污水—粗格栅—细格栅—旋流沉砂池—厌氧池—缺氧池—好氧池—MBR 膜池—UF 工艺—反渗透工艺—回用）、气路（罗茨风机—好氧池—MBR 膜池—混凝池）、泥路（格栅污泥—外运）、旋流沉砂池+生化泥+混凝池—履带式机—压滤外运。

选用此种工艺流程有以下特点：

（1）出水水质优质稳定；

（2）剩余污泥产量少；

（3）占地面积小，不受设置场合限制；

（4）可去除氨氮及难降解有机物；

（5）操作管理方便，易于实现自动控制；

（6）易于对传统工艺进行改造。

五、项目优势

辽宁省阜蒙县东梁温泉城污水站水质特点是氟离子含量较高，主要是温泉水中含氟，经过公司设计工艺处理后，实现了除氟达标以及满足中水回用的要求。

同时，阜蒙热源厂需要大量软化水，经过处理后的污水，实现了由污水到纯水的转化，完全符合"绿水青山就是金山银山"的生态环境理念，适应当前的发展趋势。

六、工程创新

（1）为增强缺氧池的处理效果，项目将二沉池的剩余污泥部分回流缺氧池，以增加缺氧池内的污泥浓度、提高处理效果，同时使污泥得到消化，减少了剩余污泥的排放量、降低污泥处理费用，从而减少了运行费用。在缺氧池内设置潜水搅拌机，对搅动的废水进行水力切割，使悬浮状态的污泥与水充分混合。

（2）为了避免 MBR 膜运行过程中出现污染情况，增强 MBR 膜的强度，延长使用寿命，本工程 MBR 膜的材质选用了陶瓷膜，其优点如下：可在 pH 0~14、压力<10 MPa、温度<350℃的环境中使用，其通量高、能耗相对较低，在高浓度工业废水处理中具有很大竞争力。

（3）为节约 MBR 系统能耗，本工程 MBR 膜的组件选用浸入式中空纤维膜组件，具有流通量大、耐污染和工艺简单等特点。

七、效益分析

1．降低有机物

该处理系统可有效地改变排放水质，大量削减污染物，减少对环境的危害，并达到回用要求，带来良好的生态环境效益。

COD_{Cr}：（320−50）×5 000×365×10^{-6}=492.75 t/a

BOD_5：（170−6）×5 000×365×10^{-6}=299.3 t/a

SS：（170−10）×5 000×365×10^{-6}=292 t/a

总磷：（4−0.5）×5 000×365×10^{-6}=6.39 t/a

总氮：（35−15）×5 000×365×10^{-6}=36.5 t/a

氟离子：（40−10）×5 000×365×10^{-6}=54.75 t/a

2．节约水资源

反渗透产水率约为 80%，每天节约用水 4 000 m³/d，如若排入下游污水处理厂，吨水处理费用约 1.1 元/t，热电厂采用自来水做纯水制备来源，1 m³ 约 3 元，产生 1 吨纯水约 1.2 元，合计 5.3 元，即 4 000×5.3=21 200 元，故每年可节省水资源费用为 773.8 万元。

同时可节省排污费，按照排污费用为 0.9 元/m³，即每天可节约 3 600 元，一年可节约 131.4 万元。

工程照片

厌氧池

好氧池

上海浦东高东公园水生态修复重建工程

上海山恒生态科技股份有限公司（以下简称"山恒生态"）成立于1997年，是一家致力于水域环境治理、水域生态修复以及相关产业规划设计研究的生态科技型企业。同时也是上海市高新技术企业、"专精特新"重点企业和中国水利协会水环境治理专委会发起企业、中国水利企业协会会员单位。

经过多年的研究和工程实践，山恒生态逐步形成了"SHEP 水环境长效综合治理技术体系"，此技术体系涵盖了 21 项发明专利、33 项实用新型专利、11 项外观专利以及《山恒生态水质诊断软件 V1.0》等 6 个计算机软件著作权证书。山恒生态利用这项技术已先后完成了上海、山东、河南、湖北、湖南、江苏、江西、福建等省（市）700 余个河、湖水体污染治理和水生态修复项目。

目前，山恒生态与北控水务集团、上海巴安水务股份有限公司、国中水务股份有限公司、中国华北市政研究总院、中国中南市政研究总院、上海交通大学、同济大学、华东理工大学等先后建立战略合作关系，共同进行市场开拓和开展基础研究工作。同时，山恒生态联合上海交通大学、同济大学、华东师范大学等多家院校及业内知名企业进行工程技术研究中心申报，并与上海交通大学相关院士、专家达成合作意向，正在申请企业院士工作站和博士后流动站等。山恒生态一直致力于成为生态净水技术的领航者，让河流清澈而美丽。

》》案例介绍

一、项目名称

上海浦东高东公园水生态修复重建工程。

二、项目概况

高东公园位于上海浦东新区自贸区光灿路 118 号，占地面积 6.7 hm²，其人工湖水系面积 1.3 万 m²。公园人工湖水系自 2007 年建成以来，其水环境质量备受关注，建设前水环境严重恶化。

水生态原状：①沿线外环路地表径流污染汇入和公园内园林养护施肥影响湖区水质，湖底淤泥沉积；②水生植物少，水生动物以野杂鱼为主，生态系统严重退化；③水体交换能力弱，汇水区截污能力不足，公园有若干个公共厕所点源污染情况，水体富营养化严重；④水体感官不佳，水体透明度低。

工程实施后，水体透明度增加，水质指标从黑臭提高至国家《地表水环境质量标准》（GB 3838—2002）Ⅲ～Ⅳ类水标准，水生态系统得到重建，水景观效果明显提升。

工程建设期：2015 年 5 月至 8 月。

三、项目规模

本工程位于上海市浦东新区高东镇光灿路 118 号高东公园内，水体生态修复区域即为公园人工湖水系，总面积为 1.3 万 m²。

四、技术特点

本工程采用了山恒生态"SHEP 水环境长效综合治理技术体系"，包含河湖诊断技术、底质改良专利技术、大型溞强化净水技术、微生物优化调控技术、水生动植物群落构建技术、曝气增氧集成技术、复合生态浮岛技术、人工湿地构建技术、水质调控技术 9 项技术。其特点是因地制宜地通过构建水生态系统、辅以物理手段等为水生动植物提供适生生境条件，进而建立起水生态系统动态平衡，以提高水环境自净能力，最后通过科学运维，使目标水体生态系统能够有效满足"纳污、自净、景美、健康"的要求，为城乡居民宜居生态环境建设奠定基础。

工程主要建设内容包括水环境本底条件调查及底质改良工程、水生动植物群落构建工程、微生物净水工程、清水型浮游动物群落构建工程、曝气增氧工程、复合生态浮岛工程和水生态系统优化调整工程。

五、项目优势

上海浦东高东公园水系在前期污染较严重的条件下，运用"SHEP 水环境长效综合治理技术体系"，融合了 9 项生态措施技术优势，成功营造了"清水型水下森林"湖泊生态景观，实现水环境、水生态、水景观综合效果。

（1）水环境：水体清澈、水面清洁、无异味，浅水区清澈见底，深水区透明度≥1.2 m，无藻类水华暴发。

（2）水生态：稳定构建水生态系统，丰富了水生态系统生物多样性，恢复了水体自净能力，并具有一定抵御外界污染的能力，水质得到明显改善，从黑臭状态提高并长期保持在国家《地表水环境质量标准》（GB 3838—2002）Ⅲ～Ⅳ类水标准。

（3）水景观：水质感官效果明显提升，稳定构建"清水型水下森林"水域生态景观，提高了公园整体环境质量，满足了城乡居民对宜居生态环境的需求。

六、工程创新

采用独特的净水集成技术"SHEP 水环境长效综合治理技术体系"，融合多项生态技术措施，构建可持续的水生态系统，成功营造"清水型水下森林"湖泊生态景观。

七、效益分析

（1）经济效益：工程结合水生态治理的同时打造生态水景观，营造水生态休闲场所，丰富公园生态景观元素，为游客提供了良好的生态环境，间接带动了公园休闲旅游和第三产业的发展。

（2）社会效益：经过水生态修复治理后，成功打造绿色、优质的公园环境，展示对比治理前后的生活环境，让人们更形象、深入地了解水生态环境保护的重要性，提升居民对生态宜居环境的追求，提高城市居民幸福指数。

（3）生态效益：工程实施后，水体透明度及水质得到提升，水体生物多样性得以修复，恢复了自然界生物系统，使其对周边居民的生产、生活条件和环境条件产生有益影响和积极效果，比如调节小气候效益、水土保持效益等。

无锡市锡山水务有限公司云林厂提标改造工程臭氧催化高级氧化系统

天津万峰环保科技有限公司（以下简称"万峰环保"）于 2011 年经天津科学技术委员会科技招商，入驻滨海新区空港经济区，是以水污染治理与资源化利用、污泥处置与综合利用、土壤修复以及废气治理领域的技术研发和应用为主的国家级高新技术企业，是工业和信息化部首批符合环保装备制造业（污水治理）规范条件企业和天津市首批"瞪羚企业"。

万峰环保始终坚持以"企业为主体，项目为导向"进行高新技术研发与应用，在企业建立博士后科研工作站，拥有专职研发人员 60 余人，其中研究生及以上学历人员占比超过 50%。公司拥有 3 000 m² 的科研基地、3 200 m² 的中试基地，经过十几年的探索，自主研发了多项业内领先的专有技术，其中臭氧催化高级氧化技术在污水处理厂提标改造方面的工程应用上实现了国内首创，填补了污水深度处理领域的空白，工程项目覆盖全国十几个

省（市、区），细分市场占有率处于全国领跑地位。依托现代化信息技术着力打造的水生态环境健康精细化智慧管理平台为客户提供数字生态新体验，在监测分析、病毒溯源、联合调度、修复治理、应急管理等方面更好地发挥技术支撑作用，为提升城市水环境和水安全管理的科学化程度和业务智慧化水平提供卓越的服务。

万峰环保的宗旨是结合国际先进技术理念，开发最适合我国国情的高性价比环保解决方案，破解当前困扰我国的生态环境问题，继续坚持技术创新和成果转化，肩负责任，承担使命。

≫ 案例介绍

一、项目名称

无锡市锡山水务有限公司云林厂提标改造工程臭氧催化高级氧化系统。

二、项目概况

江苏锡山水务云林厂位于锡山经济技术开发区，占地面积约 9 200 m²，设计处理规模

为 $6×10^4$ t/d，管网服务范围 21.8 km^2，污水处理厂 60%的废水主要为工业区排放的工业废水，具有成分复杂、有机污染物含量高、碱性大、水质变化大等特点，在工艺末端采用臭氧催化高级氧化技术处理后出水 COD≤20 mg/L。目前，本污水处理厂出水水质可达到地表准Ⅳ类水，尾水排入北兴塘河作为河道补给水源。云林厂一级 A 建设及提标工程总投资约 4 亿元。

三、技术创新

（1）万峰环保污水处理主要依托自主研发的臭氧催化高级氧化技术（专利号：ZL201310067756.3），经鉴定，该技术成果属于国际先进水平，具有世界领先的溶气效率、超低的能耗，以及稳定的工作性能等优点，在工程应用上成功实现了国内首创，填补了污水深度处理领域的空白。此技术可用于化工、制药、印染、电子电镀等一系列高难工业废水的深度处理，成功解决了污水中难降解 COD 去除的行业难题，为多家世界 500 强企业、大型央企提供优质的污水深度处理系统解决方案，工程项目覆盖全国十几个省（市、区）。目前，万峰环保深度处理污水规模约为 500 万 t/d，细分市场占有率处于全国领跑地位。臭氧催化高级氧化技术经过几十个大规模工程的验证，技术成熟、投资合理、运行费用低。万峰环保作为臭氧催化高级氧化技术的开拓者，愿为客户提供更大的价值回报。

（2）本工程项目技术亮点之一在于废水处理达标排放前的最后一个处理单元臭氧催化氧化处理池部分，采用的是由万峰环保拥有自主知识产权的臭氧催化高级氧化技术，本技术聚焦污水处理行业的"难点""痛点""堵点"，着力解决臭氧氧化技术中存在的臭氧利用率低、能耗高、高级氧化效果弱、出水达标稳定差等问题，遵循"节能、降耗、减污、增效"的原则，通过臭氧与催化剂作用产生具有超强氧化能力的羟基自由基，实现有机污染物的彻底矿化或分解。本技术攻克了臭氧溶气、催化效率、节能环保等方面的一系列"瓶颈"问题。技术创新点从以下两部分进行介绍：

一是高效溶气系统：工业废水中含有大量的胶体态团簇是影响臭氧溶解的关键因素，而高效溶气装置系统主要是通过电磁切变场的作用改变污水中水分子、有机污染物分子、离子氛的团簇结构，以改变待处理污水的物理、化学、分子力学等各方面性能，其突破了传统溶气技术和手段无法实现的溶气效率水平，臭氧溶气效率达到 95%以上，继而加快了有机污染物与羟基自由基的接触概率，减少了臭氧投加量，减少了反应池容积，相较于其他深度处理技术，运行成本节省 50%以上，加快反应速率。本系统是国内外首次将电磁切变场原理应用于污水治理，提高了臭氧溶气效率。

二是高效催化系统：高效催化系统可根据不同污水水质优选出合适的高效催化材质的极板，通过自主研发的微电解技术可实现简单的调节电流来控制催化离子的投加量和投加比例，获得仅为 μg/L 量级投加量，不影响水中电导率，不添加任何化学药剂，无淤泥产生，显著提升催化效果，均相催化的吨水耗电量远远低于常规电催化技术，是一种新型的靶向催化氧化有机物技术，其突破了制约均相催化技术工程化应用的"瓶颈"，成功解决了污水处理厂工业废水超净排放的问题。

（3）技术优势总结：臭氧投加量低，是目前同类高级氧化技术的 50%左右；催化效率高，应用时间长（最早的工程应用是 2004 年），最早实现均相催化技术工程化应用（2015

年）催化效果稳定；工程业绩多，经验丰富，目前已经完成几十个工程业绩，日处理水量接近 500 万 m³/d；对有机污染物的降解几乎无选择性，反应速率快，运行稳定可靠；系统自动化程度高，设备运行维护简单；系统不产生二次污染（污泥）。

四、效益分析

臭氧催化高级氧化深度处理工艺占地面积小，为锡山水务云林厂有效地减少了土地负担，对土地等资源进行了充分利用。显著提高了运行处理效率，节省了运行成本。在本工程案例中经臭氧催化高级氧化技术处理后，废水中难降解有机物被氧化，最终生成 CO_2 和 H_2O，不会对环境产生二次污染，是一种生态环境友好型的高新技术。此外，处理达标排放的水质携带了丰富的溶解氧，尾水先经过占地约 10 万 m² 生态湿地进一步净化，最后排入北兴塘河内，其可调节河及湿地水体微生物状态，激发水生态自净修复的能力，使水质持续得到提升，给当地水生态环境改善带来显著效益，极大地促进了水生态环境自然向好的发展。

水生态环境健康精细化管理智慧平台

高效溶气装置

管廊间

出水池

新凤鸣集团股份有限公司年产100万t聚酯纺丝废水处理工程项目

　　浙江环耀环境建设有限公司（以下简称"环耀环境"）成立于2008年，总部位于浙江省杭州市，在江苏、江西、安徽等地设有分公司。公司依托环保咨询、工程EPC、非标环保装备制造、投资运营、环境监测等业务模块，打造贯穿项目建设全产业链的"环保管家"服务，致力于做政府、企业贴心的环保管家。

　　目前，环耀环境从事的生态环境领域的咨询服务，一方面为政府提供环境政策支撑，为社会提供环境改善服务；另一方面为企业提供项目建设、公司运营等全方位的环境保护服务。近年来，公司创新服务模式，深耕服务区域，布局全产业链，开展了生态环境保护、生态文明建设规划、环境功能区划、流域水污染治理方案设计、环境影响评价、环境监理、清洁生产、污染源普查、排污许可申报、环境风险评价、危险废物鉴定、企业上市核查、土壤调查、应急预案、竣工验收、企业信用评价等一系列环境保护咨询业务。

　　环耀环境从事的环境保护工程业务主要涉及水、大气、土壤等领域的污染防治，服务对象涵盖石油化工、医药、聚酯化纤、皮革、汽车制造、采矿、明胶、造纸、电镀等行业。

　　公司为浙江省环评与监理协会副会长单位，技术力量雄厚，在职人员130余人，50%以上为硕士研究生学历，有20余名注册环境影响评价工程师，注册环保工程师、注册一级结构工程师、注册建造师，暖通、机械、自动化、给排水、概预算等专业技术人员齐全。公司持有环境影响评价乙级资质、环境工程专项设计乙级资质、环保专业承包三级资质、安全生产许可证、环境监理甲级资质、污染设施运行服务（工业废水处理二级）能力评价证书，并于2017年通过了国家高新技术企业的认定。

》》案例介绍

一、项目名称

新凤鸣集团股份有限公司年产100万t聚酯纺丝废水处理工程项目。

二、项目概况

　　新凤鸣集团股份有限公司（以下简称"新凤鸣集团"）为进一步加快企业转型升级步伐、提升优质总能总量，增强企业核心竞争能力，于2012年7月成立湖州中石科技有限公司，注册资本1亿元，是一家以低碳超仿真涤纶纤维制造为主营业务的高新技术企业。

公司占地面积 750 亩，投资总额接近 20 亿元。企业新建年产 100 万 t 聚酯纺丝生产线项目，项目技术水平和生产能力均达到世界领先水平，主导产品为高仿棉、透气呼吸 POY 丝、异收缩仿毛丝、细旦 POY 丝等产品，属于差别化纤维新一代产品。项目的实施能够提高企业装备水平，优化企业产品结构，提升产业竞争优势，促进浙江省化纤业结构优化。

环耀环境在聚酯化纤废水治理领域具有领先的技术和丰硕的业绩，承接了本项目 4 560 m³/d 污水处理厂的 EPC 总包合同，提供全套污水处理系统工程的工艺设计、设备制造、设备安装以及调试、试车等方面的服务，本项目要求中水回用率达 85% 以上，使污水实现资源化，减少对环境的污染。

本项目实施后，最终出水水质高效稳定达到《城市污水再生利用工业用水水质》（GB/T 19923—2005）中相关回用水水质标准，实现了污水零排放，减少了排污费和取水费，提升了企业竞争力。

三、工程规模

处理规模为 4 560 m³/d，24 h 连续运行。

四、技术特点

（1）废水具有浓度高、色度高、水量大等特点；

（2）项目采用预处理+二级厌氧+好氧组合工艺，出水稳定达标；

（3）本项目采用零排放组合工艺，污水实现零排放和资源化。

五、项目优势

（1）工艺路线成熟可靠，出水水质稳定、高效达标回用；

（2）工程设备及土建一次性投资少，运行成本低廉；

（3）自动化程度高，采用 PLC 自动控制（可接入 DCS），实现无人值守运行，减少人员投资成本；

（4）采用了厌氧处理工艺，污泥产量少，降低了污泥处置费用；

（5）实现中水回用，使污水零排放，减少排污费和取水费，提升企业竞争力。

六、工程创新

（1）高浓度废水采用了配置高效三相分离器的 UASB 厌氧塔，COD_{Cr} 去除率高达 90%，出水稳定排放；

（2）高浓度废水采用水解酸化+高效 UASB 厌氧塔组合工艺，使厌氧处理工艺四个阶段中的水解、酸化和乙酸化、产甲烷化分别处于独立的系统，可提高系统的抗冲击能力，提高废水的去除效果；

（3）污水采用特制的超滤膜和反渗透膜应用于本工程中，中水回用技术采用了预处理+超滤+反渗透系统组合工艺，使其污水资源化利用，回用于循环水补水池中，使污水实现零排放，可大幅减少排污费及取水费用；

（4）反渗透系统产生的浓水采用高级氧化+反硝化曝气生物滤池组合工艺进行处理，

其出水稳定达标回用。

七、工程效益分析

项目污水通过污水处理系统处理后，最终出水水质高效稳定达到《城市污水再生利用工业用水水质》（GB/T 19923—2005）表 1 中敞开式循环冷却水系统补充水水质标准，实现污水零排放，直接省去排污纳管费。根据当地环保部门要求和二级污水处理厂收费标准，纳管水费 8 元/m³，如每天水量按 4 560 m³、一年按照 330 天计，则每天可节约水费 3.65 万元，每年节约水费 1 200 万元。同时根据国务院《排污费征收使用管理条例》（国务院令 第 369 号），本项目不再需要缴纳超标排污费，大幅提高了企业竞争力。

浙江省台州市黄岩区长潭库区 25 个村农村
生活污水提升改造工程（EPC+O 模式）

浙江建投环保工程有限公司（以下简称"建投环保"）成立于 2014 年，是浙江省建设投资集团有限公司全资子公司，是一家集投资、建设、运营、设计咨询于一体的国家高新技术企业，注册资本 1.5 亿元。建投环保现拥有员工 121 人，其中具有正高级职称 2 名、高级职称 7 名、中级职称 18 名、注册环保工程师 2 名。截至目前，累计获得发明专利 1 项、实用新型专利 15 项、软件著作权 4 项。下属 4 家全资子公司，成立了浙建集团环保技术研究院、污水处理厂运维管理培训基地和农污运维管理培训基地。

建投环保总部坐落于浙江省杭州市西湖区，拥有市政公用工程施工总承包、环保工程专业承包、消防设施工程专业承包、污染治理设施运行服务能力评价、农村生活污水治理设施运维服务机构评价等资质，获得浙江省"守合同、重信用"企业（AA 级）等荣誉。所属浙江天台建设水务有限公司获评 2016—2017 年度全省重点建设立功竞赛先进集体；由建投环保施工的玉环大麦屿零直排 EPC 项目获台州市考核验收优秀，运维的长兴县、常山县、泰顺县、台州黄岩区、温州瓯海区 5 个农污运维县（区）被评为省级农污运维优秀县（区）。

公司一直注重产学研一体化建设，与中国科学院城市环境研究所、浙江大学、西南交通大学和德国 TechTrade International GmbH 公司均建立了战略合作伙伴关系，主编了浙江省建设厅组织的《农村生活污水 MBBR 处理终端维护导则》《农村生活污水处理设施运维废弃物处置导则》，参编工业和信息化部标准《微生物法修复化工污染土壤技术规范》《农村生活污水净化装置》等。与科研院所、同行企业联合申报的《基于源分离的分散式污水景观型生态耦合处理技术研发及应用》项目荣获 2019 年中国产学研合作创新合作成果一等奖。

公司积极投身生态环境事业，致力于城镇基础设施与环保产业的融合发展，立足水业、固体废物、生态修复三大主营业务，持续提供环境改善的新理念、新技术、新产品、新服务，努力打造集技术合作、投资融资、建设管理、运营维护、咨询服务于一体的科技型综合环境服务商。

》》案例介绍

一、项目名称

浙江省台州市黄岩区长潭库区 25 个村农村生活污水提升改造工程（EPC+O 模式）。

二、项目概况

黄岩区长潭水库是一级饮用水水源保护区，保障着台州市 300 万人口的用水安全，库区内仍有 10 万原住民，其中二级保护区内有 2 万原住民。黄岩长潭水库二级保护区农村生活污水提升改造 EPC+O 项目合同额 1.27 亿元，涉及黄岩区 3 乡 1 镇 25 个行政村的农村生活污水处理设施的勘察、设计、施工、设备采购、安装、调试和运维，受益群众达 19 896 人，是浙江省第一个达到准 Ⅳ 类出水标准的农村生活污水治理项目，2019 年 11 月投产运行。

本项目处于水源保护区，周边生态环境好，居民居住分散，对站点设施美观要求较高。建投环保克服了库区改造工程面广、地形落差大、污水管线走线以及终端选址难等诸多困难，实施设计、施工、运维一体化，减少政策不统一、标准不一致等外在因素的干扰，缩短工期至少 6 个月，竣工验收一次性通过。

2019 年 4 月，全省农村生活污水处理设施运维管理工作现场推进会在黄岩区召开，建投环保的建设及运维能力得到参会者高度认可。同年，在浙江省专项考核中，黄岩区被评为农村污水运维优秀区。

三、技术特点

本项目采用 A^3/O+MBBR 污水处理工艺。

A^3/O 污水生化处理工艺是对传统 A^2/O 工艺的全面提升，优化设置功能明晰的预脱硝区、厌氧区、缺氧区和好氧区，使聚磷菌在厌氧段释磷更彻底，强化了脱氮除磷的效果。

MBBR 是移动床生物膜反应器（Moving Bed Biofilm Reactor）的简称，本工艺兼具传统流化床和生物接触氧化两者的优点，运行稳定可靠，抗冲击负荷能力强，脱氮效果好，是一种经济高效的污水处理工艺，具有生化系统启动快、脱氮除磷效果好、剩余活性污泥少、投资运行费用低的特点。

采用 A^3/O+MBBR 技术的一体化污水处理设备，同步实现硝化反硝化具有较好的生物脱氮效果，在实现污水处理回用的同时，能够减少后端深化脱氮除磷的剩余活性污泥产量，成功助力解决农村生活污水剩余污泥处置难题，有效地解决了农村污水总氮去除难的问题。

四、治理成效

经 A^3/O+MBBR 工艺一体化设备处理，设备内填料采用高效载体填料（载体结构设计具有高生物量，折合污泥浓度为 6 000～8 000 mg/L），高效稳定、耐冲击负荷强，A^3/O 工艺和高效载体填料优化聚磷菌的反应条件和环境，最大限度地发挥生物除磷优势，经处理，出水达到地表准 Ⅳ 类水要求。

五、项目优势

（1）采用 EPC+O 管理模式。投资风险可控，质量、工期、安全等合同约定明确，责任主体清晰，对投资和完工日期有实质性的保障。充分发挥设计在整个工程建设过程中的主导作用，有利于整体方案和资源配置的优化，充分实现经济效益最大化。

（2）出水水质标准高。本项目采用 MBBR 处理工艺，脱氮除磷效果好，出水水质达到地表水准Ⅳ类，可以直接作为非饮用市政杂用水进行回用。

（3）剩余污泥产量少。本工艺可以在高容积负荷、低污泥负荷下运行，剩余污泥产量低，降低了污泥处理费用。即使产生少量剩余污泥，在运维期间可采用抽吸车运送到指定的污水处理厂进行污泥脱水处理处置，有效保证不在库区产生二次污染。

（4）监测智能化。可通过手机、互联网实现远程监控、调试、维护，再通过信息化平台实现大数据的分析与应用；智能网络控制中心可以对出现的设备故障进行智能诊断，并及时有效地解决故障问题。

（5）占地面积小，不受设置场合限制。本工艺流程简单、结构紧凑、占地面积小，为一体化结构设计，且污水站土建工程量少，投资少，建设周期短。

（6）操作管理方便，易于实现自动控制。全自动化设计，维护管理便捷，运行控制更加灵活稳定，员工人数少，劳动强度低；处理处置费用低，可广泛推广应用。

六、社会效益

本工程建设成本、运行维护成本低，是不以营利为目的的公益性工程，注重环境效益和社会效益。项目建成后极大地改善了区域农村水环境，避免了污水直接排放对水体的污染以及由此造成的经济损失。减轻了污水对长潭水库的污染，改善了当地村居民以及农村的饮水条件，使得居民生活环境和周围生态环境都得到大幅改观。

本项目的实施，实现了工程设计、施工、运维一体化推进，也探索了一套高效率、智慧化、经济型农污运维管理系统，库区二级保护区农村生活污水处理设施的出水标准已达到地表水准Ⅳ类，实现了对台州市重点水源地的有效保护，提升了农村人居环境和生活品质，助力浙江省生态文明建设。

日照经济开发区史家岭村污水处理项目

　　自然工法水务（山东）有限公司（以下简称"自然工法"，原山东泓美环境工程有限公司）主要从事环境治理技术的研发，最初业务始于 1997 年，是国家科技部重点扶持的一体化污水处理设备产业化基地、国家高新技术企业。

　　分散污水就地处理技术研发是公司的核心业务之一，包括设备的生产、销售、安装、调试和运营维护，是分散污水就地处理领域的技术提供商、设备制造商和供应商。

　　在学习、吸取国内外先进的产品技术和成熟的运维经验的基础上，成功研发了 PTCFS、PTCWS 系列零耗电分散污水处理技术以及相关的设备和设施，成功研发了 LPSDS 全地形小管径污水收集与运输系统，相关技术通过了严格的自验和第三方检测及验收，在市场中得到认可并被广泛使用。

　　公司秉承"响应快速、服务完美、全程零缺陷"的准则，为用户提供"工艺先进、设备精良、运行可靠"的产品和服务，努力改善环境，护佑健康，共同实现"美丽中国梦"。

》》案例介绍

一、项目名称

日照经济开发区史家岭村污水处理项目。

二、项目概况

　　史家岭村是山东省日照市经济技术开发区奎山街道下辖的行政村。为镇乡结合区，全村共 254 口人。污水处理站建于本村的西南角，对本村污水进行集中处理。

　　本污水处理站规模为 10 t/d，处理工艺采用自然处理技术，建设工程于 2020 年 2 月 22 日开工，2020 年 3 月 20 日竣工。

　　施工单位：自然工法水务（山东）有限公司。

　　应用领域：村镇污水处理。

三、技术特点

污水处理技术有主动处理和非主动处理之分。

　　主动污水处理是指通过鼓风机、曝气系统等机械部件实施强制人工干预的方法，如 A/O、A^2/O、SBR、MBR、MBBR、生物转盘等属于主动污水处理。

　　自然处理技术，属于非主动污水处理，即不用人工干预的污水处理方法，是生态的、自然的、可持续的污水处理方法。

本项目采用非主动的自然污水处理技术。非主动污水处理原理和主动污水处理原理相同，均利用物理的、化学的、生物的方法，确保污水通过厌氧段、缺氧段、好氧段过程中削减污染物，达到水质净化的目的。

四、项目优势

进出水利用水泵提升，用电由太阳能系统供给，既解决了污水处理站接电困难的问题，又节省了后期污水处理站的电费开销。整个污水处理过程不用电、不用化学品、不用机械部件，前期投资省，运维费用低，没有技术依赖，出水稳定达标，无气味、异味排出，可与景观融为一体，美化环境。

五、创新之处

（1）创新型的技术。处理过程无电力需求、没有机械配件、24 h 快速启动、超长的排泥时间。

（2）独特的运行享受。无噪声安静运行、不产生任何臭味、运行费用低、维护费用低、排泥费用低、可欠载或间断运行。

（3）最可持续的生态处理方案。系统本体的寿命超过 30 年，滤料介质的寿命达 8～10 年以上。污水处理效率高，满足《农村生活污水处理处置设施水污染物排放标准》一级的要求。年度维护频率低，费用少。对专业技术人员的依赖程度低。无曝气设施，处理过程不用电，减少化石燃料消耗产生的二氧化碳排放，更加低碳环保。

六、运行效果

目前，污水处理站运行正常，处理效果良好，运维主体每 2 个月检测一次，污水经处理后主要水质标准达到《农村生活污水处理处置设施水污染物排放标准》一级标准。

七、经济效益

（1）节省管网建设费用：实施污水分散就地处理，可以不建设管网；需要联户小集群处理，管网的建设费用大幅降低。

（2）运行费用低：自然工法污水处理，处理过程不用电，没有化学品和机械部件，运行中的电费、化学品和易损机械部件的使用和更换费用全部节省。

（3）维护费用低：自然工法污水处理，维护费用极低，仅需要普通农工每月对关键部位进行检查、清理即可，既不需要专业技术人员，也不需要长期看管。

本污水处理站上述三项费用每年可为日照经济开发区史家岭村节省近 5 万元。

武汉市中心城区排水、污水管网维护管理情况检查

武汉中仪物联技术股份有限公司（以下简称"中仪股份"）是湖北省武汉市一家以排水管网检测、评估、养护、修复相关技术、设备及材料研发制造为核心产业的高新技术企业，专注于为城市提供智慧排水管网运维信息化整体解决方案。

公司与多家高校及科研机构保持紧密合作，在理论研究、设备研制、工程检测等领域先后研发出一系列技术先进、适用性强、操作简便、稳定耐用的检测、养护及修复设备和软件产品，并在全国各地设有分公司及分销机构，建立了完善的售后服务体系。

中仪股份已完成一系列具有自主知识产权的管网检测、养护及修复产品的研制，在物探、城建、市政、国防、水利水电等各个基础建设领域得到广泛应用。公司在智慧管网、地理信息系统领域与北京清华规划院、中地数码形成战略合作联盟，相继开发了一系列数据管理系统。借助 GIS，充分利用现有排水管道及地理地形数据，为排水管网的整个运营生命周期业务提供准确可靠的数据，形成一套行之有效的城市排水管网地理信息系统，并广泛推广与应用，为城市智慧排水技术服务奠定了坚实的基础。

中仪股份通过 ISO 9001、ISO 14001、ISO 45001 等管理体系认证，相关产品取得了美国联邦 FCC 认证、欧盟 CE 认证、国家防爆产品认证，同时拥有多项专利证书及软件著作权登记证书，参与编写各地行业标准。

》案例介绍

一、项目名称

武汉市中心城区排水、污水管网维护管理情况检查。

二、项目概况

为了保证城市排水设施完好和正常运行，提高市区排水管网管理水平和服务质量，完善公共事业监督管理体系，提高排水管网养护巡检运维效率，优化人员、设备配比，特制定巡检运维管理考核办法。通过信息化的运维手段，解决因考核范围目标体系庞大而导致的任务繁重、工作效率低、管理混乱、信息统计缺失等问题。

三、项目规模

对武汉市中心城区各区域的排水、污水管网维护管理情况进行检查，检查对象及范围覆盖武汉市 11 个中心城区，对管网进行抽检及疏捞维护情况进行检查。

四、技术特点

系统利用大数据、物联网、信息化技术等手段将排水管网、混接点、排污口、溃水点等多种信息进行可视化展示以及统一管理，实现对数据的查询、统计、分析以及展示等功能，同时通过外业巡检移动端实现外业巡检工作的信息化操作。系统依据制定的运维管理考核办法，对区域内所有的数据进行考核打分，量化区域的排水管网运维管理水平，同时将隐患点通过工单的形式进行统一整改管理。解决了因考核范围目标体系庞大而导致的任务繁重，因采用人为手工方式获取现场信息及用原始的纸张记录导致的工作效率低下、管理方式混乱、信息存在统计缺失等问题。

（1）大屏展示：结合大数据分析处理、可视化展示技术，实现对运维实施过程管控、定期评估，把控运维项目的整体情况，提升整个管辖区域内运维监管的技术水平。

（2）平台自主化：以中国地质大学为依托研发基于开源自主平台打造，采用 B/S 架构，调用地图资源，内含图层管理控制功能，可对地图、影像等图层进行切换。

（3）二三维空间一体：系统能够根据二维管网建模，生成三维管网模型，将数据展示延伸至三维动态空间实现数据三维空间碰撞、分布分析，辅助城市管线设计。同时可以在浏览器中显示二三维联动。

（4）查询分析功能：系统除能够对管网系统实现统计分析功能，同时可以根据二维管网属性进行流向、碰撞、埋深等常规分析外，对管网断面等也能精准分析。

（5）检测视频：系统设计时考虑到管网检测的业务需求，在使用过程中只需按照一定的数据规范格式，即可将管网检测数据导入系统中进行展示，实现无缝对接。

（6）考核评估：构建全方位、可落实、可定制的考评监管体系，通过对考核数据的实时采集，数值精确化反馈考核评估结果，直观反映管辖区域排水管渠运行健康状况，实现对管辖区域内排水管渠的全面了解与掌控。

（7）运维一张图：统一展示排水管渠运行与维护过程中的各项基础数据底图，对多个项目的总体运维实施效果进行系统化的展示，实现对全区域内各项设施的便捷、高效管控。

（8）直播监理：运用无线网络流媒体传输技术，对管渠巡查和检测实时影像、设备状态、作业轨迹等数据回传到监控中心，为监理人员提供数字化集中监管调度通道。能够直击现场，实时传输展现现场实时工作视频，实现对项目实施过程的监管。

五、项目优势

中仪股份负责该区的管网疏通清淤、雨污混接调查、管网健康度、管网修复及提升方案等环节，通过摸清排水管网对河道污染的影响，查出雨污混接点，以及排水管道的缺陷情况，做到管网检测、修复、运维一体化服务。

六、工程创新

CCTV 管道机器人检测不应带水作业。当现场条件无法满足时，应采取降低水位措施，确保管道内水位不大于管道直径的 20%。检测前应对管道实施封堵、导流，使管内水位满足检测要求。在进行结构性检测前应对被检测管道做疏通、清洗。当管道处于满水状态，且不具备排干条件时，采用传统的视频检测手段已无法取得较好的检测效果，而 X4 管道声纳检测系统正适用于这类管道。

对管道进行巡检计划制订、养护计划制订、巡检人员监控、巡检绩效管理、运维考核管理。巡检人员全面掌握排水管网分布情况，实时监控巡检人员外勤轨迹，有效监管外业巡检业务，实现量化考核。

排水管道整改方法很多，主要有传统的开挖重排和非开挖修复技术两大类。针对管道存在的问题，最简单直接的方法就是采用开挖重新排管的方法。开挖排管存在诸多弊病：开挖埋管影响交通；影响附近商业正常运行，增加社会成本；开挖完成后还需恢复路面，施工工期长；需对附件管线进行保护。

非开挖修复具有不需封闭道路、施工工期短、有利环境卫生、修复后管道过水断面损失小；综合造价低、拆迁少（无）；免（少）掘路；特别是穿越河流、重要交通干线、重要建筑物，少保护、少监测；环境影响小、占地面积少、工期短，对交通影响小；少（无）土方、少扬尘、少噪声，对周边环境影响小；工期短、少审批、少协调；施工辅助少，施工准备时间短。

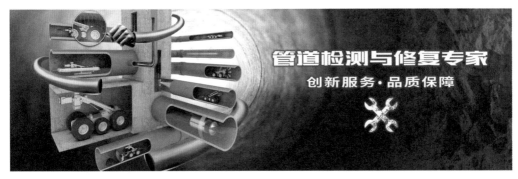

管道检测与修复专家
创新服务·品质保障

改性黏土治理赤潮的理论、技术与应用

中国科学院海洋研究所是我国规模最大、综合实力最强的海洋研究机构之一，拥有 5 个中国科学院重点实验室、2 个国家工程技术中心，以及多个在国内外具有领先水平的科研支撑平台。

中国科学院海洋研究所建所 70 年来，面向国家需求和国际海洋科学前沿，在海洋农业优质、高效、持续发展的理论基础与关键技术，海洋环境与生态系统动力过程，海洋环流与浅海动力过程，以及大陆边缘地质演化与资源环境效应等领域开展了许多开创性和奠基性工作，取得了 900 多项科研成果，为我国国民经济建设、国家安全和海洋科学技术的发展做出了重大创新性贡献。

中国科学院海洋研究所赤潮治理研究团队由国家杰出青年获得者、泰山学者攀登计划专家、国家重点研发计划项目首席研究员俞志明领衔，现有研究员 3 名、副研究员 2 名、助理研究员 2 名，以及博士后和研究生 10 余人，是基金委创新研究群体"我国近海生态系统关键过程与环境效应"的核心研究团队。团队已先后承担国家"973""863"等各类项目 10 余项，发表论文 200 多篇，出版专著 2 部，授权发明专利 10 余项，2019 年获国家技术发明奖二等奖。

团队成功研发了高效、绿色环保的赤潮治理材料和专用作业装备并实现了工程化生产，构建了基于改性黏土技术的赤潮治理体系，在我国沿海 20 多个水域成功应用，并走出国门，在美国、秘鲁、智利等国沿海示范应用，推动了我国赤潮防控的学科发展和科技进步，彰显了我国在涉及领域的国际地位和作用。

≫ 案例介绍

一、项目名称

改性黏土治理赤潮的理论、技术与应用。

二、项目概况

改性黏土技术是一种高效、绿色环保、可大规模应用于现场的赤潮治理技术。与国际同类技术相比，治理赤潮效率提高上百倍、用量减少 90% 以上，成本节省 85% 以上，使用更安全、更有效，突破了赤潮治理技术的国际难题。技术编入我国赤潮治理的国家标准方法《赤潮灾害处理技术指南》（GB/T 30743—2014），并获授权发明专利 10 余项，具有完备的独立知识产权。目前，已实现赤潮治理材料和现场自动化作业装备的工程化生产。此项技术在我国沿海 20 多个水域得到大规模使用，并在美国、秘鲁、智利等国沿岸成功示范应用，于 2019 年获国家技术发明奖二等奖。

三、项目规模

项目针对我国近海常见赤潮藻研发出 3 个系列、10 余种赤潮治理材料。项目团队与大型国有企业合作，设计建立了赤潮治理材料专用生产线，可日产改性黏土 30 t；通过气悬浮流化和多相流均质混合等设计思想，突破了改性黏土高黏性、难分散、不易连续作业的难题，设计制备出各型赤潮治理专用装备和首艘专用作业船只，实现了赤潮治理材料的工程化生产，促进了传统资源开发型企业产品的升级换代和新旧动能转换，近 3 年新增销售额 1.36 亿元。

围绕"保障沿海核电等重大工程、保障主场外交等重要活动、保障旅游养殖等敏感水域"三大目标，改性黏土治理赤潮技术已在我国渤海、黄海、东海、南海和北部湾 20 多个水域、上百个用户大规模应用，近 3 年避免赤潮灾害对核电运营和养殖业的经济损失达 10 多亿元。自 2017 年起，通过国际第三方生态安全评估，产品出口多个国家，并在相关国家沿海成功示范应用。

四、技术特点

团队研究发现黏土颗粒的表面负电性是影响其对赤潮藻絮凝效率的关键因子，创新性地提出提高治理效率的理论模型，发明了改变黏土表面性质、提升絮凝能力的系列改性方法，研发并制备出高效治理赤潮的改性黏土材料，治理效率较天然黏土提高上百倍，用量由国际上同类方法每平方千米 100～400 t，降到 4～10 t，赤潮治理效率居国际领先。

改性黏土主要取材于大地土壤，是一种天然、环保的絮凝材料。该技术不仅通过了对水质和鲍鱼、对虾、三文鱼等多种常见养殖生物的生态安全评估，还获得了美国伍兹霍尔海洋研究所、智利瓦尔帕莱索大学等国际第三方机构的评估报告，证明其具有可靠的生态环境安全性，可以放心应用在养殖、旅游以及重大赛事活动等水域。

为保障改性黏土材料在现场的科学高效使用，团队针对核电冷源取水区长时间、不间断作业需求，小型养殖筏架轻便灵活作业的需求，重要保障区域静音作业等需求，研发了系列自动化作业装备，大大提高了现场作业效果。

五、项目优势

项目技术成熟度高、应用范围广。改性黏土技术被列入我国沿海 13 省市（河北、福建、厦门、青岛、东莞、晋江、珠海等）的赤潮灾害应急预案，是我国地方政府应急处置赤潮灾害的行动指南；用户涵盖沿海 13 省（市）的政府部门、4 个核电站等大型国有企业和数十家养殖企业等，是我国目前唯一得到大规模应用的赤潮治理技术，在国外被誉为"中国制造的赤潮灭火器"，具有广泛的应用前景。

六、工程创新

项目以改性黏土技术为核心，构建了赤潮治理的技术工程体系，主要内容包括：基于黏土表面改性理论，研发了高效、环保的赤潮治理材料，并实现工程化生产；设计研发了不同型号的现场作业专业装备，开发出全球首艘赤潮治理专用船；建立了赤潮应急处置的专家诊断与决策系统，实现了集"科学决策—高效作业—能力支撑"于一体的赤潮治理作业工程化创新。

七、效益分析

项目取得的主要社会经济效益情况如下：

（1）服务于国家战略需求：技术通过国家核安全局审核，成功治理了防城港核电冷源取水海域的棕囊藻赤潮，并推广到阳江、大亚湾等核电站，为我国滨海核电的冷源安全提供了重要保障。

（2）保障近海生态环境：技术已多次成功消除了发生在近海养殖/景观及重大水上活动海域的赤潮，保障了相关企业免受经济损失、重大活动得以顺利进行，产生了显著的社会效益，对我国近海渔业生产、海洋旅游等开发利用活动和生态环境保护发展发挥了重要作用。

（3）带动相关企业产业升级：项目成果的落地转化，带动了兖矿等国有大型企业产品的升级改造，使企业产业体系由以前传统的低端产品向高科技、环保型产品转化，拓展了企业产品品种、提高了产品利润，近 3 年新增销售额 1.36 亿元。

（4）引领国际赤潮治理科技进步：项目成果走出国门，实现了中国赤潮治理材料和设备的出口，在多国沿海成功示范应用，对国内外赤潮治理等海洋环保技术的进步起到了显著的推动作用。

不同类型喷洒装备（小、中、大船）　　　　　　　　团队实验室内合影

现场应用

滆湖入湖河口区前置库示范工程

生态环境部南京环境科学研究所（以下简称"南京所"）成立于1978年，是生态环境部直属公益性科研机构，也是我国最早开展环境保护科研的院所之一。南京所自成立以来，一直以生态保护与农村环境为主要研究方向，致力于前瞻性、战略性、基础性及应用性环境课题的研究。科研范围涵盖生态系统评估与保护修复、生物安全、自然保护地环境管理、生态文明建设与规划、土壤环境基准与标准、农村环境保护与面源污染控制、农用化学品污染防治、固体废物管理与污染防治、流域水污染防治、环境规划与战略评价等32个研究领域。依托相关研究成果，南京所还在生态环境保护规划、有机产品认证咨询、农用化学品环境安全评估、污染场地修复及环境工程等方面开展了广泛的技术咨询工作，已建成国家环境保护农药环境评价与污染控制、国家环境保护生物安全、国家环境保护土壤环境管理与污染控制3个部级重点实验室，装备了国内一流的仪器设备千余台（套）。

南京所建所40多年来，共完成大中型项目千余个，在国内外重要学术期刊上发表论文2 400余篇，出版专著110余部，获得国家发明和实用新型专利520余项，获国家和省部级科技进步奖60余项。"十二五"以来，全所共主持制定并由国家相关部委颁布实施了150项国家环境保护标准、技术规范、技术政策等，为国家环境管理决策提供了有力的科技支撑，为各地的生态建设和污染防治提供了全方位的技术支持和服务。

案例介绍

一、项目名称

滆湖入湖河口区前置库示范工程。

二、项目概况

入湖河流是滆湖水体污染物的主要输入途径，选择滆湖入湖河口区域，综合运用系统结构优化、物理-生物拦截、生物消纳等手段，建设入湖口前置库系统，削减滆湖污染负荷，改善滆湖水质与生态环境。

三、项目规模

滆湖入湖河口区前置库示范工程包括两项工程，分别为扁担河入湖口区前置库工程和塘门沟入湖口前置库工程。其中扁担河工程位于滆湖扁担河湖口处，面积为 0.18 km²；塘门沟工程位于塘门沟入湖口处，面积为 2 km²。

四、技术特点

针对平原河网地区河网密布、河水落差小、水力负荷大的特点，结合入湖河口区的水文和水质特点、以导流潜坝为特征的入湖河口前置库技术和以景观一体化为特征的前置库技术，通过风光互补曝气/廊道式植物拦截带-生态浮床组合的强化净化技术，增强系统的净化能力，削减入湖污染负荷。其流程为：通过跌水或潜坝导流等入湖河口水力调配措施将入湖河流的来水引入处理系统，流经生态拦截区，再进入以风光互补曝气-生态浮床组合技术、廊道式植物拦截带技术等强化净化措施为核心的强化净化区和深度净化区，最后汇入生态稳定区，使污染物得到层层拦截和去除。

整个系统依次分为拦截沉降区、强化净化区、深度净化区和生态稳定区。面积分配为S（拦截沉降区）：S（强化净化区）：S（深度净化区）：S（生态稳定区）=1：1.5：1.5：3。生态拦截区种植芦苇、荷花等挺水植物，形成拦截屏障；强化净化区主要有生态浮床，在生态浮床上面种植挺水植物，在生态浮床下悬挂组合填料；生态稳定区主要种植沉水植物，放置螺、蚌等。

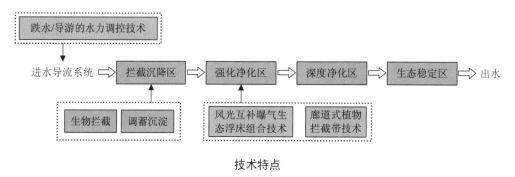

技术特点

五、项目优势

前置库是一种位于湖泊或者水库的上游，容积相对较小、水滞留时间为几天，通过水力调控和生态净化削减进入水体的污染物以保护下游湖泊或者水库的小水体。经典的前置库主要应用在丘陵、山地水库，去除和削减水库入流中的氮、磷等营养盐和其他污染物。平原河网区地势低平，河流纵横，交错成网，理论上不利于经典前置库的构建。技术上，涵湖入湖河口区前置库工程技术适应平原河网圩区的特点，能承受地表径流冲击负荷，运行稳定，处理效果理想。前置库系统具有占地面积小、投资少、运行成本低等优势，解决了生态工程占地面积大的问题，系统整体效益明显。

六、工程创新

针对现有的导流坝功能单一，不能对水质起到净化作用，入湖河口区水力负荷大、污染浓度高，负荷削减难的问题，水体进入前置库区相对困难，提供一种以弧形生态导流坝为特征的湖口前置库处理系统，具有净化功能和导流功能的导流潜坝，结合前置库技术，调控库区水力条件，提高处理效率，达到削减入湖污染物的目的。已授权多项国内和国际发明专利，包括一种以景观一体化为特征的前置库处理系统、一种以弧形生态导流坝为特征的湖口前置库处理系统等。

七、效益分析

（1）塘门沟工程于 2014 年年初正式运行，经过对工程近两年的跟踪监测，工程进水 COD、TN、TP、氨氮平均浓度分别为 5.65 mg/L、3.99 mg/L、0.33 mg/L、1.48 mg/L，出水浓度为 3.82 mg/L、3.00 mg/L、0.16 mg/L、0.55 mg/L，去除效率分别为 32%、24.8%、51.5%、62.8%；扁担河工程于 2014 年年初正式运行，经过对扁担河工程近两年的跟踪监测，工程进水 COD、TN、TP、氨氮平均浓度分别为 5.72 mg/L、4.31 mg/L、0.37 mg/L、1.6 mg/L，出水浓度为 4.68 mg/L、2.45 mg/L、0.175 mg/L、0.12 mg/L。

（2）溻湖入湖河口区前置库示范工程对入湖河流 N、P 去除具有很好的示范作用，目前已在安徽省焦岗湖良好湖泊建设与生态修复等工程中得到推广应用。

技术推广证明

环境保护部南京环境科学研究所在国家"十二五"水体污染控制与治理科技重大专项"湖荡湿地重建与生态修复技术及工程示范"课题（2012ZX07101-007）中研发的"入湖口导流、水力调控与强化净化集成技术"在焦岗湖生态环境保护生态修复类项目焦岗湖前置库工程中得到了应用。工程建于焦岗湖上游入湖河流关沟入湖河口，建设面积 2km²。目前该工程已完工，该工程有效去除了关沟纳污区域内村镇地表径流以及其它未处理的污染源中 N、P 营养盐、悬浮固体和有机污染物，大大减少入湖污染负荷。

特此证明！

毛集社会经济发展综合实验区环境保护局（章）

2018 年 8 月 1 日

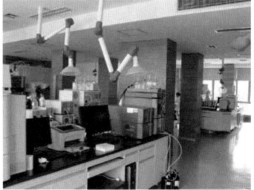

九江市两河（十里河、濂溪河）流域综合治理工程

长江生态环保集团有限公司（以下简称"长江环保集团"）是中国长江三峡集团有限公司开展长江大保护工作的核心实体公司，于 2018 年 12 月 13 日在湖北武汉注册成立，注册资金 300 亿元。

长江环保集团依托长江经济带建设，负责与生态、环保、节能、清洁能源相关的规划、设计、投资、建设、运营、技术研发、产品和服务等，依法经营相应的国有资产；业务范围涵盖原水、节水、给排水业务，城镇污水综合治理、污泥处置、排污口整治、再生水利用、管网工程、设备设施安装维护，以及工业废水处理、固体废物处理处置、危险废物处理、船舶污染物处置、农村面源污染治理、土壤修复等。目前，公司主要以城镇污水治理为切入点参与长江大保护，通过 PPP、资本+等模式开展城镇污水处理设施建设、改造、运营，并协助地方政府编制城市水环境综合治理规划，合作区域已从最初 4 个试点城市向长江沿线 11 省（市）迅速铺开。

长江环保集团以实现"长江水质根本好转"为最终工作目标，以长江沿江 11 个省（市）为对象，践行"绿水青山就是金山银山"发展理念，为长江经济带生态优先、绿色发展提供有力支撑。

》案例介绍

一、项目名称

九江市两河（十里河、濂溪河）流域综合治理工程。

二、项目概况

九江市两河（十里河、濂溪河）流域综合治理工程治理范围包括九江市十里河、濂溪河及其支流，总长 40.9 km，工程围绕十里河和濂溪河黑臭水体治理等方面的突出问题，综合运用河道拓宽整治、污染源控制和海绵城市设施等工程及非工程措施，解决防洪排涝、水质保障、景观营造等多方面的问题，提高区域防汛排涝能力，改善河流水环境，形成沿河一定规模的生态景观带，打造城市滨水空间，带动河道两岸土地开发利用，支撑九江市建设，促进九江市社会经济可持续发展。

项目总投资 36.7 亿元，主要工程内容为：水资源调配及防洪工程；截污工程，包括截污管道的新建与修复、入河排口改造、扩建鹤问湖污水处理厂、新建两河污水处理厂、新建初雨调蓄池等；河道清淤工程；补水活水工程；生态修复工程；环境景观提升工程；智能监测系统；水库管理。

三、技术特点

本工程主要包括水资源调配及防洪工程、截污工程、河道清淤工程、补水活水工程、生态修复工程、环境景观提升工程、智能监测系统、水库管理八大内容。围绕十里河和濂溪河黑臭水体治理等方面的突出问题，综合运用河道拓宽整治、污染源控制和海绵城市设施等工程及非工程措施，解决新区防洪排涝、水质保障、景观营造等多方面的问题，带动河道两岸土地开发利用，可在"管—河—湖联动"综合治理模式方面发挥良好的示范作用。

四、项目优势

（1）流域统筹。本工程按照三峡集团的 163 字治水方针，坚持"流域统筹、区域协调、系统治理、标本兼治"的原则，遵循"厂网河（湖）岸一体"的治理思路，通过控源截污、内源治理、生态修复及活水保质的措施，全方位保障项目范围内水环境质量整体根本改善。同时统筹解决城市水系水量、水质、水生态、水景观问题，协调处理各种治理措施之间的关系，以水资源统筹及水环境保护为重点，兼顾其他。在满足城市供水和水环境保护、水生态改善的前提下，充分考虑景观、水文化及水经济发展等方面需求，发挥九江市河湖水系综合功能。

（2）宏观微观结合，打造水系空间系统。在宏观上，从生态水资源调配、水环境水生态系统保护角度对城市水系进行总体布局；在微观上，将城市水系的水体、岸线、滨水区作为一个整体进行空间、功能的协调，合理布局各类工程措施，形成完善的水系空间系统。

（3）解决核心问题，着眼长期目标。在着力解决当前突出生态环境问题的基础上，采取治本之策，加强污染源头控制，统筹区域水环境承载力，从根本上解决区域水生态环境问题，治理方案统一规划，分期实施，远近结合，先抓核心问题后抓一般性问题，实现时间和空间上的合理安排和过渡，确保区域用水安全和生态安全。

五、工程创新

（1）按功能划分河段，进行针对性治理。在生态完整性的基础上，根据河道形状及来水等情况，将两河水系从上游至下游分为自然生态段、生态亲水段、生态柔化段、生态净化段及生态修复段 5 类功能区段，有针对性地进行水环境提升及水生态系统的建设。

自然生态段：建设重点为岸坡防护及现有的较好生态基底保护性修复。

生态亲水段：建设重点为生态亲水岸线构建、河道疏拓、叠瀑充氧等。

生态柔化段：建设重点为护岸柔化及生态改造、沿河绿带及河道断面优化等。

生态净化段：建设重点为河道补水水质提升及生态湿地带构建等。

生态修复段：建设重点为全面自然化生态修复、底泥生态清淤等。

（2）打造精品景观节点，全面提升流域人居环境。本项目根据河段的特点，明确景观节点以集生态保护、文化展示及服务居民于一体的多元化、开放式水岸空间为目标定位，重点从生态河道的修复、滨水景观空间的有序梳理、休闲游憩体系的构建、滨水景观品质的提升 4 个方面对两河滨水带进行景观打造。

（3）构建智慧水务系统。通过在线监测采集数据、可视化的方式有机整合，及时分析与处理大数据，做出相应的处理结果辅助决策建议，以更加精细和动态的方式管理水务系统的整个生产、管理和服务流程，从而使水务系统达到"智慧"的状态，依托项目本身进行数据采集供智慧水务平台使用。本项目涉及河、网、厂、岸，需要收集的信息为综合管理信息、设备（设施）运维信息、资产管理信息、水文信息、水质信息、水情信息、应急安全信息等。本项目信息直接接入九江市智慧水务平台。

六、效益分析

（1）打造城市安全水系格局，保障居民生命财产安全。根据十里河、濂溪河城区段 50 年一遇、城郊段 20 年一遇防洪标准，提升十里河、濂溪河干流堤防防洪高程和断面行洪能力，新建改造护岸，局部拓浚河道，确保平面及断面满足规划控制要求。通过防洪工程建设，全面提升区域水安全系数，彻底消除内涝隐患，保障居民生命财产安全。

（2）恢复水生态系统，重现"水清草茂"的自然本色。本项目结合两河工程总体布局，优化河道水源补给、滨岸生境修复和改善、底泥内源治理等工程，保障河道生态需水和生态系统连通，提高河道生态系统生物多样性，优化下游水体水动力条件，保障两河自然水体水质根本提升，全面实现河畅、水清、景美的总体目标。

（3）构建多元化水景观，打造和谐共生的生态之河。本项目开展河道风貌和公共空间系统建设，改造现有景观，提升滨水景观层次；构建滨河亲水设施和慢行系统，形成集生态保护、文化旅游、市民休闲于一体的滨河生态景观廊道。将河道水生态修复措施与护岸结构工程及景观提升工程有机融合，全面打造水美岸绿、亲水宜人的生态河道。

西咸新区生活垃圾无害化处理渗沥液处理站项目

水木湛清（北京）环保科技有限公司（以下简称"水木湛清"）是专门从事环境污染治理新技术开发与应用的高新技术企业，是清华大学高盐有机废液处理等专利技术的转化与推广平台，在环境污染系统化治理、生活垃圾渗沥液全量化处理、工业高盐有机废水处理及高值腐殖酸开发利用等领域处于领先地位。

公司依托清华大学的科研平台，目前已形成拥有完全自主知识产权和发明专利的多套核心技术装备体系，分别是垃圾渗沥液全量化低能耗处理技术、高盐复合有机废液浸没燃烧蒸发技术与成套设备、工业高盐有机废水处理成套工艺。其中，水木湛清浸没燃烧蒸发技术是国内垃圾渗沥液膜渗沥液浓缩液无害化处理的唯一可行技术方案，已被列入国家发改委《重大环保技术装备与产品产业化工程实施方案》（发改环资〔2014〕2064号）文件；2016年入选中关村国家自主创新示范区首台（套）重大技术装备名录；2019年被生态环境部评为"环保技术国际智汇平台百强技术"，并纳入绿色"一带一路"技术储备库。2019年，"膜分离浓缩液浸没燃烧蒸发处理技术"入选生态环境部"国家先进污染防治技术"。同时，公司参与了国家"十三五"重大科技专项"存余垃圾无害化处置与二次污染防治技术与装备"（编号：2018YFC1901405）课题并取得重大进展。

水木湛清致力于成为国内一流、国际驰名的新兴科技环保企业，愿与合作伙伴携手并进，共同成长。

 # 案例介绍

一、项目名称

西咸新区生活垃圾无害化处理渗沥液处理站项目。

二、项目概况

本项目所在地为陕西省西安市西咸新区秦汉新城正阳街道孙家村，主要处理来自生活垃圾产生的渗滤液及膜浓缩液。西咸新区生活垃圾无害化处理厂日处理生活垃圾量3 000 t，年处理量100万t。本渗沥液处理站工程总投资9 435.5万元，占地面积1.1万 m²，设计处理规模为渗沥液 1 500 m³/d、膜浓缩液 220 m³/d，其中厌氧系统处理规模为 1 500 t/d，MBR 系统处理规模为 1 500 t/d，纳滤系统处理规模为 1 500 t/d，反渗透系统处理规模为 1 800 t/d，二次浓缩液蒸发处理系统处理规模为 220 t/d。渗沥液主体部分采用"沉砂+调节池（含事故池）+UASB 反应器+MBR+纳滤+反渗透"处理工艺，膜浓缩液采用"浸没燃烧蒸发"处理工艺，处理后的出水水质满足《城市污水再生利用 工业用水水质》（GB/T 19923—2005）敞开式循环冷却系统补充水标准；项目处理出水全部用于焚烧厂循环冷却水补水，实现了垃圾渗沥液的零排放。浓缩液蒸发处理后形成结晶盐，以废治废，解决了渗沥液处理"最后一公里"的难题。

三、技术特点

本项目垃圾渗沥液主处理工艺采用"水力筛+沉砂+调节池（含事故池）+UASB 反应器+膜生物反应器（MBR）+纳滤（NF）+反渗透（RO）"的技术路线，其中 NF 浓缩液减量化处理工艺采用"腐殖酸提取"的技术路线；RO 浓缩液（一次浓液）减量化处理工艺采用"混凝沉淀+DTRO"的技术路线；DTRO 浓缩液（二次浓液）处理工艺采用"浸没燃烧蒸发"工艺。一次浓液系统清液产率不低于 80%，二次浓液处理后系统清液总产率不低于 90%。整套系统设 3 条厌氧处理线、3 条生化处理线、3 条纳滤膜处理线、4 条反渗透处理线、2 条浓缩液减量处理线，各处理线可分别独立运行，关键设备可互为备用。其中一条线（或设备）检修时，其余设备应保持系统正常处理能力。

四、项目优势

本项目在充分响应技术规格书对渗沥液处理要求的基础上，设计选择低能耗、先进可靠且稳定的处理工艺和技术措施，具有以下优势：

（1）主流工艺成熟可靠，产水达标排放，全系纯净水回收率 95% 以上。

（2）膜生物反应器工艺设计采用了"低能耗外置浸没式 MBR"，能耗约为管式 MBR 能耗的 20% 以内。

（3）生化处理曝气工艺设计采用了专用负压免维护的"旋流曝气系统"，相比射流曝气方式，不需要增设射流泵，且免维护，其能耗约是射流曝气方式的 50%，是微孔曝气的 80%。

（4）工艺设计自厌氧至 MBR 采用高位自流设计，经调节池一次提升后自流进入后续各个处理单元，减少二次提升设施。

（5）各个子系统大功率设备，比如罗茨鼓风机、增压泵等采用智能变频调速设计、电机节能效率及防护等级等满足技术要求，根据运行及仪表反馈的信号进行智能调节运行频率。

（6）二次浓缩液处理工艺采用"浸没燃烧蒸发"技术，可充分利用系统自产厌氧沼气作为浸没燃烧蒸发能源进行浓缩液蒸发处理，并利用蒸发系统产生的余热、生化系统硝化反应产热作为前端厌氧系统升温、冬季管道保温等，实现全系统内"闭环式"的经济与环境效益的双赢。同时，此技术具有无传热间壁、不结垢、浓缩程度高、单体实现结晶、无须预处理、工艺流程简单、传热效率高、综合效益好等优势。

本项目建成后，有效地解决了垃圾焚烧厂内垃圾渗沥液处理以及膜浓缩液处理问题，最大限度地提高了资源利用效率。

五、工程创新

本项目垃圾渗沥液采用水木湛清自主知识产权"低能耗全量化"处理技术，膜浓缩液采用水木湛清自主知识产权"浸没燃烧蒸发"处理技术，能有效地解决垃圾渗沥液及膜浓缩液的处理问题。

六、效益分析

垃圾渗沥液成分复杂、浓度高，处理不当会导致周边土壤、水体等污染，继而会影响环境和居民生活质量，甚至危害健康。而膜浓缩液比渗滤液的成分更复杂，浓度更高，产生的危害性更大。采用"低能耗全量化"处理技术，极大地降低了渗沥液处理的能耗及直接运行成本，能够很大程度地实现生活垃圾的无害化、减量化、资源化处理。而渗滤液经处理达标后中水回用，又能实现水资源的重复利用，提高了资源利用率，符合我国对生态环境治理的要求，具有巨大的环境效益。同时也为城市吸引了更多投资，并促进了旅游产业和其他第三产业的发展，间接带来了巨大的社会效益。

此外，生活垃圾渗沥液及浓缩液处理工艺目前在国内已有多项工程案例正在运行并获得环保验收，应用的项目包含全国最大垃圾处理厂上海老港的渗滤液浓缩液减量化处理项目、沈阳老虎冲垃圾填埋场渗滤液应急处理项目、北京首钢生物质能源项目、新疆米东生活垃圾综合处理厂膜浓缩液处理项目、光大绿色宿迁危险废物填埋场危险废物废液处理项目等，项目现场运营人员经验丰富，具备一定的专业素养，能够保证项目正常稳定运行。

本项目工艺推广范围：适用于高盐、高 COD、极易结垢的有机、无机废水的蒸发浓缩、分离，已经广泛应用于垃圾焚烧厂、填埋场、综合处理厂的渗滤液膜浓缩液的处理，目前正在化工废水、危险废物废液等工业高盐废水处理领域进行技术推广。

漳州西院湖滞洪区二期生态水环境构建项目

绵阳市靓固建设工程有限公司（以下简称"靓固建设"）成立于 2015 年，拥有住建部核定的专业资质，主要从事新型彩色透水整体路面、水环境治理、装配式绿化、生态柔性护坡等产品施工，拥有省工法证书，已通过质量管理体系、职业健康安全管理体系及环境管理体系等标准体系认证。

靓固建设自成立之初，不断在工程建设、施工、材料等产业链中开展技术创新与集成应用，持续研发新材料和创新工艺工法，在海绵城市、水环境及边坡修复治理等领域拥有多项专利，参与国家、华北地区以及四川、重庆等多地的海绵城市图集、标准和规范编制，荣获 3A 级信用企业、海绵城市最具影响力企业等多项殊荣。

靓固建设先后参与贵阳、萍乡、迁安、遂宁、上海等多个国家级海绵城市试点建设，项目遍及全国 20 多个省（市），累计完成项目逾千个，拥有丰富的海绵城市建设推广经验。其中，由靓固建设出品的江西萍乡玉湖公园，在三年国家海绵城市建设考评中名列第一；基于海绵城市建设理念承建的绵阳农校，打造了标准的海绵校园体系，其校内景观湖通过实施水体底质改良、沉水植物种植、底栖动物引入和浮动湿地构建等水环境治理措施，在丰富水生生物多样性、打造水下景观的同时，重塑稳定的水生态系统，保持水质持续清澈。

未来，靓固建设将继续把人与自然和谐共生的美好愿景融入项目建设中，助力海绵城市建设，推动生态环境质量改善提升。

》案例介绍

一、项目名称

漳州西院湖滞洪区二期生态水环境构建项目。

二、项目概况

漳州西院湖滞洪区二期生态水环境构建项目水域面积 3 000 m²，深度 0.6～2 m，与大湖区互通，于 2019 年 4 月由靓固建设构建完成。

1. 项目地理位置、原状

项目位于福建省漳州市九龙江上游金峰片区西院村的西院湖，作为漳州市的"五湖"之一，拥有得天独厚的水资源自然优势，是漳州建设"五湖四海"的重点区域；然而西院湖作为九龙江泄洪通道，每当暴雨后洪峰来临之际，都会开闸泄洪，上游大量的洪水、污染物流入湖区，水位上涨高达 1.2 m，需等洪峰过后水位才得以恢复，且水质为劣 V 类，造成湖水严重污染、水体浑浊、藻类水华暴发；大量破坏性鱼类特别是罗非鱼（罗非鱼具有生长快、食性杂、疾病少、繁殖能力强等特点）进入啃食沉水植物使其衰退甚至消失，破坏水生态环境系统平衡，严重影响湖区水质，所以水环境治理刻不容缓。

2. 设计原则

外源污染拦截与内源污染治理并举原则；以生态治理措施为主，工程措施为辅原则；水污染治理与水生态修复相结合原则；坚持原位治理、生态修复、恢复生物多样性。

3. 项目治理目标

水体透明度≥1.0 m，叶绿素 a≤20 μg/L，总磷≤0.3 mg/L，总氮≤1.5 mg/L，溶解氧≥3，pH 6～9，COD≤30，水生植物覆盖面积≥80%，水生态系统基本健康稳定，抑制藻类水华的暴发，实现可持续自净功能和景观的完美结合（水下森林）；水质标准达到国家《地表水环境质量标准》（GB 3838—2002）Ⅳ类及以上标准。

三、技术特点及工程创新

1. 靓固建设"六位一体"水环境治理与保护技术

通过调研评价、控源减排、扩容提质、生态修复、长效管理、资源回用等系统流程，综合各种学科专业、技术工艺、核心产品，彻底改善区域动态河流、静态湖库的水环境问题。以生态系统物质与能量转移为核心原理，通过模拟自然的方式，构建沉水植物群落、引进挺水植物、鱼类和底栖动物等，形成健康稳定的水生态系统，提升水体自净能力，最终达到水安全、水环境、水景观、水经济、水文化的水环境目标。

2. 生态围网隔带技术

面对暴雨后洪峰来临时开闸泄洪带来的洪水污染、杂鱼破坏的情况，对治理区域与大湖区连通区域处即枕月桥下采用生态围隔材料、生物附着基等一起构建生态围隔带，生态围隔使内外水体既能互通，又能防止野杂鱼类、垃圾、大量污水进入，还能起到过滤净化作用；生物附着基为各种有益微生物（光合菌群、乳酸菌群、酵母菌群）提供聚居、生长、繁衍空间，以吸收利用水体中的营养盐，消减营养盐含量，达到净水的目的，经过预处理后流入治理区域的水质大幅提升，解决了因外源污染流入、杂鱼破坏影响治理区域水质的严重问题。

四、效益分析

通过水生态系统构建，水质达到设计目标，指标极其稳定，水体清澈见底，水下森林景观呈现，受到了当地政府、业主单位及周边居民的一致好评。

（1）水生态构建工程的实施，使西院湖治理区水体得到有效净化，水质标准一直保持在Ⅳ类以上。年消减氮排放达数百千克、磷排放达数十千克。通过一次性水生态工程构建与日常简单维护，在经受大湖较差水体冲击的情况下，依然保持水质达标。若采用引水、换水和化学处理，需消耗大量的清洁水源和化学药剂，造成费用消耗较大且治标不治本。长远看来，本工程的实施不仅有效解决了水污染的威胁，还大大降低了治理费用。

（2）通过前期调查堪研、分析，根据当地水文情况，给出最适合本项目的水生态系统构建施工方案，结合三环水生态系统、生态围网隔带新技术的应用，水生植物群落构建、水生动物群落构建、浮游生物群落构建、微生物群落的构建，以及过程、质量的把控、后期调控维护，让构建好的水生态系统更加稳定，实现"赏心悦目、可亲近"的水环境。

治理区域与未治理区域同框对比

未治理区域

治理区域

未治理区域与治理区域对比

中国国际进口博览会区域水环境生态修复工程

上海太和水环境科技发展股份有限公司（以下简称"太和水环境"）成立于 2010 年，注册于上海市金山区，是一家专注于水下生态修复的高新技术企业。太和水环境研发的"食藻虫引导水下生态修复技术"获得了美国发明专利的高科技成果。在河湖富营养化水生态修复、黑臭河道治理、农村污水处理、饮用水水源地水质保护、中水提标改造等领域，为客户提供现场勘测、水质检测、方案设计、生态系统构建、系统维护等一体化解决方案和技术服务。业务遍布全国 20 多个省（市、区），项目覆盖 100 多个市区。

太和水环境下设多家子公司，在全国有几千亩的水生态研发生产基地，具备强大的研发能力，现已获得国际发明专利、国内发明专利和实用新型专利几十项。依托独特的技术优势和完善的服务管理团队，公司主持完成了多项国家级重点水治理项目及重大科技攻关项目，并先后获得上海市、广州市科技进步奖 4 次、上海市优秀工程咨询成果奖 2 次及美国 2012 年度设计奖"综合景观设计杰出奖"。

惟德动天，道法自然。太和水环境将秉承"世界处处清水流"的企业理念，为全国生态文明建设、建设美丽中国而锐意进取、贡献力量。

》案例介绍

一、项目名称

中国国际进口博览会区域水环境生态修复工程。

二、项目规模

2018 年中国国际进口博览会（以下简称"进博会"）在上海国家会展中心举办，是我国向世界展示经济实力、科技水平、文化内涵的重要窗口，其举办场地的水环境直接影响国外对我国水环境治理水平的印象。本项目涵盖小涞港（崧泽高架—盈港东路）、泾北河（徐泾港—老洋泾港段）、徐泾港 3 条河，分别位于上海国家会展中心东侧、西侧及南侧，紧靠上海虹桥火车站交通枢纽。项目河道总长 4 937 m，治理面积 112 360 m²，水深 0.5～2.8 m。

三、项目概况

项目水体治理前，河道整体水质情况较差，主要水质指标长期处于《地表水环境质量标准》（GB 3838—2002）V～劣 V 类水平，水体生态结构缺失，丧失其调节气候、蓄水防洪、提升区域景观等功能。

四、治理技术

1. 核心技术

针对项目水环境主要问题，以"食藻虫引导的水体生态修复技术"为核心技术进行治理。技术以驯化后的大型枝角类浮游动物"食藻虫"搭配改良后的沉水植被"四季常绿矮型苦草"及其他沉水植物，辅以鱼虾螺贝等水生动物，通过虫控藻、鱼食虫等模式打通食物链，构建"食藻虫—水下森林—水生动物—微生物群落"共生体系，恢复"草型清水态"自净系统，实现水生生态系统多维复育，提高水域生态系统对各类污染物质的自净能力，使水质得到显著改善，生态修复效果达到长效稳定。

2. 技术特点

经典且有效的水生态修复技术，均基于湖泊稳态转换理论和经典生物调控理论，通过构建沉水植物群落来实现。但长期富营养化的水体使沉水植物难以存活，透明度问题是水生态修复的"瓶颈"问题。此外，沉水植被的季节性演替、疯长或腐败均会影响水生态系统构建。

食藻虫引导的水下生态修复技术攻克了水生态修复的三个技术壁垒。其一，食藻虫控藻、食污。食藻虫为一种枝角类浮游动物大型溞，以水体中的藻类、有机颗粒等为其主要食物来源，每天可吞食数十倍于自身体积的藻类等，并将其消化分解为水、无机盐和无毒的动物蛋白，使水体中的藻类大幅降低，失去种群优势，快速提高水体透明度，为水下生态系统的构建创造条件。其二，水草驯化与水下森林构建。改良四季常绿矮型苦草具有矮型化、四季常绿、耐污染、耐阴、耐弱光等特点，净化效率高，景观效果好，且维护简单，解决了沉水植被季节性演替产生的一系列问题。其三，生态平衡调控、富营养资源化。通过收获鱼虾螺贝及收割水草，将水中的富营养转移上岸。

五、项目优势

（1）投资少：投资少，且为一次性投资，后续维护费用低。

（2）纯生态："草型清水态"系统构建后，形成完整的食物链，项目水域自净能力恢复，无二次污染。

（3）节能：一般仅需对河道生态系统进行日常维护，无须额外耗材及能源投入。

（4）快捷：施工过程中采用"分区治理、同时施工"的原则，极大地缩短施工工期，在进博会召开前顺利呈现了"水清岸绿，鱼翔浅底"的景象。

（5）技术成熟：技术经过多年研发、更新、实践、运用，成熟度高，能适用于河湖富营养化水生态修复、黑臭河道治理、农村污水处理、饮用水水源地水质保护、中水提标改造等多个领域。

六、工程创新

（1）原位生态清淤，打造健康的水下基层。区别于传统人工清淤，生态清淤无须抽干河流，而是利用原生态方法对河底淤泥原位修复。此方法一方面操作简单，无须人工或机械操作，生态构建完成后逐年减少淤泥厚度，缩减工程运行成本；另一方面，该方法安全环保，无二次污染。

（2）契合海绵理念，发挥水域纳污产清能力。基于"食藻虫引导的水体生态修复技术"，打造生态海绵型水体，实现河道蓄水、净水、调水的多功能调配，稳定提升城市水环境纳污产清能力；并通过水体自净能力，达到消化雨水的目的，实现雨水到清水的转变，扩大城市可利用水资源的阈值。

（3）清水循环构建，以河道带动区域水环境提升。依托水循环体系构建，河道流动性明显提升，清水循环调度通畅，水系沟通能力增强，以线带面，推动区域水环境健康发展。

七、效益分析

经生态修复后的水体水资源可运用到多个领域，形成水产业链的全线延伸，打造水生态、水环境、水经济、水循环、水文化的多方位立体模式，以水养水。

1. 环境效益

依托于水生态自净能力的恢复，水生态系统"纳污产清"的生态功能充分发挥，实现反哺周边水域的附加价值，缓解水资源压力。同时，健康的水生态系统能创造"水清气净"的宜居环境。

2. 经济效益

项目实施以生态优先，理为主、治为辅，解决河道存在的主要问题，实现水质改善及长效保持；后期还可延伸以清水为主题的水文化项目，创造经济效益，挖掘水环境经济溢出价值。

3. 社会效益

进博会区域水环境治理工作增强了当地生态环境功能，为城市品质和人民福祉生活的提升创造了良好的环境条件，改善了生活质量，有效提升了居民幸福感和满意度，增强了人民对城市的认同感。

不仅如此，进博会区域水环境治理还实现了水环境治理产业由"输血型"向"造血型"的转变，有助于我国河湖治理运营模式的革新以及生态治理的可持续性发展。

同时，进博会是我国集中对外交流的重要窗口，良好的生态环境彰显了我国强大的科技实力和深厚的文化底蕴，对国内其他地区生态文明建设起到了良好的示范作用。

河湖富营养化水生态修复

黑臭河道治理

农村污水处理

饮用水水源地水质保护

中水提标改造

昆山市周市镇珠泾中心河水体生态修复

　　将德国先进的生态工程技术引进中国，改善中国水环境、修复河湖生态是苏州德华生态环境科技股份有限公司（以下简称"德华生态"）2008 年创立时的初心。德，是德国的技术；华，是中国的文化。德华生态意在将德国技术与中国文化相结合，将以德国生态工程协会为代表的 40 多年生态工程技术与理念应用于我国的河湖生态治理中。

设计/ 施工/ 运营/

　　德华生态以智能科技湿地为核心产品，为地方政府提供各类污水、地表水、雨水的净化解决方案，已形成水污染生态治理的分析、规划、设计、施工、运营和数据管理等一站式的完整产业链。产品特点是不仅能起到治污作用，还可达到景观、海绵及科普等多功能效应。相对于大规模工业化污水处理厂处理的水，用智能科技湿地这种生态的方式进行水处理，可以提供生态的水、接近自然的水。同时，因采用智能科技湿地，水质达标可智能控制，减少很多人工成本，成本相应降低。

　　"学习借鉴，自主创新"是德华生态持续发展的驱动。12 年来，公司取得了湿地领域专利 40 项，承担了国家、省、市级湿地相关课题研发 10 余项，成为全球湿地科技协会（GWT）中国区唯一会员单位。未来，德华生态仍旧保持初心，在生态之水的道路上不断创新与尝试，依托中德间的生态技术交流，走向更广的领域和更大的市场。

案例介绍

一、项目名称

昆山市周市镇珠泾中心河水体生态修复。

昆山市周市镇珠泾中心河水体生态修复

二、项目概况

该项目是一个综合性极强的创新性生态项目，项目难度和复杂程度极高，在国内鲜有类似成功案例。通过引进源自德国的生态工程技术，利用智能科技湿地以及全循环的生态工程理念，将智能科技湿地嵌入河里岸上，将原来断头浜两侧的废弃地利用起来建设生态湿地，以"控源"+"生态治理""重点"+"分散"的思路，对久治不愈、长期黑臭的珠泾中心河进行系统性修复和生态修复。根治了黑臭，水质主要指标稳定达到地表Ⅲ类水标准。生态效应逐渐显现，生物多样性逐渐提高，为周边居民提供了生态游园，项目生态效应、社会效应俱佳，广受百姓和媒体的好评。

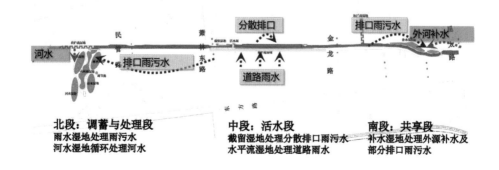

北段：调蓄与处理段
雨水湿地处理雨污水
河水湿地循环处理河水

中段：活水段
截留湿地处理分散排口雨污水
水平流湿地处理道路雨水

南段：共享段
补水湿地处理外源补水及
部分排口雨污水

三、项目规模

珠泾中心河全长 1 720 m,平均宽度 11 m。

四、技术特点

智能科技湿地单元组合的生态修复系统通过精准化、系统化的设计,对河道排口雨污水、河道水体进行处理。针对排污量大的排口雨污水采用曝气型垂直流湿地技术,针对分散型排口雨污水采用岸滤湿地、雨水截留湿地技术,针对河道内污染水体采用河水湿地技术分别进行处理,实现活水保质;能将河道水体主要指标稳定保持地表Ⅳ类水;系统通过精准的设计和施工,根据不同降水、外来污染情况等进行自我调节,实现自动化控制和智慧运维,是一个自我学习的稳定系统,同时解决控源截污、内源治理、生态修复、活水保质的多方面问题。

五、项目优势

珠泾中心河的生态修复通过智能科技湿地产生的清洁水形成循环,提升了河道的流动性,增强了河道生态效应;并且调蓄了河道周边 76.8 hm² 范围内的雨水,缓解周边城市内涝问题,为昆山在中环以内又增加了一处多功能的海绵。在治理黑臭河道的基础上,达到了景观、海绵及科普等多功能效应。同时,由于采用智能科技湿地这种生态的方式进行治水,可以实现营养物质和水分的生物地球化学循环,促进生态系统健康食物链的形成,产出最接近自然的、生态的、生命的水,这种生态的水流入水体后,为可持续的生态健康循环形成有利条件,可逐步恢复以前河流上游淘米洗菜、下游水仍然清澈的场景。此外,因采用智能科技湿地,水质达标可智能控制,减少了很多人工成本,成本相应降低。

六、工程创新

技术方面:一方面利用系统化思维和生态原理,将重点和分散治理进行有机结合,充分发挥湿地的生态性;另一方面发挥科技湿地的科技性,利用智慧化管理,实现水质的长效稳定。

商业模式方面:项目采用 EPC 模式,由同一家单位进行项目的设计、施工和维管,根据河道水质检测结果实行按效付费机制,确保珠泾中心河的长治久清。

七、效益分析

珠泾中心河水体生态修复工程通过生态湿地技术的运用,取得良好的生态和景观效果,实现经济、环境、社会效益最大化,呈现"珠泾湿地、清水河岸"的湿地美景。

(1)经济效益:通过珠泾中心河水体生态修复,尤其是对北段原断头浜杨庄河的治理,为近翠薇西路的整个地区环境品质的提升提供了无形的经济价值;当地政府顺势对北段湿地的北面原废弃地进行了整理及景观打造,创造了该区域土地未来增值的空间。

(2)环境效益:珠泾中心河生态修复后,河道透明度大幅提升,没有异味,两岸湿地植物繁茂,基本上没有污水乱排的情况发生。

（3）生态环境效益：通过一系列措施，为鸟类（鹡鸰鸟、白鹭、夜鹭、伯劳等）、鱼类（窜条鱼、鲫鱼、鲢鱼等）等动物提供了良好的栖息环境，鸟飞鱼跃的景象成为黑臭水体变身生命之水的最好佐证。

（4）社会效益：项目在水质改善的同时，又解决了区域环境污染问题，同时建设的亲水栈道和平台为周边市民提供一个锻炼休闲的湿地公园。老百姓从投诉这条河道变为喜欢和爱护这条河道，周边群众十分满意这项工程，因此也成为政府黑臭河道治理的示范点。新华社《半月谈》、解放日报社上观新闻、江苏新闻、苏州电视台、《昆山日报》等也对珠泾中心河的治理效果进行了报道。该项目还被比利时水环境领域的专业杂志《水利工程》报道，登上了 2018 年度 82 期杂志封面。

山东省龙口市黄水河污水处理厂项目

北京安力斯环境科技股份有限公司（以下简称"安力斯环境"）是一家专业提供水环境治理设备和解决方案的高科技企业。公司总部及研发中心设立在北京，在天津设有 3 万 m² 的生产基地，是国家高新技术企业。

拥有一支包括海外归国人才、博士、硕士的高素质研发队伍和多项技术专利，公司连续多年被评为"中国水业优秀设备公司"，荣获"2019 年新三板—年度优秀企业""2019 中关村高成长企业 TOP 100"等多项荣誉，被称为"紫外与臭氧消毒标杆品牌"。

公司致力于市政污水、工业废水和商业净水等领域，拥有紫外消毒、氧化及高级氧化、SATBR 赛博生化工艺、滤布滤池系统四大技术平台。公司以"为中国创造更优质的水环境"为使命，为广大用户量身定制差异化的水环境技术解决方案和综合环境服务等多元化的产品和服务。

安力斯环境利用自身技术特点，在提供具有竞争力的综合解决方案项目中，有选择性地与客户进行 PPP、BOT、ROT、BT 等合作。

 案例介绍

一、项目名称

山东省龙口市黄水河污水处理厂项目（国内最大光催化高级氧化项目）。

二、项目规模

处理水量为 40 000 m³/d，工业废水占比 90% 以上，高级氧化工艺段进水 COD 为 100 mg/L，出水 COD≤30 mg/L。

三、技术工艺/装备名称

光催化高级氧化技术。

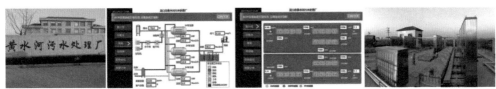

四、应用工业领域

该项目应用于处理印染废水、煤化工废水、石化废水、制药废水、电镀废水、酒精废水等。

五、工艺/装备原理

$UV/H_2O_2/O_3$ 光催化高级氧化工艺，氧化剂 O_3 在相应 UV 波段催化及 H_2O_2 协同作用下高效产生强氧化性羟基自由基（·OH）。该自由基具有极强的氧化性，通过自由基反应能够有效地分解有机污染物，甚至彻底地转化为无害无机物，如 CO_2 和 H_2O。

六、工艺/装备特点

（1）运行效率高、吨水费用低；

（2）占地面积小、投资费用低；

（3）催化剂稳定、无污泥产生；

（4）自动化程度高、抗冲击能力强；

（5）工艺运行灵活、操作环境好。

七、实施效果

龙口市黄水河污水处理厂采用 $UV/H_2O_2/O_3$ 高级氧化工艺进行工业园区废水深度处理，根据该工艺验收报告，高级氧化段进出水 COD 分别为 68 mg/L 和 30 mg/L，COD 去除率达 56%；吨水运行成本约 0.74 元。该工艺可以满足工业园区污水厂一级 A COD 指标的排放要求；强化系统设计，出水 COD 指标可满足地表Ⅳ、Ⅲ类排放要求。

八、社会效益

  建成后极大地改善了周边的生态环境，周围的臭气浓度大大降低，污水处理厂出水清澈透明，同时高级氧化工艺占地面积小，节约了土地。

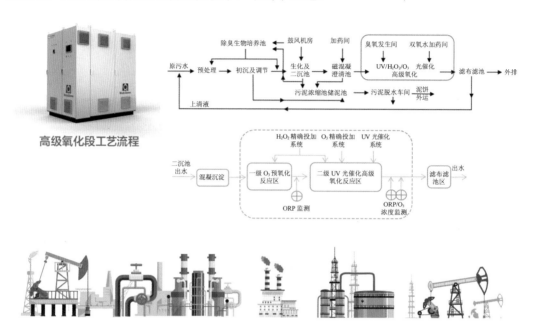

高级氧化段工艺流程

乌鲁木齐市米东区污水处理厂提标改造工程项目
——曝气生物滤池工艺系统项目

北京淇方天环保科技有限公司（以下简称"淇方天环保"）于 2005 年在北京注册成立，是一家专业从事环保技术研发、工艺设计、环保装备制造与调试运营服务的集团性企业。公司与国内知名院士团队合作进行技术研发，现已拥有多项发明和实用新型专利，为污水治理提供有效的解决方案，主要服务市政污水升级改造、工业污水循环利用、小城镇污水处理、农村污水治理及恶臭气体治理五大领域。所有工艺设备均采用现代化的生产工艺与管理技术，各种产品均达到国家行业标准，部分产品达到国际领先水平。

截至目前，淇方天环保生物滤料的销量位居国内同行之首，出口远销到美国、日本、匈牙利等国。公司与国内知名院所联合实验研发新产品，在内蒙古已成功投资建设生物滤料生产厂与环保设备生产厂。市场应用十多年来，在大型市政工程中得到了普遍应用，并获得用户的一致好评。

淇方天环保的全新一体化环保设备已经成功批量生产，实现了智能化控制管理，为小城镇污水处理与小型工业企业污水处理提供了便利。

淇方天环保立足于生态环境事业，通过了 ISO 14001 环境管理体系认证与 ISO 9001 质量管理体系认证。公司将环境治理简单化作为企业愿景，将为碧水蓝天奋斗作为企业使命，本着"开创淇水自然世界，共建绿色一方天地"的思想理念和"完善细节、成就卓越"的工作宗旨，期待与全球用户及环保同人互相交流与合作。

》》案例介绍

一、项目名称

乌鲁木齐市米东区污水处理厂提标改造工程项目——曝气生物滤池工艺系统项目。

二、项目概况

乌鲁木齐市米东区污水处理厂提标改造工程项目是新疆碧水源环境资源股份有限公司的 PPP 项目。于 2018 年由淇方天环保负责承建本项目曝气生物滤池工艺系统的设计、设备供应和安装、工艺系统调试等，并于当年年底完成设备安装和工艺调试工作，同时实现出水水质达标。

项目从工艺系统设计至出水水质达标，历时 4 个月。

项目现场条件概况见下表。

项目现场条件概况

环境条件		环境气温	−40～42℃
		相对湿度	20%～50%
		海拔高度	550 m
公用工程条件	循环冷却水	供水压力	≥0.3 MPa
		回水压力	≥0.2 MPa
		供水温度	28℃
	供电	三相（动力用）	AC 380V±10%，50±0.5Hz
		单相	AC 220V±10%，50±0.5Hz

三、项目规模

本项目整体设计规模为 8 万 m^3/d，其中曝气生物滤池工艺系统共设置两级：第一级以硝化为主的曝气生物滤池（C/N 池），共 6 座；第二级以反硝化为主的生物滤池（DN 池），共 6 座。由于地理条件所限，设计成双层滤池结构，单座滤池平面尺寸为 7.5 m×12 m。

本项目由于前端出水水质不同，造成曝气生物滤池部分工艺系统进水水质不同。工艺流程说明如下图所示。

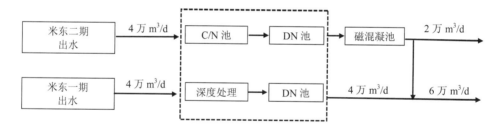

本项目曝气生物滤池工艺系统部分主要进水水质按照《城镇污水处理厂污染物排放标准》（GB 18918—2002）取值，主要出水水质按照《地表水环境质量标准》（GB 3838—2002）V 类标准取值。具体见下表。

项目	COD_{Cr}	BOD_5	NH_3-N	TN（以 N 计）	备注
进水水质/（mg/L）	≤100	≤30	≤25（30）	≤40	一期工程以二级取值
	≤50	≤10	≤5（8）	≤15	二期工程以一级取值
出水水质/（mg/L）	≤40	≤10	≤2	≤10	—

注：括号内数值为水温≤12℃的控制指标。

四、技术特点

（1）本项目设计了 8 万 t 处理量的双层生物滤池结构，在设计精度上要求极高。

（2）工艺采用后置反硝化生物滤池模式，减少回流系统设置，利于后期运行节能降耗。

（3）滤板为整体浇筑滤板设计，ABS 材质模板强度高，性能稳定，符合《气水冲洗滤池整体浇筑滤板及可调式滤头技术规程》（CECS 178—2009）标准表 3.1.1-1 中的规定，有利于后期运行稳定性。

（4）曝气系统、反洗布水布气系统根据工艺特点合理设计，采用材质标准高，使用寿命长。

（5）滤料采用火山岩生物陶粒滤料，材质为原生态的火山岩，经过专业生产设备加工而成。具有吸附降解氨氮、COD、BOD 等其他溶解性有机物的作用，易挂生物膜，是良好的生物载体与过滤材料。

五、项目优势

（1）采用双层生物滤池结构，节约用地，处理能力增加 1 倍。

（2）滤板、长柄滤头为淇方天环保专利产品，滤板性能符合《气水冲洗滤池整体浇筑滤板及可调式滤头技术规程》（CECS 178—2009）标准。滤帽、滤管和预埋座的性能均符合《生活饮用水输配水设备及防护材料安全性评价标准》（GB/T 17219—1998）的规定。滤板、滤头合理的设计尺寸和特性有利于施工速度的提升和施工质量的保证。

（3）整体滤板专用长柄滤头可以从下部拆卸与维修，省工快捷。滤头与滤板的连接部分的预埋座为六棱柱形，在施工过程中更稳固。

（4）单孔膜曝气器选用优质进口 EPDM 材料，生产的膜片强度高、弹性好、抗氧化、抗腐蚀、寿命长、质量有保障。

（5）火山岩生物陶粒滤料五大优势：①表面蜂窝多孔，水头损失小，反冲洗间隔周期长；②堆积密度轻，反冲洗所需电耗小，且节约运输成本；③比表面积大，单位体积生物膜量大；④材质强度高，使用寿命长；⑤天然原生态火山岩成分含多种矿物质与微量元素，是微生物的养分，有利于微生物挂膜，缩短了调试时间。

六、工程创新

（1）本项目采用了"双层生物滤池"工艺。

（2）后置反硝化生物滤池设计，减少了回流系统的设置。在保证处理效果的基础上，节省了投资成本，减少了能量消耗。

（3）池内部分设备为淇方天环保的专利产品，均采用当前最新、最合理的工艺，产品质量有保障，施工速度和质量有保证，并且合理的产品设计保障了后期运营效果和检修的方便。

七、效益分析

在我国经济建设快速发展的过程中，各项新技术、新材料、新工艺不断地应用到工业生产和日常生活中，同时，工业生产所产生的工业废水也在急剧增加。污水中所含有的污染物含量和总类也呈现越来越复杂化的局面，对环境造成很大的污染潜在风险，因此，对排放指标有了更新、更高的要求。在我国大力倡导节能环保政策的大背景下，有必要对现有的污水处理厂进行技术改造，提升处理能力和效果，以期符合日益提升的污水排放标准。

本项目顺应当前节能环保的时代潮流，对原有设施设备进行升级提标，采用当前最新双层曝气生物滤池工艺，在脱氮总氮方面，实现了较大幅度的能力提升，节约用地，节省建设投资。并且在减少投资成本和节能降耗方面也有合理而独特的选择和设计，目前出水达一级 A 排放标准，出水运行稳定，反冲洗周期长，节能降耗，由于生物滤料的孔隙发达，曝气电耗小，为水厂持久运行提供了长期保障。

四川省乐至县城市生活污水处理厂二期扩建项目

北京博汇特环保科技股份有限公司（以下简称"博汇特环保"）成立于 2009 年，是一家以研发、生产、制造和销售新型高效污水生化处理成套工艺及装备，提供相关技术系统集成服务为主的国家高新技术企业、首批国家鼓励发展的重大环保技术装备依托单位、北京市知识产权示范单位，于 2016 年 12 月成功挂牌新三板。

公司依托高端研发平台，借助核心的技术体系及产品取得了多项荣誉成果，在新型高效污水生化治理关键技术、成套设备与集成工艺等应用领域已累计申请国内专利 120 余件，拥有授权有效专利近 60 项，申请量以每年 20% 以上的速度递增。

公司旗下拥有北京佳润洁和北京博泰至淳 2 家板块子公司，其中佳润洁负责高端环保装备及新兴高分子材料制造，博泰至淳负责生态友好型水处理药剂生产销售。在海南、广东、四川设立 3 家区域子公司以及江苏、山东建立 2 个区域营销中心，致力于市场开发及运营技术服务，并与北京科技大学联合建立研发中心，推动"产学研"协同发展。

》案例介绍

一、项目名称

四川省乐至县城市生活污水处理厂二期扩建项目。

二、项目概况

四川省乐至县城市生活污水处理厂负责收纳四川省乐至县市政排水，随着经济的高速发展，一期原有 10 000 m³/d 的处理规模已无法满足来水负荷，拟在规划二期占地上扩建 10 000 m³/d 污水生化系统，与一期工程共用预处理段及深度处理段，共用一个进、出水口，缺少的核心生化处理系统的设备及构筑物在此次扩建工程中进行建设及安置。

一期工程采用的生化工艺为卡鲁塞尔氧化沟，处理量为 10 000 m³/d，出水水质为《城镇污水处理厂污染物排放标准》（GB 18918—2002）一级 B 排放标准；二期工程利用博汇特先进的 BioDopp 工艺作为主生化处理工艺，去除绝大部分的目标污染物，BioDopp 工艺将除碳、脱氮、除磷、污泥分离等集合在一个一体化池体内，简化了工艺流程，极大地减少污水处理厂的占地面积，并且因工艺特殊的控制条件及微生物驯化方式，可确保出水更加优越。

三、项目规模

二期项目设计污水处理量为 10 000 m³/d，最大处理量为 12 000 m³/d，出水水质达到

《城镇污水处理厂污染物排放标准》（GB 18918—2002）一级 A 排放标准，工程于 2013 年 5 月动工，2014 年 1 月投入运行使用。

四、技术特点

本项目采用的 BioDopp 生化处理工艺具有以下技术特点：

（1）AAOC 一体化结构：将水解酸化、生物选择区、除碳、脱氮、沉淀甚至除磷等多个单元设置成一个组合单元，有效节省了占地面积，缩短了工艺流程，降低了能耗，减少了土建及管道投资。

（2）空气提推实现高回流比，在低能耗的基础上，便可实现几十倍甚至上百倍的全液回流，提高系统的抗冲击负荷，确保微生物的运行稳定。

（3）工程菌驯化技术实现微生物的筛选优化，最大限度地截留并富集优势工程菌，提高功能活性，且保持高污泥浓度达到 6～8 g/L。

（4）MAT 微孔曝气控制技术，追求尽量压低其通气量，扩大气泡在水体中的滞留时间，进而扩大氧利用率；除此之外，曝气管采取可提升方式，可在污水长时间不停车情况下进行曝气管的检修与维护，操作更加简单和便捷。

（5）内嵌矩形周进周出二沉池及其集成系统，一方面实现污泥快速回流，避免污泥反硝化上浮和厌氧上浮；另一方面节省占地及土建投资。

五、项目优势

本项目所采用的 BioDopp 生化处理工艺利用 A^2/O 不同功能分区的形式，借助 CASS 工艺前置选择区的模式，辅以高效的曝气技术，通过创新的空气提推技术作为原动力，将不同功能单元结合在一起，将除碳、脱氮、除磷、污泥分离等集合在一个一体化池体内。BioDopp 工艺数据信息化技术崇尚"治本治源"的自然法则，工艺运行过程中，追求活性污泥、供气量、污泥负荷达到自我平衡，使系统具有极强的抗冲击能力，并具备极强的自我恢复能力，日常操作较少，维护相当简单。

在同等进水指标条件下，本工艺相比传统活性污泥工艺如 A^2/O、氧化沟、CASS 等，BioDopp 出水效果提高 40% 左右，能耗可节约 40% 以上，占地面积节约 40% 以上，降低污泥产量 30% 以上，吨水处理成本降低高达 40%，PLC 自动化控制，运行维护管理简单。

六、工程创新

本工程二期项目的创新之处包括以下几方面：

（1）采用了低通气量（≤0.8 $m^3/m\cdot h$）的微孔曝气管（微孔气泡大小约 1 mm），该微孔曝气管可实现工程氧利用率高达 35%～40%，因此与传统曝气系统相比，实现了降低能耗达 40% 以上。

（2）采用了空气提推高回流比技术，代替了传统污水泵管道回流模式，在较低的能耗下可实现泥水全液回流，回流比达到几倍乃至几十倍，可有效抵抗进水负荷冲击，提高了系统运行稳定性。

（3）采用了内嵌式二沉池的构建模式，打破传统污水处理厂二沉池单独建设的模式，可大大解决传统工艺流程长造成的占地面积大的缺点，有效节省占地及土建投资。

（4）生化系统采用了高污泥浓度和低溶解氧的运行控制模式，污泥浓度为传统工艺的 2～3 倍，溶解氧控制在 0.5～0.8 mg/L。通过这种模式培养的微生物个体较小，表面不易形成包裹的蛋白酶荚膜，且生长相对缓慢，因而污泥龄可达到传统工艺的 2～3 倍，实现降低污泥产量 30% 以上。

七、效益分析

1. 环境效益

二期项目实施后，处理水量达到了最高 12 000 m³/d，出水水质达到一级 A，出水指标：COD≤50 mg/L、BOD≤10 mg/L、NH₃-N≤5（8）mg/L、TP≤0.5 mg/L、TN≤15 mg/L、SS≤10 mg/L。

与一期的一级 B 出水相比，年每万吨污水处理产生的 COD 减排量增加 0.1 t，减排增加量为 4.37%；年每万吨污水处理产生的 NH₃-N 减排量增加 0.17 t，减排增加量为 80.68%，年每万吨污水处理产生的污泥量减少 0.49 t，减少率为 8.56%。

2. 经济效益分析

项目实施运行后，二期 BioDopp 工艺与一期传统氧化沟相比，污水处理电耗由 0.391 5 kW·h/t 下降到 0.153 4 kW·h/t，实现年节能量 227 t 标煤，节能率为 60.8%。占地面积减少 40% 左右，PAM 药剂用量减少 1.16 kg/t Ds，减少率为 60.81%，节约运行成本 20% 左右。

3. 社会效益分析

本项目极大地降低了污水治理的投资和运行费用，使治理不再是政府的沉重负担；同时，在相同处理规模下减少占地面积，有效解决了土地资源短缺问题，具有重要的社会效益。BioDopp 工艺相比同类技术提高了污染物去除效果，COD、氨氮、TP、TN 等污染物去除效率高，提高了出水水质，改善了水体水质，保护了水资源和居民健康。

粤桂合作特别试验区塘源污水处理厂

广西碧清源环保投资有限公司（以下简称"碧清源"）成立于 2013 年，注册资本 5 172 万元，广西投资集团于 2019 年入股成为公司股东之一。公司位于广西壮族自治区梧州市粤桂合作特别试验区内，是国家级高新技术企业、科技型中小企业、自治区"双百双新"企业和"瞪羚企业"。

公司成立以来致力于市政污水、医疗污水、工业污水、乡镇污水处理等领域，在国内污水处理领域拥有多项重大技术突破及近百个大、中、小型应用案例。公司年产值超亿元，是业内公认的新技术、新材料领军人和行业标准制定者，也是集科研、投资、建设、运营于一体的综合环境服务商。

碧清源高起点引进了国内一流的污水处理专家及高级环保人才，聘请中国工程院院士彭永臻为公司的特聘专家，与清华大学、北京工业大学、中山大学、中国科学院等一流的院校水处理研究机构、实验室进行深度合作，设立了中山大学环境科学与工程学院实习基地、城镇污水深度处理与资源化利用技术国家工程实验室产学研基地和梧州学院政校企协同育人基地，是"孔雀西南飞"广西碧清源环保人才基地和梧州市人才小高地。

碧清源依靠先进的技术和创新的管理模式，申报技术发明专利、实用新型专利 40 余项，编制了地方、行业、国家三级标准。公司自主研发了纳米平板陶瓷膜污水处理技术及一体化纳米陶瓷膜高效水质净化器，技术评定达到国际先进水平。这一核心技术和产品大量应用于大型污水处理设施及分散式污水处理项目，实现了传统行业对工业废水和城镇污水处理工艺的新突破，填补了国内纳米陶瓷膜在万吨级污水处理技术上的空白。工程案例分布于北京、广东、广西及东南亚市场达 110 多项，在陶瓷平板膜领域国内市场占有率达 60% 以上，处于龙头地位。

≫ 案例介绍

一、项目名称

粤桂合作特别试验区塘源污水处理厂。

二、项目概况

粤桂合作特别试验区塘源污水处理厂位于粤桂合作特别试验区江南片区，项目占地 30 亩，工程包括污水收集管网工程、污水处理厂工程以及尾水生态湿地深度处理三个部分。本项目是一项集自然、绿色、生态、节能、循环利用于一体的污水处理工程。污水收集范围主要包括塘源村、龙湖新村生活污水以及粤桂合作特别试验区生活污水和工业废水。污水收集管网 26 km，污水处理厂一期污水处理规模为 5 000 t/d，近期处理规模 2 万 t/d，远期 5 万 t/d。生态湿地处理系统近期处理规模为 2 万 t/d，远期处理规模为 5 万 t/d。污水处理厂出水水质达到《城镇污水处理厂污染物排放标准》（GB 18918—2002）中的一级 A 标准，再经过生态湿地系统处理，是国内第一个达到地表水Ⅲ类水质的纳米陶瓷膜技术污水回用工程。

三、技术特点及项目优势

纳米平板陶瓷膜污水处理技术及一体化纳米陶瓷膜高效水质净化器是在纳米平板陶瓷膜污水处理技术的基础上，集陶瓷膜组器及生物反应器于一体，综合了生物处理和陶瓷膜过滤技术特点的复合型水质净化器。采用高度集成化设计、标准化生产，具有以下特点：

（1）工程造价低，占地面积小，无须土建；

（2）技术先进设备高度集成，安装简便，节能降耗；

（3）效果显著，出水稳定，可实现中水回用；

（4）运营成本低，污泥量少，运营简便；无须值守，App 智能化远程控制；

（5）全生命周期长，无须后续更换陶瓷膜片费用，年均成本低。

粤桂合作特别试验区塘源污水处理厂污水处理工艺采用纳米陶瓷膜污水处理工艺（NCMT），污水中的污染物通过纳米陶瓷膜污水处理系统后，出水经提升进入生态湿地处理系统。生态湿地处理系统采用"氧化塘+一级表流湿地+一级潜流湿地+二级表流湿地+二级潜流湿地"的工艺流程，通过多种湿地交替对污水处理厂尾水进行深度处理，强化了总氮、总磷的去除，以达到地表水Ⅲ类水质要求。

因考虑西江水质为地表水Ⅲ类水体，同时西江作为广东省的饮用水水源，广东省流域内西江水质为Ⅱ类水体，因此粤桂合作特别试验区塘源污水处理厂排水达到《城镇污水处理厂污染物排放标准》（GB 18918—2002）一级 A 排放标准后进入生态湿地系统——"植物塘+人工湿地"进一步净化处理后排入粤桂涧河，最后进入西江。经过生态系统处理后，达到《地表水环境质量标准》（GB 3838—2002）Ⅲ类水体要求。

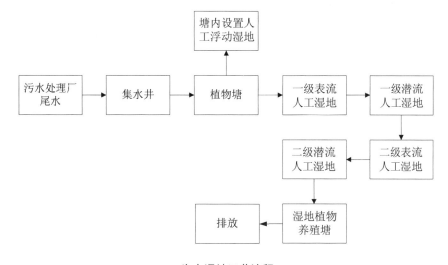

生态湿地工艺流程

四、工程创新

1．生态湿地植物塘功能作用

在植物塘内设置人工浮动湿地，模拟天然湿地，集成自然湿地在水污染削减、水生态修复、生物多样性维护等方面的作用。与此同时，生态湿地植物塘能大量吸附净水微生物，并为各类动植物提供水面的生息空间，有效地保证湿地成为水生态圈修复平台。该浮动湿地的浮力经过科学构建，能承载的重量大幅提高，满足浮动湿地上植被密集生长的要求，采用模块化构建结合稳固的工程结构，可作为各类水体生态修复兼生态景观的示范。

2．生态湿地表流人工湿地功能作用

人工湿地是人工建造的、可控制的和工程化的湿地系统，其设计和建造是通过对湿地自然生态系统中的物理、化学和生物作用的优化组合来进行污水处理。

本项目采用潜流式人工湿地系统，它是利用填料表面生长的生物膜、丰富的植物根系及表层土和填料截留的作用来净化污水。由于水流在地表以下流动，具有保温性能好、处理效果受气候影响小、卫生条件较好的特点。潜流湿地的水力负荷和污染负荷大，对 BOD、COD、SS、重金属等污染指标的去除效果好，出水水质稳定，不需适应期，占地面积小。其最大优点在于：污水通过布水系统直接输送至人工湿地床的基质中，能减少臭味和蚊蝇滋生。

潜流式人工湿地系统由水体、砾石、水生植物、微生物及微型动物等组成，种植有芦苇、黄菖蒲、再生花、千屈菜、黄花鸢尾、美人蕉、灯芯草、旱伞竹等多种水生植物，利用在不同料层形成的好氧、兼氧、厌氧作用对水体污染物进行降解、硝化和反硝化，除去水体中的有机物、氮和磷，还利用植物的吸收去除氮和磷。

3．生态湿地植物的作用

植物是人工湿地系统的重要组成部分，合理地选择搭配植物以及保证其良好的生长状况将关系到人工湿地的处理效果。湿地植物在污水净化中的作用如下：

（1）显著增加微生物的附着；

（2）通过光合作用为净化作用提供能量；

（3）提供良好的过滤条件，防止湿地被淤泥淤塞；

（4）为微生物提供良好的根区环境；

（5）通过蒸腾作用增强介质的水力传输；

（6）植物竞争阳光和营养物分泌抑藻剂，从而抑制浮游藻类生长；

（7）调节湿地周围的小气候。

杭州市七格污水处理厂污泥处理提升工程

　　杭州国泰环保科技股份有限公司（以下简称"国泰环保"）成立于 2001 年，是一家从事污泥处理与资源化、污染控制、"三废"处理与资源化技术开发、工程化、产业化的专业环保企业、国家高新技术企业。

　　国泰环保被授予 G20 杭州国际峰会环境质量保障企业、浙江省成长型中小企业、杭州市重点拟上市企业、杭州市战略性新兴产业培育企业、萧山区工业新兴产业重点培育企业、萧山区十大"创业成长之星、萧山区创新型强企""萧山区百强企业"。

　　国泰环保在污染控制与清洁生产、污染处理与资源化技术领域已研发成功 60 多项专利、专有技术，已承担完成国家及省级、部级重大科技项目 10 项，多项全国招标攻关项目。

　　国泰环保自主研发、国内首创的污泥深度脱水技术于 2008 年被列为国家"十一五"重大科技项目的水专项课题，于 2013 年通过国家验收。深度脱水技术攻克了含水率 80% 的污泥难以进一步脱水减量这项污泥处理领域的关键技术"瓶颈"，可在常温、低压条件下，将每吨含水率 80% 的湿污泥中的水分脱除 75% 以上，脱水干泥含水率降低至 45% 左右，部分污泥可降至 40% 以下，每吨含水率 80% 的污泥减量至 400 kg 以下，实现减量化与稳定化。脱水干泥通过焚烧与建材利用等途径实现最终无害化与资源化，具有投资少、建设周期短、运行成本低、可避免二次污染等优点。国泰环保杭州钱塘新区临江污泥深度脱水项目在 2010 年被列为建设部示范工程，2014 年被国家发改委列为中国循环经济博览会推介技术（项目）。该项技术已在杭州、绍兴、上海、南昌等多个城市大型污水厂推广应用，并已建成运行工业化项目 10 个，其中 1 000 t/d（按含水率 80% 计）以上项目 5 个。污泥处理成效得到了项目所在城市的普遍认可，为项目应用所在城市的污泥处理、环境保护与"创模"做出了重要贡献。

 # 案例介绍

一、项目名称

　　杭州市七格污水处理厂污泥处理提升工程。

二、项目概况

　　杭州市七格污水处理厂承担着杭州主城区的全部城市生活污水处理任务，污水处理总规模达 150 万 m³/d，处理厂四期建设，其中一期、二期于 2005 年 9 月建成投产，三期 2012 年 6 月投运，四期 2019 年年底投运。

　　2009 年，为解决杭州市主城区污泥处理难题，国泰环保建设杭州市七格污水处理厂

（一期、二期）污泥处理项目，将含水率 80% 的污泥深度脱水减量至 45% 以下后外运焚烧处置，使杭州市主城区污泥处理处置自 2010 年起即实现零填埋。

2018 年，随着七格污水处理厂四期的投运，主城区污泥产生量进一步增加，为系统解决杭州市主城区污泥处理问题，杭州市政府决定将国泰污泥处理项目扩建至 1 600 t/d，并改为由杭州市水务集团有限公司投资建设，采用国泰环保污泥深度脱水工艺和装备，并继续委托杭州国泰环保运行。

建设单位：杭州市排水有限公司。

设计单位：中国市政工程华北设计研究总院有限公司。

工艺、设备与运行管理单位：杭州国泰环保科技股份有限公司。

总投资：3.5 亿元。

占地：共 8 500 m^2，分 A、B 两区块：A 区（600 t/d）3 500 m^2，B 区（1 000 t/d）5 000 m^2。

规模：1 600 t/d（按含水率 80% 计）。

三、工艺技术与特点

1. 常温低压脱水

国泰深度脱水技术可在常温、低压（0.5 MPa）条件下将每吨含水率 80% 的湿污泥中的水分离 75% 以上，脱水电耗小于 5.0 kW·h/t，单台 500 m^2 厢式压滤机日处理量大于 100 t（传统深度脱水工艺进泥压力 1.6 MPa、电耗 10 kW·h/t、单机日处理量 50 t）。脱水干泥含水率降至 45% 以下，每吨含水率 80% 污泥减量至 400 kg 以下，实现污泥的大幅减量化。

2. 干泥焚烧处置

脱水干泥热值为 800 kcal/kg，每吨干泥焚烧约副产蒸汽 1.0 t；深度脱水处理过程不增加可燃硫、氯离子等含量，符合干泥焚烧处置的要求并在焚烧处置时副产蒸汽并发电，实现了污泥焚烧处置过程中能量的净输出。脱水污泥清洁焚烧发电技术于 2010 年开始在萧山、富阳等地进行干泥焚烧试验并已逐步实现干泥焚烧的工业化流程，目前七格污泥处理项目产出的脱水污泥已通过富春环保、临安华旺热能等多家垃圾电厂、热电厂进行大规模焚烧处置。

3. 废气净化处理

本项目位于主城区内，厂界紧邻高密度居住区、商业区等，对本项目臭气控制要求非常高。因此本项目设计的排放口（15 m）臭气浓度排放限值 100，远低于国家标准（2 000）。本工程除臭工艺推荐采用化学除臭与生物除臭滤池相结合的方式，并配合离子送新风的空间预防除臭工艺。污泥处理过程中产生的臭气经管道收集后进入化学除臭塔，处理后的尾气进入生物除臭滤池装置，经生物除臭滤池处理后排出，并在车间内送入离子新风，从源头处降低臭气浓度。

四、项目优势

（1）运行连续稳定。项目投运 10 多年来一直是全年连续运行，脱水干泥焚烧处置也已稳定运行 10 年以上，是杭州主城区污泥处理规模最大、运行最稳定的污泥处理项目。污泥处理量占杭州主城区污泥规范处理总量的 80% 以上，为杭州市的"创模"、G20 峰会环境质量保障与美丽杭州建设做出了重要贡献。

（2）项目环保要求远高于国内其他项目。项目高标准建设臭气控制与处理设施，废气处理排放口（15 m）臭气浓度排放限值 100，远低于国家标准（2 000）。项目严格做好环保设施运行，优化现场管理，实现厂区内及周边完全无异味，破解了污泥、垃圾类项目"邻避效应"这一世界性难题，形成了引领示范作用。

五、工程创新

（1）浓缩泥直接脱水：七格污水处理厂四期含水率 99%的浓缩泥通过泵与管道直接输送至本项目污泥接收系统，实现浓缩泥一次脱水至含水率 45%以下，省去了离心机投资与运行成本。

（2）低压离心泵输送污泥：污泥经调理改性后，脱水性能大幅改善，污泥可通过低压离心泵输送。

（3）灵活布置、大幅节约项目用地：合理规划功能布局，设计充分利用现有场地条件，分块建设 600 t/d 和 1 000 t/d 深度脱水设施，灵活布置污泥接收、调理、脱水、干泥库房等设施。

六、效益分析

（1）投资省：本项目处理规模 1 600 t/d，投资 3.5 亿元，每吨建设投资约 21.8 万元/t；与传统热干化技术相比，可降低投资 50%以上。

（2）节约用地：本项目用地 8 500 m²（12.7 亩），每吨建设用地约 5.3 m²/t；与其他污泥处理技术相比，大幅节约建设用地，可利用污水处理厂内闲置用地改造建设污泥项目。

（3）节能减排：采用热干化技术处理每吨含水率 80%的污泥约需消耗 0.8 t 蒸汽，耗电 30～50 kW·h；深度脱水技术不消耗蒸汽，电耗约 15 kW·h/t；按 1 500 t/d 污泥项目计，每年可节约标煤 6 万 t，减排二氧化碳约 16 万 t。

杭州余杭水务有限公司良渚污水处理厂三期工程

杭州天创环境科技股份有限公司（以下简称"天创环境"）于1997年10月成立于浙江杭州，公司以膜分离技术为核心，以"改善水生态，循环水资源，创造绿色健康财富"为使命，是一家集科研、设计、制造、销售、服务和系统集成于一体的高新技术企业。

公司设有省级高新技术企业研究开发中心、杭州市级企业技术中心，与中国科学院、清华大学等多家国内外知名院校建立"产学研"合作关系，与浙江环境科学研究院、浙江大学建立长期战略合作关系。拥有发明专利21项、实用新型专利15项、软件著作2项，先后通过ISO 9001、ISO 14001、ISO 13485等多项管理体系认证，被评为"高新技术企业""省级高新技术企业研究开发中心""中国膜工业协会理事单位"，于2011年被杭州市余杭区政府列为上市培育对象。

经过20余年的努力和发展，天创环境拥有占地4万 m^2 的生产基地，并在全国15个主要城市设立了办事处，本着"我只在乎你真正满意"的服务理念为用户提供优质服务。

天创环境始终秉承"专注、协作、创新、领先、责任"的价值观，以"成为改善水环境的定制化解决方案专家，客户责任式成长的首选合作伙伴"为愿景，致力于改善水环境，为绿色、健康、环保事业做出努力，不断追求发展。科学合理的管理体系及职能分工，确保了大型系统设备设计、制造、安装、调试、试运行的有序进行，并且能提供完善的售后服务保障，对公司设备终身跟踪维护，确保设备长期稳定运行。

≫ 案例介绍

一、项目名称

杭州余杭水务有限公司良渚污水处理厂三期工程。

二、项目概况

项目地址：浙江省杭州市余杭区。

业主单位：杭州余杭水务有限公司。

设计单位：中国市政工程西南设计研究总院。

设计工艺：预处理—生化单元—MBR单元—产水池。

工程深度处理单元设计规模：3万 m^3/d。

自 2013 年浙江省提出"五水共治"的环保思路和策略以来，对水环境综合治理的要求日益提高。在此背景下，杭州余杭水务有限公司通过多轮方案对比，选用出水水质好、水质稳定、占地面积较小的 MBR 技术作为良渚污水处理厂三期工程的处理工艺。

良渚污水处理厂三期工程扩建规模为处理污水 3 万 t/d，建成后污水处理总规模达到 7 万 t/d。

三、技术特点

良渚污水处理厂三期工程的处理工艺为天创环境自主研发的高效膜生物反应器（MBR）集成技术。核心产品采用 PVDF 增强型复合超滤膜，产品具有柔韧性好、不易断丝、耐氧化性强、过滤精度高、产水水质好、操作维护简便等特点。经过 MBR 系统处理后，产品水 CODC 稳定在 30 mg/L 以下，NH_3-N 稳定在 2 mg/以下，浊度稳定在 0.1 NTU 以下，可满足准 V 类水质标准。

进出水质要求见下表。

进出水质

项目	BOD_5/（mg/L）	COD_{Cr}/（mg/L）	SS/（mg/L）	NH_3-N/（mg/L）	TN/（mg/L）	TP/（mg/L）
设计进水	≤180	≤400	≤250	≤35	≤45	≤4.5
设计出水	≤10	≤50	≤10	≤5（8）	≤15	≤0.5
实际出水	≤10	≤30	≤5	≤2	≤12	≤0.3

注：设计出水要求达到《城镇污水处理厂污染物排放标准》（GB 18919—2002）一级 A 标准，再由近岸排放至受纳水体。

四、项目意义

作为水生态环境问题综合解决方案供应商，天创环境秉持"技术型、数字型、服务型、开放型"的理念，在为污水处理厂提供了高品质膜分离产品的同时，派出了专业运维团队为客户提供现场运维管理服务，通运行程序的控制和调整，针对设备运行数据的分析，实现运行过程中问题及早发现和预防，在为客户节省大量的管理成本和直接成本的同时，确保系统更加高效稳定地运行，实现工程效益和环境效益双赢。

本项目实现了浙江省内 MBR 技术应用于万吨级市政污水处理领域零的突破，它的顺利投运标志着 MBR 技术作为高品质产水保障技术，在浙江省城镇污水处理领域的成功应用，为浙江省的城镇污水提标扩建提供了新思路、新技术和新模式。

萧山临江水处理厂

杭州萧山环境集团有限公司（前身为杭州萧山水务集团有限公司），成立于 2006 年，注册资金 11.62 亿元，隶属萧山区政府，是一家涉足供排水、环境环保、城市开发建设等多个领域的综合性国有企业，承担着杭州市萧山区、钱塘新区（大江东区域）1 400 多 km² 的供排水业务以及滨江区污水处理业务，为 250 多万人提供优质、高效的水务服务。

萧山环境集团现有杭州萧山供水有限公司、杭州萧山污水处理有限公司、杭州钱南原水有限公司、杭州萧山环境投资发展有限公司、杭州蓝成环保能源有限公司、杭州萧山环城建设开发有限公司、杭州萧水物业管理有限公司、杭州萧山环境设备有限公司 8 家子公司，总资产逾 190 亿元，员工 1 800 余人，拥有制水厂 5 座、污水处理厂 2 座、污泥处理厂 1 座、供排水主干管 3 700 余 km，供水能力 140 万 t/d，污水处理能力 64 万 t/d，污泥处理能力 4 000 t/d，供水和污水处理能力在全省所有地市中均位列前三。聚焦高质量发展，聚力高站位奋进，萧山环境集团是全省唯一一家获得"中国水务企业综合实力 20 强"企业，并多次荣获"中国水业最具成本性投资运营企业""中国水业最具社会责任企业"等称号。

未来，萧山环境集团将把握趋势抓机遇，放大格局谋发展，继续强势推进"供排水、环境环保、城市开发建设"三大产业并驾齐驱、协同发展，巩固产业格局已形成区域优势，力争"五年再造一个萧山水务"，为生态环境事业发展和区域经济腾飞做出应有的贡献。

案例介绍

一、项目名称

萧山临江水处理厂。

二、项目概况

萧山临江水处理厂隶属萧山环境集团，由杭州萧山污水处理有限公司建设运行，坐落于浙江省杭州市钱塘新区（大江东区域）外围垦十五工段现有红十五线终点，服务范围为萧山东部地区 11 个镇、2 个省级工业园区以及大江东地区的污水末端治理，处理对象以工业废水为主，其中 80% 为印染废水、12% 为化工废水、8% 为生活及其他废水。污水经处理后排入钱塘江（杭州段），污泥经浓缩脱水后经管道输送至污泥焚烧厂进行深度脱水及无害化处理。

项目于 2013 年 12 月经省发改立项审批，于 2015 年 11 月大江东产业集聚区经发局通过项目核准，于 2016 年 8 月被列入大江东产业集聚区"国家级循环化改造产业园重点示范项目"。

三、项目规模

为积极贯彻落实省政府环境政策，进一步提升区域环境质量，2013 年，萧山环境集团启动了萧山临江水处理厂扩建及提标改造工程，计划对原有 30 万 t/d 污水处理厂进行提标及加盖除臭改造，扩建规模为 20 万 t/d 二期工程，项目概算总投资 19.46 亿元，用地 410.4 亩。项目完成后，萧山临江水处理厂处理规模将达 50 万 t/d，且按照《城镇污水处理厂污染物排放标准》（GB 18918—2002）一级 A 标准排放。

四、项目优势和工程创新

目前，萧山临江水处理厂日平均处理量为 32 万 t 左右，处理废水主要以化工、印染废水为主，工业废水中，印染废水占 80%，农药、医药、染料生产、石化等化工废水占 12%，生活污水仅占 8%，水量大、水质复杂、处理难度大，要达到《城镇污水处理厂污染物排放标准》（GB 18918—2002）一级 A 水质排放标准，萧山临江水处理厂的处理工艺更复杂、难度更高。在项目启动伊始，在全国范围内，如此大规模的工业污水处理厂，要达到《城镇污水处理厂污染物排放标准》（GB 18918—2002）一级 A 标准，并无实例可循。

为此，萧山临江水处理厂在全国甄选出 15 个方案，每个方案要进行为期半年的大规模中试，再通过综合评价、专家评审，最终确定最佳方案"三相催化氧化工艺"（改良型芬顿），强力降解工业污水中的污染物。

为积极响应浙江省政府按国务院发布的《关于水污染防治行动计划的通知》要求，萧山环境集团在时间紧、任务重的情况下，抢班抢点地推进提标扩建项目建设。萧山临江水处理厂提标工程用地约 125 亩，投资 4.2 亿元。2016 年 8 月，土建正式开工，2017 年 7 月，工程通水调试，9 月进入生产调试，11 月正式投入生产。系统现已稳定运行 4 年多，出水水质稳定达到《城镇污水处理厂污染物排放标准》（GB 18918—2002）的一级 A 排放标准。萧山临江水处理厂尾水深度处理的建成及使用，宣告如此大规模严标准工业污水治理的第一次尝试成功实施，为国内大规模工业污水治理树立了典型。

五、技术特点

萧山临江水处理厂尾水深度处理选定的是南京神克隆三相催化氧化技术，是对芬顿工艺的优化和改良，是对难处理废水高级氧化技术的一种丰富和发展。三相催化氧化为多维催化氧化，以创新复合催化材料及高效反应器为核心，并耦合磁化工艺等装置系统，利用催化氧化、催化还原、催化缩合原理能够较好地去除有机污染物。

生化后出水　　　提水池　　SKL-三相催化氧化反应器　稳定池　　　高效沉淀池　达标排放

三相催化氧化工艺流程

从实际工程运行情况来看，相较于常规芬顿技术及臭氧高级氧化技术，三相催化氧化具有抗冲击能力强，在进水性质发生变化或浓度上升的情况下，相应调整工艺参数及药剂使用量就能确保达标排放，具有 COD_{Cr} 去除率高、运行成本较低、污泥量小、系统稳定性好、维护量低等特点，同时对进水 SS 要求不高，且出水 SS 低。

2017 年 11 月至 2018 年 1 月，萧山临江水处理厂厂部专门对工艺进行了一次工艺运行效果性能考核，考核期间日均处理水量为 31.5 万 t，进水 COD_{Cr} 在 120～140 mg/L，氯离子在 1 000～1 100 mg/L；深度处理后主要污染物指标为：出水 COD_{Cr} 约 40 mg/L、SS 约 5 mg/L、TP 约 0.05 mg/L、氨氮 1.5 mg/L 以下、总氮 9～13 mg/L，各项指标均达到《城镇污水处理厂污染物排放标准》一级 A 标准。处理效果数据见下表。

单月日均进出水指标

月份	进水 COD_{Cr}/（mg/L）	出水						
		COD_{Cr}/（mg/L）	色度	SS/（mg/L）	pH	TN/（mg/L）	$NH_3\text{-}N$/（mg/L）	TP/（mg/L）
11	144.6	39.8	16	5	7.17	9.3	1.22	0.042
12	135.5	40.9	16	5	7.05	11.5	1.12	0.053
次年 1	126	41	16	6	7.08	12.4	0.951	0.027

单月日均成本明细

单位：元/t 水

月份	药剂费	电费	污泥费	催化材料费	成本
11	1.00	0.074	0.188	0.05	1.31
12	0.96	0.077	0.163	0.05	1.25
次年 1	0.98	0.08	0.16	0.05	1.27
平均	0.98	0.077	0.17	0.05	1.28

注：（1）鉴于药剂随市场行情波动较大，根据谈判响应文件，药剂成本计算统一按照中试时相应固定单价计算：硫酸 600 元/t，硫酸亚铁 200 元/t，过氧化氢 1 000 元/t，液碱 667 元/t，酰胺 12 000 元/t，含水率 87% 的污泥处理单价 175 元/t。
（2）硫酸密度为 1.836 kg/L，过氧化氢密度为 1.1 kg/L，液碱密度为 1.33 kg/L。

单月日均药剂、电耗、污泥量统计明细

月份	处理水量/（t/d）	药耗/（t/d）					电量 kW/d	绝干泥（SS）/（t/d）
		硫酸	硫酸亚铁	过氧化氢	液碱	APAM		
11	313 807	182.4	257.4	91.7	132.6	1.059	34 240	43.7
12	316 156	177.0	263.7	93.9	122.7	0.918	36 010	38.2
次年 1	317 108	183.23	273.97	92.84	124.84	0.983	37 058	38.4
平均	315 690	180.88	265.02	92.81	126.71	0.987	35 769	40.1

在处理规模满足 32 万 t/d 的设计要求下，考核期间内的出水水质各项指标（如 COD_{Cr}、SS、pH、TP、TN、$NH_3\text{-}N$）在进水水质、水量有波动的情况下均能实现稳定达标；运行

成本方面,在出水水质稳定达标的前提下,处理成本为 1.28 元/t,日均产绝干泥量为 40.1 t,芬顿反应后吨水污泥含量在 120～130 mg/L。从考核结果来看,出水水质、处理成本、污泥产出量均达到预期值。

六、效益分析

萧山临江水处理厂是以印染废水为主的大型工业园污水处理厂,现一期深度处理规模 32 万 t/d。一期深度处理工程进水 COD_{Cr} 120～160 mg/L,出水 COD_{Cr} 可降至 30～40 mg/L,其他出水指标均可达到《城镇污水处理厂污染物排放标准》一级 A 排放标准,是目前国内行业内工艺趋于完善、同类指标值最低、规模最大的提标改造工程。

得益于提标工程的顺利实施,按照"先提标,再扩建"的建设布局,萧山环境集团正全力推进萧山临江水处理厂二期 20 万 t/d 扩建工程,目前该工程建设已进入收尾阶段,2020 年年底完成通水调试并具备生产条件。届时,萧山临江水处理厂处理规模将达到 50 万 t/d,每年可减少排放 COD 7.85 万 t、氨氮 3 925 t、TN 4 082 t、TP 550 t,按《城镇污水处理厂污染物排放标准》(GB 18918—2002)一级 A 标准排放,将成为国内最具规模的单纯工业废水深度处理工程。项目的成功实施,打开了大型印染集中区生存发展的环保通道,对改善区域水环境及促进钱塘江水资源保护具有重要意义。

荥阳市中和水质净化有限公司
反应沉淀池改造升级磁混凝沉淀池项目

山东和创瑞思环保科技有限公司（以下简称"和创瑞思"）是国内知名的水处理消毒及加药沉淀技术公司。

公司拥有现代化生产厂房 9 000 m²，配备理化、电极检测、水质检测等专业实验室，各种生产、检测设备齐全。

作为国内知名的加氯加药设备专业供应商，和创瑞思目前拥有六大核心产品：次氯酸钠发生器、臭氧发生器、二氧化氯发生器、全自动加药装置、磁絮凝装置、一体化污水处理设备。和创瑞思面向亚太地区的供水厂、污水处理厂、医院污水、发电厂等领域，提供完善的水处理综合解决方案。

为客户实现价值是和创瑞思人共同的追求。和创瑞思秉承精益求精的理念，对设备进行了多次技术升级，通过不断提升硬件标准化、软件智能化，实现了效能和功能的双重提升。

和创瑞思以优质可靠的设备和细致周到的服务赢得了市场和用户的一致好评，并与北控水务、中国华电、中节能、中国中车、中国水务、中建三局、中能建等十余家大型央企、国企和上市公司建立了战略合作关系。

未来，和创瑞思人将继续致力于水生态保护与建设，为推动人与自然的和谐发展献力。

》案例介绍

一、项目名称

荥阳市中和水质净化有限公司反应沉淀池改造升级磁混凝沉淀池项目。

二、项目概况

荥阳市中和水质净化有限公司（原荥阳市污水处理一厂），是日处理规模为 5.0 万 t 的市政/工业污水处理厂，厂区采用"德国百乐克+反应沉淀池+滤布滤池过滤"主体工艺。企业的经营范围为中水销售、自然河流补水排放及污泥无害化处理等。为适应国家环保政策要求，将企业由原排水标准一级 A 提标改造为地表准Ⅳ类水水质，即反应沉淀池改造升级磁混凝沉淀池项目。

三、工程创新

1. 实现浅形池体升级改造为磁混凝沉淀系统的适应性改造

荥阳市中和水质净化有限公司使用的原反应沉淀池系统由于池深较浅、重力式排泥系统排泥不畅、药剂混合搅拌系统也达不到预期等影响，造成后续滤布滤池工作状态一直处于高负荷状态，导致出水一直不能满足排水要求。

根据上述问题，荥阳市中和水质净化有限公司结合反应沉淀池原始设计及施工图纸等资料，根据公司 HCMag 磁混凝沉淀池系统的特点，对反应沉淀池系统进行了设计改造。具体措施如下：

（1）将原搅拌系统更换为和创瑞思对本单元池体适应性改造的 HCM-JT 系列节能型磁混专用搅拌系统，保证来药的混合效果，同时对原老旧加药系统进行更换，使加药单元实现精确加药，同时大幅降低了搅拌系统的功耗。

（2）根据浅形池体水流特征，将原始控水措施调整为可以有效抵抗磁泥过早沉降、串流等干扰因素，现象地表准Ⅳ类水质排水。

2. 克服了长方形沉淀池应用磁混凝沉淀系统的盲区大、不集中等排泥难题

原反应沉淀池为长方形池形，排泥采用重力排泥方式，不能满足磁混凝系统的应用需求，需对排泥系统进行改造，但由于池体形状为长方形池体，如果采用中心传动式刮泥机则会存在大量的空白区域刮泥机无法覆盖等缺点。根据上述难点，和创瑞思研发了一种可以有效地应用于长方形池体的磁混专用"往复式刮泥机系统+旋升气提泥系统+HCMag 磁分离系统"组合工艺服务于本池体，经过近 18 个月的连续运行，出水水质各项指标一直优于地表准Ⅳ类水水质。

出水水质

四、效益分析

本项目改造完成前，为了保证反应沉淀池出水总磷等污染物质不超标，厂内采用投入较大量的除磷剂等措施，使厂内的运行成本一直无法降低。反应沉淀池升级为 HCMag 系列磁混凝沉淀池系统后，处理吨水成本降低为不足 0.08 元，降费效果优异。

月份	TP/（mg/L）月平均		SS/（mg/L）月平均	
	进水	出水	进水	出水
5	2.35	0.02	54	0.4
6	2.26	0.02	103	0.9
7	3.45	0.06	51	—
8	3.3	0.06	54	—
9	2.88	0.05	128	0.5

2019 年 4 月至今，本项目中和创瑞思设备运行稳定，效果优异，各项出水指标均达到相关标准。和创瑞思技术及售后部门多次赴现场进行技术培训和设备维护，实地解决客户运营问题，这一系列举动获得了客户的高度认可。

长沙市新开铺水质净化厂二期改扩建工程

湖南科友环保有限公司（以下简称"科友环保"）是湖南三友环保科技有限公司与中南水务科技有限公司在长沙水业集团支持下成立的水务科技公司，依托顶尖人才团队和高端研发平台，致力于成为国内外技术领先的城镇供排水、污水处理、污泥处理处置等领域的知名企业。

科友环保自主研发的高浓度复合粉末载体生物流化床（HPB）工艺达到国际先进水平，已在城镇污水处理厂推广应用。公司依托核心创新技术，通过多种经营模式，为客户提供集工艺、装备、药剂与运营服务于一体的水务综合解决方案。

 案例介绍

一、项目名称

长沙市新开铺水质净化厂二期改扩建工程。

二、项目概况

建设单位：湖南科友环保有限公司。

长沙市新开铺水质净化厂位于天心区新开铺街道新天村，规划远期总规模 28 万 m^3/d，总占地面积 13.3 hm^2。本厂一期建设规模 10 万 m^3/d，2009 年投产。2016 年经过提标改造，出水达到《城镇污水处理厂污染物排放标准》一级 A 标准。

长沙市新开铺水质净化厂二期改扩建工程将现状规模 10 万 m^3/d 扩建至 19 万 m^3/d，出水水质由《城镇污水处理厂污染物排放标准》一级 A 标准提升至湖南省地标《湖南省城镇污水处理厂主要水污染物排放标准》（DB43/T 1546—2018）（准Ⅳ类水）。原设计在厂区东侧新征用地约 94 亩进行提标扩建，总投约 12.3 亿元，其中征地费用约 7.4 亿元，建设费用约 4.9 亿元。

现采用高浓度复合粉末载体生物流化床（HPB）工艺，在原厂范围内即可完成提标扩建工作，实现产能翻倍、水质提标的目标，且能够实现不停产改造，总投资约 3.6 亿元。投资金额、运行成本、建设周期等均大幅降低和缩短。

三、HPB 工艺原理

HPB 工艺基于污水生物处理的技术原理，通过向生化池中投加复合粉末载体，提高生物池混合液浓度的同时，构建了悬浮生长和附着生长"双泥"共生的微生物系统，并通过污泥浓缩分离单元、复合粉末载体回收单元，实现了"双泥龄"，同步提高生物脱氮除磷效率。

四、HPB 工艺特点

（1）省费用：节约投资 30%以上；

（2）省占地：无须征地即可实现生化池处理规模翻倍；

（3）省周期：建设周期缩短约 30%以上；

（4）高效率：活性污泥和生物膜"双泥法"改良工艺，处理效率高，抗冲击负荷能力强；

（5）高标准：出水可稳定达到准Ⅳ类及以上标准；

（6）高保障：单元式独立操作，可实现不停产检修、维护，保障污水厂的稳定运行。

五、HPB 工艺应用场景

HPB 工艺适用于各种类型的活性污泥法工艺，可广泛应用于大、中、小型城镇污水处理厂、乡镇与农村生活污水处理一体化设备以及合流制排水系统溢流污染控制等。

天津经济技术开发区西区污水处理厂
地表水 IV 类提标改造工程

南京神克隆科技有限公司（以下简称"神克隆科技"）成立于 1999 年，是一家具备核心工艺技术自主化、核心设备制造专业化，为客户提供个性化、工艺模块化、运营智能化等一体化的解决方案的综合服务商。

神克隆科技总部坐落于钟灵毓秀、虎踞龙盘的六朝历史文化古都南京，长期致力于高难度工业化工废水处理、垃圾渗滤液处理等业务。公司密切关注产业发展的战略方向和技术前沿，形成了集整体工艺设计、研究开发、装备制造、工程建设、设施运营能力于一体的生态环境全产业链核心竞争力。尤其在高难度废水深度处理、垃圾渗滤液处理等领域，公司凭借精湛的专业技术、持续的技术创新以及丰富成熟的项目管理经验，技术水平和可持续发展能力均达到行业知名水平，成为生态环境细分领域的重要服务商之一。

神克隆科技投资 2 亿元，已建成一座 14 层、总建筑面积 1.3 万 m² 的新产业中心，用于开发废气、废水、固体废物联合治理技术。现有员工 200 余人，凝聚、培养了一支高素质、富有创新精神的人才队伍。凭借自身强大的技术优势，神克隆科技在江苏、河北、浙江、天津、内蒙古、新疆、吉林等地建立了多家示范工程。处理规模 3 万～56 万 t/d，总处理水量达 300 万 t/d，单项最大深度水处理项目规模已达 56 万 t/d。公司拥有市政公用工程施工总承包二级、建筑机电安装工程专业承包一级、环保工程专业承包三级资质。拥有 30 余项专利，核心技术获"江苏省环保实用新技术""南京市科学技术进步奖"、高新技术产品认定、环境保护技术成果鉴定、"国家火炬计划项目"等荣誉。公司与天津泰达集团、北京环卫集团、山西潞安集团、新疆中泰化学集团、吉林化纤集团等知名企业在污水处理领域均保持着密切的合作关系。

成立至今，神克隆科技已成为一家值得尊重与信赖，有诚信和社会责任感的企业。公司愿意与社会各界携手共进，为人类幸福、健康和可持续发展做出更多贡献。

≫ 案例介绍

一、项目名称

天津经济技术开发区西区污水处理厂地表水 IV 类提标改造工程。

二、项目概况

天津经济技术开发区泰达水务西区污水处理厂（一期、二期）坐落于天津市滨海新区西区，污水处理规模为 5 万 t/d，其中工业废水占比达 80%～85%。

西区污水处理厂生化处理工艺为"厌氧+缺氧+好氧"（MBBR），原深度处理工艺采用"混凝物化+粉末活性炭吸附+纤维转盘滤池"处理工艺，原污水排放标准为《城镇污水处理厂污染物排放标准》（GB 18918—2002）一级 B 标准。项目建设过程中，泰达水务为深入贯彻落实"水十条"，实现污染物减排和水环境质量改善，促进中水回用，推动京津冀绿色发展，要求西区污水处理厂 2017 年年底前须达到天津市《城镇污水处理厂污染物排放标准》（DB 12/599—2015）A 级标准（COD≤30 mg/L，即地表水Ⅳ类水体标准）。

而西区污水处理厂原深度处理工艺已经无法满足新的排放标准，需要进一步提标改造。经综合评估后，西区污水处理厂选用了神克隆科技自主开发的"SKL-三相催化氧化工艺"作为提标改造处理工艺。

本次提标改造工程于 2017 年 7 月开始建设，2017 年年底投产运行，现已稳定运行 4 年之久。经 SKL-三相催化氧化工艺处理后的出水，COD 由 45～85 mg/L 降到 10～25 mg/L，色度由 20～40 倍降到 4 倍以下，总磷由 1 mg/L 降到 0.02 mg/L 以下，总氮由 8～12 mg/L 降到 6～9 mg/L，SS 由 25～50 mg/L 降到 3 mg/L 以下，各项指标均优于天津市《城镇污水处理厂污染物排放标准》（DB 12/599—2015）A 级标准。

三、技术特点与工程创新

神克隆科技经过多年科研攻关和工程实践，开发出了用于工业废水深度处理的 SKL-三相催化氧化工艺，技术特点和创新包括以下三个方面：

（1）将磁化技术应用于工业废水处理领域：通过采用磁化装置对废水预磁化，使水分子团簇尺寸减小，降低极性有机污染物活性位点与药剂分子的碰撞屏障，提高药剂利用率和工业废水处理效果。

（2）工业废水电化学催化还原技术：改变传统废水高级氧化技术中直接对废水进行氧化的模式，采用专利产品新型负载型纳米铁合金催化剂作为工业废水的电化学催化还原剂，使污染物先被催化还原为易氧化降解物质，然后再进行后续的氧化处理。

（3）工业废水催化氧化技术：利用专利产品新型复合催化材料并结合催化剂（硫酸亚铁）和氧化剂（过氧化氢）组成的均相、非均相芬顿催化氧化体系，实现对工业废水的催化氧化降解，相较于传统的芬顿氧化工艺，处理效率显著提高，药剂成本和污泥产量大幅降低。

四、项目优势

神克隆科技开发的 SKL-三相催化氧化工艺与产品在工业废水处理领域得到了广泛应用，其优势主要体现在以下几个方面：

（1）高效、广谱，抗负荷冲击能力强：COD 去除率高达 50%～85%，脱色率高达 95%，总磷去除率高达 90%，相较于其他工艺，COD、色度的去除率提高 20%～30%，显著降低了各项污染物指标，消毒除臭，出水清澈透明。在进水水质性质发生变化或浓度上升的情况下，相应调整工艺参数及药剂使用量就能确保达标。

（2）运行成本低：SKL-三相催化氧化工艺，其核心由自主研发的催化材料和反应器设备构成，主要表现为提高 20%～30%的 COD 去除率，并降低 20%～30%的营运成本。并且针对不同进水 COD 及排放要求，可灵活调整系统中各单元的组合或不投加某些药剂，以最大限度地降低运行成本。

（3）系统稳定性好、维护量低：没有结晶、吸附或过滤系统，即不存在吸附堵塞或饱和、再生问题。

（4）综合投资费用低，避免重复投资：一方面，由于其抗负荷冲击能力极强的优势，使得其可以一次性投资，能满足多次提标升级要求，投资一步到位，避免重复投资；另一方面，此工艺系统操作方便，自动化程度高，维修频率低，维修、维护费用低，主体设备使用寿命长。

（5）SKL-三相催化氧化系统所产生的污泥量小、无毒害、易脱水，可达到减量化、无害化、资源化。

五、效益分析

西区污水处理厂自地表水Ⅳ类提标改造项目实施后，每年减少排放 COD 1 080 t、TN 55 t、TP 18 t，有效减轻了当地的水污染，水体和生态现状得到了有效改善，为当地工业发展和城乡居民生活提供了良好的环境品质及保障。进一步改善了天津经济技术开发区西区的投资环境与对外形象，使园区真正走上了一条以有效利用资源和保护生态环境为基础的循环经济之路，成为一个经济发展与生态环境并重的经济开发区，促进天津市滨海新区经济腾飞，产生良好的社会效益、生态环境效益和经济效益。

临湘工业园区污水处理厂提质改造EPC+O项目

深水海纳水务集团股份有限公司（以下简称"深水海纳"）是国家高新技术企业，水生态环境领域创新型综合服务商，深圳知名品牌。

深水海纳聚焦工业污水处理和优质供水等环保水务业务，以投资运营、委托运营和工程建设等方式，为医药、印染、化工等行业提供高浓度、难降解工业污水处理服务，为市政用户、特色小镇等提供优质供水服务。

深水海纳成立广东省工业集聚区智慧环境工程技术研究中心，主编国家、行业及地方标准4项，先后获得部级、省级、市级科学技术进步奖、"全国工程建设质量金质奖""全国市政公用工程优秀承包商""全国工程建设先进单位""2017中国最具创新力企业""兴业银行2018最佳成长客户""创新环保先锋企业""中国水务行业十大领军品牌"等多项荣誉，2018年至2019年连续两年被评为广东省守合同重信用企业。

 案例介绍

一、工程名称

临湘工业园区污水处理厂提质改造 EPC+O 项目。

二、项目概况

本项目位于湖南省临湘市儒溪镇湖南省化工农药产业基地内，基地主要发展农药、化工及其配套产业。污水主要来源于农药、制药等化工企业，含有苯环类、杂环类、氯类物等复杂有机物，可生化性差，尤其是吡啶及其氯代物对硝化作用具有强烈的抑制作用，且废水中 COD_{Cr}、总氮检出率不高，在生物处理过程中难以控制，废水处理难度较大。污水处理厂原工艺设计对本废水水质的复杂性和处理难度认识不足，工艺流程设计不合理且设计废水进水水质与现状存在较大差异，实际运行时处理效果较差，出水水质不能稳定达到原有排放标准。

本提质改造工程的目的：排放标准由《城镇污水处理厂污染物排放标准》（GB 18918—2002）一级 B 标准提高到一级 A 标准；根据现有排水企业水质，结合园区未来发展规划定位，在现有处理工艺条件下，有针对性地改造、完善污水处理厂处理工艺流程，保证污水处理厂出水水质稳定达标排放。

三、建设规模

临湘工业园区污水处理厂占地约 70 亩，设计总规模 4 万 m^3/d，分两期建设，其中一期、二期工程的污水处理规模均为 2.0×10^4 m^3/d。现有一期污水处理厂于 2012 年建设完成。本工程为一期污水处理厂提质改造 EPC+O 项目，提质改造工程于 2017 年 10 月开工建设，2018 年 8 月竣工。2018 年 9 月至今，由园区委托深水海纳运营。

四、技术特点

针对企业排水中含有苯环类、杂环类、氯类物等复杂有机物、可生化性差、盐分和氯离子浓度高、具有生物抑制和毒性等特点，提质改造工程采用非均相芬顿催化预氧化、复合水解酸化池、改良型氧化沟（MBBR）、非均相催化臭氧氧化和内循环多级曝气生物滤池组合工艺，先利用非均相芬顿催化预氧化分解污水中难降解苯环类、杂环类、氯类物等复杂有机物，使其断链、开环，解除其生物抑制性和生物毒性，提高污水可生化性，并完成杂环类有机物中 N 原子的氨化，为后续生化系统创造有利条件；然后利用复合水解酸化技术，将大分子有机物分解为小分子有机物，进一步提高污水可生化性；将改良型氧化沟改造为 MBBR 工艺，其低温适应性好，能驯化耐受高盐度优势菌种，处理效率高，抗水力负荷能力强；深度处理工艺采用非均相催化臭氧氧化和内循环多级曝气生物滤池组合工艺，先利用非均相催化臭氧氧化分解废水中残留的不能生化降解有机物，进一步降低 COD_{Cr}，为后续曝气生物滤池反硝化提供易代谢碳源，节省外加碳源，内循环多级曝气生物滤池采用反硝化滤池和硝化滤池多级组合工艺，并采用大流量内循环运行方式，进一步去除污水中 COD_{Cr}、氨氮和总氮，出水水质可达到《城镇污水处理厂污染物排放标准》一级 A 标准。提质改造工程投入运行后，各处理单元均达到了设计要求，出水水质一直稳定达到《城镇污水处理厂污染物排放标准》（GB 18918—2002）一级 A 标准。

五、项目优势

本污水处理厂出水由原来达到《污水综合排放标准》（GB 8978—1996）一级标准与《城镇污水处理厂污染物排放标准》（GB 18918—2002）一级 B 标准的加权平均值（各占 50% 权重）标准，提高到出水达到《城镇污水处理厂污染物排放标准》（GB 18918—2002），经过深水海纳升级改造后的处理工艺能适应本废水的水质特点，具有较高的去除效率，出水水质稳定达到《城镇污水处理厂污染物排放标准》一级 A 标准。

六、工程创新

本提质改造工程根据污水水质特点，有针对性地采用了各种处于行业技术前沿的创新污水处理工艺，积极选用国家推荐的新技术、新材料，取得了良好的环境效益、经济效益和社会效益。主要工程创新点如下：

（1）污水处理厂排水实行"一企一管、一企一策"新举措，建立进水监控平台，利用各种先进在线水质检测仪、自控仪表，对企业排水实行全天候监控，并具备水质超标报警、自动切断、自动切换等功能，有效保证了污水处理厂的稳定运行。

（2）本提质改造工程充分利用现有建（构）筑物、设备、管道，原有建（构）筑物结构改动小，最大限度地节省了占地面积和投资成本。

（3）新建建（构）筑物布局合理，其结构形式和外表装饰建（构）筑物完美统一；结合厂区原有绿地的特点，选择适宜的苗木进行绿化设计，有效改善了污水处理厂环境。

（4）污水处理厂高程设计合理，新增工艺处理单元与原有流程衔接紧密，水流通畅，水头损失少，节省运营成本。

（5）非均相芬顿催化预氧化工艺采用新型高效非均相催化剂，催化效率高，相较于普通芬顿处理工艺，处理效率提高 40% 以上，污泥量减少 60% 以上，运行成本节省 40% 以上。

（6）复合水解酸化技术将生物电极、生物酶填料和多点布水器耦合在一起，实现均匀布水、固液分离、催化加速水解，反应器内形成水解酸化污泥床—生物膜的综合体，通过水解和基质共代谢作用释放 VFA（挥发性脂肪酸），能节省 20%～30% 的脱氮碳源费用。

（7）MBBR 单元由特殊的悬浮填料、曝气系统、潜水搅拌系统和专门设计的拦截筛网形成有机整体，悬浮填料在池内处于流化状态，微生物挂膜速度快，微生物与溶解氧、基质传质速率快，处理效率高，驯化后的微生物耐低温和高盐分，抗冲击负责能力强。

（8）非均相催化臭氧氧化单元选用新型高效非均相催化剂，并采用大流量循环冲洗方式，有效解决了催化剂易结垢、堵塞的问题，催化效率高，臭氧投加量节省 30% 以上，处理效率提高 40% 以上。

（9）内循环多级曝气生物滤池采用亲水性生物陶粒填料，易于微生物挂膜；采用大流量内循环，硝化和反硝化效率高。

（10）污水处理厂采用节能降耗设计，水泵、鼓风机、臭氧发生器选用节能产品，照明采用新型节能灯具，并结合变频控制、溶氧控制、声控等自动控制技术手段，实现节能降耗目标。

（11）本污水和投加药剂具有强腐蚀性，本项目设备材料选用了钛、多相不锈钢、SUS316 L、PVDF、玻璃钢、ABS、PE 等多种耐腐蚀性材料，池体内壁和管道采用"环氧树脂+玻璃纤布防腐"工艺，有效避免了设备材料的腐蚀，保证了污水处理厂的稳定运行。

七、效益分析

本项目技术方案，可削减废水污染物排放量：COD 3 280 t/a、BOD_5 2 117 t/a、SS 2 482 t/a、TN 401.5 t/a、$NH_3\text{-}N$ 292 t/a、TP 69.35 t/a，具有显著的生态环境效益、经济效益及社会效益。

横店电镀工业园区电镀废水处理项目

　　浙江海拓环境技术有限公司（以下简称"海拓环境"）隶属上海国资委旗下申能集团与浙江大学众合科技的联合控股环保公司，总部设在杭州。申能集团创建于 1987 年，是上海市国资委出资监管的国有独资有限责任公司，注册资本 100 亿元，连续 18 年名列中国企业 500 强。浙江众合科技股份有限公司是一家在深圳证券交易所上市的股份制企业，证券简称"众合科技"。众合科技源于浙江大学，是浙大网新集团有限公司核心成员企业。

　　海拓环境主要从事工业、市政污水处理、生态流域治理以及无废城市等方面的技术研发、工程建设及运营业务，将围绕"绿色+低碳"主题，全力拓展环境第三方治理业务和智慧运营业务，拥有重金属（电镀、PCB、酸洗、冶炼、有色等涉重行业）、印染、化工、河道治理、市政污水提标、农村生活污水等水污染防控与危险废物资源化及高浓度、高盐分、难降解废水的深度处理与零排放核心技术，致力于区域环境综合治理服务，提供水污染治理及循环利用的技术研发、项目投融资、项目总包、项目调试、项目运营管理、原料生产和废物资源化的行业全价值链的完整服务。

　　海拓环境秉承为客户创造最大价值的原则，致力于打造水污染综合治理领域产业链服务模式，打造运营总成本领先优势，截至目前，已运营管理电镀工业园集中废水处理项目 30 多个，拥有国家生态环境部环境污染第三方治理典型案例，具有明显的行业服务规模、技术、经验优势，同时基于在较难处理的电镀行业积累的显著优势及运营管理经验，目前在水回用、印染化工、市政等废水第三方运营管理领域也实现了快速增长，帮助众多企业实现了稳定处理及成本节约。其中，在电镀园区废水治理领域，海拓环境更是依托强大的技术、管理、服务能力已发展成为目前国内最大的电镀园区废水集中治理服务商，目前电镀园区集中处理工程服务数量及运营管理规模均居国内首位。申能集团、浙江大学及网新集团作为海拓环境的坚强后盾，正大力发展绿色节能环保事业，致力为生态环境事业创造自身价值。

≫ 案例介绍

一、项目名称

横店电镀工业园区电镀废水处理项目。

二、项目概况

本项目在日常的生产运行中，能精准控制每个工艺参数，确保药剂精准添加、出水稳定达标；末端设有事故应急池，保证排放口每一滴废水都达标。同时，在人员生产安全上，通过做好应急预案、加强日常安全培训上岗、潜移默化地提高安全意识，从源头遏制安全事故的发生，真正做到零安全事故。保证出水稳定达到《电镀污染物排放标准》（GB 21900—2008）中表3标准和低成本治理。

三、项目规模

项目处理规模：2 500 m³/d。

四、技术特点

（1）分流清晰，多种保障药剂，多级破络工序，保障重金属的达标。

（2）固液分离工艺采用新型高清气浮及高效沉淀组合使用，在保障出水水质的前提下，有效减少项目占地面积，且便于安装，成套标准化设备外形美观整洁，利于提升基地整体形象。

（3）考虑处理出水的回用，生产时的药剂配置以及废水站的冲洗用水等都尽量采用处理出水，节省处理费用。

（4）考虑资源化回收，最大限度地降低系统运行费用。

（5）设置污泥1周左右的污泥存储空间，充分考虑污泥处置单位外运的停顿，保障连续的正常生产。

（6）考虑废水处理与回用系统的前后衔接，保障整个系统的持续稳定运行。

（7）选择废水专用的抗污染反渗透膜元件，操作压力低，脱盐率高，膜与膜间的连接不会有渗漏，使维护更简单，浓缩高效可靠。

五、项目优势

（1）项目采用行业首创一体化设计，美观实用、安全稳定；

（2）标准化运营管理系统标杆项目；

（3）运用智慧运营管理平台为生产管理提供信息，辅助决策，降本增效。

六、工程创新

（1）工艺保障、灵活，关注水达标、土壤安全、人身安全；

（2）应对政策变化和排放要求变化，预留更高标准达标空间；

（3）固体废物资源化、危险废物减量减容，降低固体废物处置成本；

（4）新工艺、新材料应用，机械化程度高，劳动量小，操作环境清洁；

（5）站内功能区分明，人流、物流通道分离，安全卫生；

（6）考虑长期经济效益，全面安全，侧重低运营成本、投资回报、投资安全。

七、效益分析

污水处理厂整体总投资2 300万元，其中土建投资1 460万元，设备投资占840万元。单位吨水综合造价为9 200元/t。污水厂主要是处理电镀污水，达标难度大，因此工艺流程长，土建费用占比较大，但同比公司同一处理规模（2 500 t/d）的电镀污水处理厂，单位吨水综合造价适中。

在运行成本方面，为了时刻保障一类污染物《电镀污染物排放标准》（GB 21900—2008）表 3 标准，与业主方签订的合同约定吨水费用。同时，于 2016 年年底开始使智慧管理监控系统，系统应用了光谱在线检测技术、智能控制、专家系统、智慧运营管理等先进技术，在废水稳定达标排放的前提下，实现了节能降耗，同时也提高了运营管理效率。污水处理厂处理废水的成本大幅降低，据测算，药耗降低 0.51 元/t、电耗降低 0.22 元/t。日处理量为 2 500 m³，年节省废水处理费用 60 万元左右，取得了良好的社会效益和经济效益。

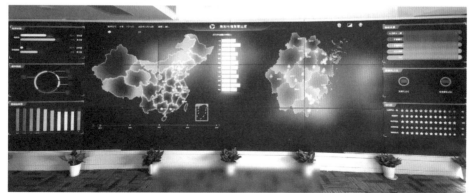

益阳市团洲污水处理厂改扩建项目案例

浙江开创环保科技股份有限公司（以下简称"开创环保"）成立于2008年，是以膜技术为核心，从膜产品研制、膜设备制造到膜系统解决方案的国内少数几家具备完整膜技术体系的公司之一，业务覆盖工业废水处理、市政污水处理、市政自来水净化、村镇污水处理、水环境治理等诸多领域。

公司是国家级高新技术企业，设有院士工作站、省级研发中心、省级研究院，拥有院士领衔的包括中国科学院、清华大学、浙江大学等国内顶尖的专家技术团队，拥有核心专利及专有技术百余项。公司研发的砼式中空纤维膜处于国际领先水平，被国家知识产权局评为专利优秀奖，研发的膜材料被列入科技部支撑计划项目，自主开发的工业废水零排放技术成功应用于南通经济开发区废水零排放项目，并获得国际水协（IWA）"2016年度全球水领域创新大奖——设计规划奖"，实现了我国企业在此类奖项零的突破。

杭州求是膜技术有限公司、浙江长兴求是膜技术有限公司是开创环保的全资子公司，是国内超微滤膜材料研发创新能力、智能制造现代化、生产规模等综合实力最强的公司之一。

2016年，国内两大水务巨头北控水务、首创股份战略投资开创环保，开创了国有资本与民营先进技术多轮驱动的混合所有制典范。

案例介绍

一、项目名称

益阳市团洲污水处理厂改扩建项目案例。

二、项目概况

益阳市团洲污水处理厂位于十洲路和龙洲路交界处的团洲村，一期工程总征地面积约111.3亩，构建筑物占地面积37.8亩，设计总规模为$1.6\times10^5\,\text{m}^3/\text{d}$。

三、项目规模

项目在不新征土地的情况下实现提标扩容，2019 年年初在原厂址内开始动工改造，2019 年 6 月完成 $8\times10^4\,m^3/d$ 处理系统出水，2019 年 10 月完成另一组 $8\times10^4\,m^3/d$ 处理系统出水，处理水量由 $1.0\times10^5\,m^3/d$ 扩容至 $1.6\times10^5\,m^3/d$。

四、技术特点

将 MBR 集成工艺用于城镇污水处理系统中，可直接利用现有的污水处理装置进行提标改造，该集成技术特点如下：

（1）对水质变化适应力强，系统抗冲击性强。防止各种微生物菌群的流失，SRT 与 HRT 完全分离，有利于生长速度缓慢的细菌（硝化细菌等）生长，延长某些大分子难降解有机物的停留时间，强化其分解效率，有效提高污水出水水质。

（2）容积负荷高，占地面积小，改造灵活。由于膜的高效分离作用，无须单独设立沉淀池、过滤等固液分离池，处理单元内生物量可维持在高浓度，使容积负荷大大提高，同时能在不增加生物反应池池容的条件下，改造污水处理装置，提高污水处理能力，实现城镇污水的原位扩容改造和建（构）筑物同步建设，不影响建设过程中污水的处理效果。

（3）出水水质优良、稳定。高效的固液分离将废水中的悬浮物质、胶体物质、生物单元流失的微生物菌群与已净化的水分开，无须经三级处理即可直接回用，具有较高的水质安全性，高品质再生水可直接回用于居民冲厕、灌溉、景观用水和洗车等城市用水。

（4）污泥龄长，污泥排放少，二次污染小。膜生物反应器内生物污泥在运行中可达到动态平衡，剩余污泥排放少，约为传统工艺的 75%，污泥处理费用低。

（5）自动化程度高，管理简单，模块化设计自由组合安装处理系统。较短的工艺流程与自控系统相结合，形成了高度集成化、智能化的标准设备，用户可根据工程需要进行污水处理系统的组合安装。

五、项目优势

（1）原址改造，设备主体工艺采用"厌氧/缺氧/好氧工艺+MBR"工艺，在原污水厂内不新增占地的情况下，通过将二沉池改造成 MBR 膜池及膜设备间以及生化单元的调整，实现污水厂的提标、扩容；

（2）改造后污水处理厂日处理量由 $10 \times 10^4 \, m^3/d$ 扩容至 $16 \times 10^4 \, m^3/d$；

（3）出水标准由《城镇污水处理厂污染物排放标准》（GB 18918—2002）一级 B 标准提升至一级 A 标准，出水可回用市政用水及河道补给水。

湖南省益阳市团洲污水处理厂改扩建项目进出水质指标对比　　　　　单位：mg/L

	BOD_5	COD_{Cr}	SS	NH_3-N	TN	TP
设计进水水质	150	350	300	25	35	4.5
设计出水水质	≤10	≤50	≤10	≤5（8）	≤15	≤0.5
出水水质	7.5	35	4.8	0.5	11	0.13

注：出水水质为 2019 年 9 月平均值。

六、工程创新

目前，我国城市缺水量日益增加，正常年份缺水量达 $6 \times 10^7 \, m^3$，人们自然转向了城市污水资源，国家针对我国部分城市的缺水问题，已经研发了相适应的成套技术、水质指标及回用途径。

该项技术特别适用于主城区、城乡接合部等征用土地困难，同时需增加污水处理量、提高排放标准的现实需求，原址进行提标、扩容的市政污水处理厂项目。

容县经济开发区污水处理厂及配套管网工程

　　华鸿水务集团股份有限公司（以下简称"华鸿水务"）成立于 2008 年，是一家综合环境治理服务商，主要以 PPP、BOT、EPC、TOT、ROT、并购、代运营等模式承接城镇、工业园区自来水供给和生活污水、工业废水治理等给排水基础设施项目，承接水处理、黑臭水体治理、工业除尘治理等工程。

　　公司具有 ISO 9000 质量体系认证证书及生活污水处理、工业废水处理双一级证书，成立以来，凭借雄厚的资金实力和技术力量，以 BOT 形式承揽了多项污水处理及自来水工程项目，通过成熟先进的管理体系，成功运营广西明阳、德保、岑溪、苍梧、扶绥、桂平、六景等数十个污水处理项目。截至目前，华鸿水务属下总污水处理项目近 60 个，污水处理厂日处理能力达到约 100 万 t；公司针对运营的各污水处理项目的实际情况，开展科技创新，提高技术水平，目前已拥有 50 余项专利，同时还有近 20 项专利正在申请。

　　华鸿水务已发展成为拥有近 20 家全资和控股子公司的环保集团公司，构成了"水处理"行业中强大的环保中坚力量。

　　华鸿水务将继续专注于科技创新，结合生产实践不断与时俱进，立足广西，面向全国、迈向粤港澳，成为合作共赢、绿色环保的新兴支柱产业投资集团公司，将继续聚焦主业，强化创新，为"十四五"优美生态目标贡献更多力量。

》》案例介绍

一、项目名称

容县经济开发区污水处理厂及配套管网工程。

二、项目概况

1. 项目建设的必要性

（1）项目的建设是保障十里镇饮用水安全的最有效措施。容县经济开发区位于绣江上游，绣江是容县十里镇及下游乡镇主要饮用水水源和工业生产供水源，污水未经处理直接排入水体，地表河流和地下水源都将受到严重污染。一旦绣江水质受到污染，容县十里镇水厂的水质即受到威胁。

（2）项目的建设是创造良好投资环境的需要。容县经济开发区的发展对容县的经济建设具有重要作用，若污水问题和环境问题得不到解决，不仅影响自然景观，还直接影响投资环境，不利于园区的经济发展。

（3）项目的建设能够有效促进容县经济开发区的可持续发展。没有完善的城镇基础设施和环境保护，就谈不上现代化建设，更谈不上人与自然的协调、和谐及城镇社会经济的可持续发展。

2．建设时间

2017年7月至2018年6月。

3．工艺流程

工艺流程如图1所示。

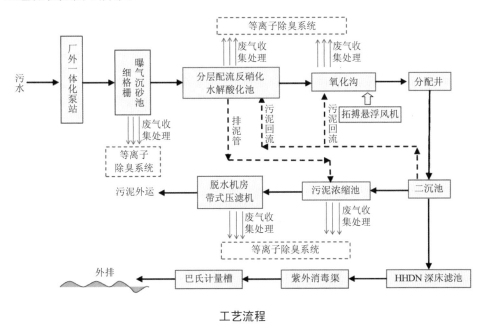

工艺流程

4．排放标准

出水执行《城镇污水处理厂污染物排放标准》（GB 18918—2002）一级A标准。

5．运行情况

本项目自2018年7月运行以来，共处理废水341.92万t，工艺合格率达100%，设备完好率达98%，安全事故和环保事故0起。

三、项目规模

项目处理规模：2万t/d。

四、技术特点

1．分层配流反硝化技术

（1）多点均匀布水。分层配流反硝化水解酸化池共设置24台配水器，布水管上端连接配水槽，下端延伸至池体底部，布水管弯折段朝外成发射状分布，以实现多点均匀布水。

（2）分层配流。分层配流反硝化水解酸化池上部进水、中上部设置二沉池回流污泥管、池底布水，使得水解酸化池自下而上地被划分为混流层、悬浮层和上清液。

（3）水解酸化作用+反硝化作用。外来废水通过配水器实现在池底的均匀布水，在混流层与水解酸化污泥充分接触进行水解酸化作用，在悬浮层与二沉池回流污泥充分接触进行反硝化作用。

2．HHDN 深床滤池

自下而上依次铺设滤砖、砾石和石英砂，采用独特的汽水分布技术和下进水、上出水的反向过滤形式，实现高效、快速脱氮，污水经过 HHDN 深床滤池的处理，污染物指标可由《城镇污水处理厂污染物排放标准》（GB 18918—2002）一级 B 标准提高至一级 A 标准。

3．工艺加装等离子除臭系统

本项目安装了 3 组等离子除臭系统，将收集的臭气通过输送风管送至等离子除臭装置内进行处理后通过 1.2 m 高排放管排放，在整个净化处理过程以及净化处理后的产物均对人体及空气无影响。

五、项目优势

1．技术方面

本项目采用"分层配流反硝化+氧化沟+HHDN 深床滤池"工艺处理容县经济开发区的废水，出水稳定达到《城镇污水处理厂污染物排放标准》（GB 18918—2002）一级 A 标准。

2．经济方面

国内外对同等浓度的工业园区综合废水进行处理达到《城镇污水处理厂污染物排放标准》（GB 18918—2002）一级 A 标准，处理成本在 1.5 元/t 左右，本工程对容县经济开发区废水处理的成本为 1.0 元/t，降低了 33%的运行成本。

3．环境方面

本项目实现了对整个工程全覆盖收集臭气并集中处理达到《城镇污水处理厂污染物排放标准》（GB 18918—2002）二级标准排放；此外，项目在建设时选用低噪声设备、加装基础减震基座、墙体隔声、加强厂区绿化等措施实现降噪。

六、工程创新

（1）本项目氧化沟前端的水解酸化池不同于传统的水解酸化池只能起到水解酸化、提高废水可生化性的作用，而是通过独特的布水方式和污泥回流方式使水解酸化池自下而上地被分为混流层、悬浮层和上清液，在混流层进行水解酸化作用，在悬浮层进行反硝化作用，使总氮在前端得到部分去除，由此形成了分层配流反硝化水解酸化池。

（2）本项目深度处理工艺采用 HHDN 深床滤池，采用独特的汽水分布技术和下进水、上出水的反向过滤形式，能够将出水由《城镇污水处理厂污染物排放标准》（GB 18918—2002）一级 B 标准提高至一级 A 标准。

（3）本项目对整个污水处理工艺全覆盖收集臭气，将收集好的臭气通过输送风管集中送至等离子除臭装置内进行处理，达到《城镇污水处理厂污染物排放标准》（GB 18918—2002）二级标准通过 1.2 m 高排放管排放。

七、效益分析

1. 环境效益分析

本项目既是一项市政公用服务工程，又是一项治理城市生活污水、工业废水、改善城市水环境现状、保护环境的公益性工程。本项目的建设，大幅缩减了排放的污染物量，有效地保护了容县十里镇及下游乡镇水体环境质量，有效避免了企业以牺牲环境为代价获取利润的短期行为，杜绝了工业废水和生活污水随意排放的混乱局面，降低了未经处理而偷排、超排的可能性，对保护周围地区的环境起到了良好的作用。

2. 经济效益分析

本项目的建立，使容县经济开发区排水等基础设施得到了改造和完善，为容县经济开发区营造了一个良好的投资环境，为园区各行业的建设发展提供了更加有力的保证，能够吸引更多的客商到容县经济开发区投资、置业，使更多的企业在开发区落户，为当地创造更多的就业机会，带来了一定的经济收益。

3. 社会效益分析

绣江水是容县十里镇及下游乡镇的主要饮用水水源，也是工业生产供水源，本项目的建设有效解决了流域内水体的污染问题，有效地保护了容县十里镇及下游乡镇水体环境质量，促进了容县经济开发区人口、资源、经济、社会、环境、生态整体协调发展，对加快容县经济开发区基础设施建设步伐、改善投资环境有着显著的社会效益和生态环境效益。

湛江经济技术开发区（东海岛）镇村
生活污水处理设施建设 PPP 项目

广东新大禹环境科技股份有限公司（以下简称"新大禹环境"）成立于 1997 年 5 月，是国内领先的工业废水治理（重点涵盖电镀、印染、线路板三大领域）、村镇水环境治理及智能环保设备制造综合解决方案服务提供商。

新大禹环境拥有国家环境工程（水污染防治工程）专项甲级设计证书和建筑机电安装、环保工程、市政公用工程承包资质、环境服务认证工业废水处理一级证书，拥有 3 个省重点工程研究中心、3 项广东省科学技术奖、5 项国家重点环境保护实用技术、11 项国家重点环境保护实用技术示范工程、9 项广东省环境保护优秀示范工程、1 项广东省环境保护十佳工程、11 项发明专利、15 项实用新型专利、11 项软件著作权。

新大禹环境 500 余项工程和运营业绩覆盖全国 17 个省（市），其中电子电镀工业园区项目 40 余项，约占全国电子电镀工业园区废水处理总量的 35%。公司服务企业逾万家，年处理工业废水总量达 5 000 万余 t，贡献工业产值 GDP 总额约 1 000 亿元。在村镇污水区域治理领域，针对现有治理技术及运维管理存在的问题，新大禹环境开发出了 SBRA 智慧工厂式村镇污水连片治理系统解决方案，为"美丽乡村"助力。

着眼未来，新大禹环境将持续充分发挥技术和平台优势，携手相关院校和企业，实现强强联合、优势互补，打造全国重金属与工业园区废水、村镇与流域水环境治理的第一品牌。

 **案例介绍**

一、项目名称

湛江经济技术开发区（东海岛）镇村生活污水处理设施建设 PPP 项目。

二、项目规模

（1）湛江经济技术开发区（东海岛）各城镇镇区污水站（厂）及其配套污水收集管网：4 个建制镇（硇洲镇、民安街道、东山镇、东简街道）的 3 座污水处理厂（民安安置区污水处理厂、东山污水处理厂、硇洲镇污水处理厂，总处理量近期 8 000 m³/d，远期130 000 m³/d）及管网（东简街道范围的管网长 9.6 km，中部东山镇的管网长 11.7 km，硇洲镇的管网长 3.26 km）。

（2）湛江经济技术开发区（东海岛）农村污水处理站及配套污水收集管网：4 个建制

镇（硇洲镇、民安街道、东山镇和东简街道）285 个自然村的 277 座污水处理站及污水收集管网。总处理规模 29 700 m³/d，配套管网总计约 228.1 km，项目总投资为 59 701.40 万元。街道（镇）污水处理厂出水水质执行《城镇污水处理厂污染物排放标准》（GB 18918—2002）中一级 A 标准，并满足广东省地方污水排放标准，村级污水处理设施出水水质执行广东省生态环境厅发布的《农村生活污水处理排放标准》（DB 44/2208—2019）中的出水水质标准。

三、技术工艺/装备名称

项目工艺采用村镇污水站云智慧成套装备。

四、技术特点

装备采用模块化设计，由设备主体（含调节池、反应池、垃圾模块等）、设备间（含提升泵、风机、云控电箱、生化系统监测模块等）两个基本单元组合而成。在序批式活性污泥法的基础上，通过网络程序化控制进水、前置反硝化、好氧、厌氧、沉淀、排水、排泥和闲置 8 个阶段，可根据出水要求，实现对废水生化处理的单一 O、A/O、A^2/O 及 A^2/O 加物化等多模式运行。整个过程可由单泵实现进水提升、厌氧搅拌、排泥、排水及取样检测等。该装备集成设备状态、水量、污泥量、垃圾量、药剂量、SV30 监测、水质定性监测七大模块，系统远程自动取样，定性监测，确保达标后排放，有效解决高成本水质监管难题。

五、项目优势

村镇污水站云智慧成套装备可根据现场条件、工况、安装施工等提供多种形式，如地埋式、地上式等。地埋式安装主要流程为基坑开挖、设备基础、设备主体吊装就位、设备间与设备主体连接安装。可建成有 5～100 t/d 的规模，根据处理水量及进出水标准选择不同型号的装备，选择相应模式运行。

这套装备可以实现对整个区域生活污水的综合治理与管控，主要技术优势包括以下几点：

（1）通过云监控系统，对区域内站点分散的污水处理设施统一管理，集中监控，对各站点、片区设备处理水量进行统计，分析异常情况；

（2）采用一体化设备模块化，缩短施工周期，降低建造成本及后期运维投资；

（3）现代化自控技术结合传统 SBR 工艺，针对不同水质可采用单一 O、A/O、A^2/O 及 A^2/O 加物化等多模式运行，确保 COD、氨氮、总磷、总氮等各项指标的全因子达标；

（4）装备可集成紫外消毒进行灭菌、活性炭吸附或生物滤池进行除臭、污泥预脱水减量化处理；

（5）配备生化系统远程监测与修复系统，通过出水水质、曝气量、污泥量、营养盐等参数联动，实现生化系统的远程控制与自动修复，解决污水处理站点难以长期稳定运行问题；

（6）装备通过水质远程定性监测系统，出水前系统远程自动取样，对水质定性监测，确保达标后排放，有效解决水质效果监督管理难题；

（7）通过智慧工厂式运营思维，可实现设备状态、水量、污泥量、垃圾量、药剂量、SV30 监测、水质定性监测等全因子远程自动管控。

项目的实施有效填补了东海岛大部分乡镇污水处理设施建设的空白，改善了目前城镇和农村生活污水无序排放、处理能力不足的局面，切实解决了镇村级水污染环境问题，不断满足城镇及农村地区人民对生活环境质量日益提高的要求。

六、效益分析

本项目的实施，不仅有助于减少单位 GDP 资源消耗量和水污泥物排放量，而且有助于培育各镇村新的经济增长点，对东海岛实现香蕉种植、外运菜种植、海产品种苗与养殖、加工、旅游等产业结构与当地资源结构相匹配具有重要作用。

同时，环境改善带动产业与技术结构协调，有利于地区优势产业的形成和快速发展，增强镇村综合经济实力、抗干扰能力和自我支撑能力，增加人民收入。

普宁纺织印染环保综合处理中心
污水处理厂及管网工程 PPP 项目

　　航天凯天环保科技股份有限公司（以下简称"航天凯天"）为中国航天科工集团有限公司旗下控股子公司，是生态环境部授予的 AAA 级信誉企业，是一家专业集环境规划、环保产品研发设计、生产制造、工程安装、环保设施运营于一体的综合环境服务商，是首批 17 家环保服务试点企业之一。

　　航天凯天以"产业为基础、技术为支撑、环境服务为龙头、体系为保障、资本为驱动"开展环保业务，业务范围涵盖环境服务、工业厂房内环境治理、大气环境烟气脱硫脱硝除尘治理（细颗粒物 $PM_{2.5}$ 治理）、重金属废水废气废渣治理、土壤修复、水污染治理、农环治理、固体废物处置等。公司先后获得整体厂房除尘、钢铁行业电袋除尘技术等 160 余项专利技术，设有博士后工作站、院士专家工作站、国家级 VOC 废气治理工程技术研究中心、湖南省工程技术研究中心和实验室，拥有生态环境行业设计、承包、安装、运营的最高最全资质。

》》案例介绍

一、项目名称

普宁纺织印染环保综合处理中心污水处理厂及管网工程 PPP 项目。

二、项目概况

　　（1）项目总投资：本工程技术改造总投资为 48 917.75 万元，其中建筑工程费用 19 797.08 万元，设备购置费用 10 810.17 万元，安装工程费用 4 317.66 万元，其他费用 6 123.37 万元，基本预备费为 3 283.93 万元，建设期利息为 661.5 万元，铺底流动资金为 924.04 万元。

　　（2）主要建设内容：一期工程厂区总用地面积 44 687 m^2（约 67.03 亩），在普宁纺织印染环保综合处理中心南部，其大公路东侧、汕湛高速南侧。一期工程建设内容：粗格栅及提升泵房、细格栅及调节池、冷却塔、初沉池、厌氧缺氧池、好氧池、二沉池、高效沉淀池、臭氧催化氧化池、硝化-反硝化生物滤池、接触消毒池及清水池、风机房、加药间、臭氧制备间、二氧化氯制备间、变配电房、污泥脱水机房、生物除臭间、办公楼。

　　（3）合作模式：BOT，即"建设—运营—移交"模式。

　　（4）运营内容：为普宁纺织印染工业园园区企业提供污水处理服务，并负责项目设施的运营维护管理。出水执行《地表水环境质量标准》（GB 3838—2002）V 类水标准排放和广东省地方标准《水污染物排放限值》（DB 44/26—2001）第二时段一级排放标准要求［总氮除外，总氮执行《纺织染整工业水污染物排放标准》（GB 4287—2012）及 2015 年修改单新建企业水污染物直接排放限值]。

三、项目规模

本污水处理厂设计总规模为 12 万 m³/d，其中一期工程 6 万 m³/d，二期工程 6 万 m³/d。本项目为一期工程，设计规模 $6\times10^4\,m^3/d$，中水回用规模为 $3\times10^4\,m^3/d$。

四、技术特点

采用"粗格栅及提升泵房+细格栅及调节池+冷却系统+初沉池+厌氧缺氧池+好氧池+二沉池+高效沉淀池+臭氧催化氧化池+硝化-反硝化生物滤池+二氧化氯消毒"的污水处理工艺。污水管和排水管采用雨污分流制。

五、项目优势

（1）产业集中优势：普宁全市有纺织服装企业 2 238 多家，从业人员 23.2 万余人。本项目为普宁纺织印染工业园提供污水处理服务，污水来源和服务费付费均有保障。

（2）项目的创新性：本项目为目前国内规模最大的纺织印染工业园污水处理厂项目，其出水标准在国内同类同规模项目中最高、占地面积在国内同规模项目中最小，项目的建设难度大、技术工艺复杂，在同类同行业中具有标杆意义。

项目按照"一厂一管，一厂一表"进行污染物指标监测和污水收集，并通过分置收集和分类处理实现达标排放，整个污水处理过程的自控系统开创了基于 Wifi-Mesh 的物联网智慧水务 4.0 解决方案，效率高、效果好。

六、工程创新

（1）管网定向设计：根据地形特点、排水方向以及污水处理厂位置，划分为一个排污分区，服务范围为普宁纺织印染环保综合处理中心起步区，面积约 $0.16\,km^2$。由于排污分区内东北面地势较高，所以设计主干管拟沿处理中心自东北向西南铺设，沿线收集各厂房产生的生产废水和员工的生活污水，最终输送至污水处理厂。

（2）分置收集、分类处理：一厂一管，一厂一表，园区内各工厂的排污口设置在线监测站房，通过在线监测站房的仪表自动上传排污口污水的污染物指标，并经过单独、完善、系统的管网收集系统送到污水处理厂。污水处理厂根据各管污染物指标，分类采取相应的污水处置程序，降低成本、提高效率、防止超标损害，最终实现达标排放。

（3）智慧水务 4.0 在线监测系统的应用：在各企业废水排入污水收集管网系统前，设置流量监测系统，监测各企业的排放水量。同时，设置一个取样口，用于定期监测各企业排放废水水质。污水厂运营方根据企业排放废水的水量水质进行分质收费，在收费基准价的条件下，根据废水水质（主要是根据 COD、pH）浓度，调整废水处理单价。在污水处理厂内，创新基于物联网的智慧水务自控系统，数据通信采用 Wifi-Mesh 网络和 5G 双路通信，污水处理厂内设备运行状态、构筑物生产情况、工作人员情况、各点位环境监测等大量数据可快速、可靠地实现上传、储存和分析处理，实现视频监控，并通过网络将工艺控制信号输出到控制泵、阀、电机等设备，保证整个系统按工艺运行，克服了传统 PLC 自控系统数据传输量小、传输速度慢、控制精度低、硬件布置多的缺点。

七、效益分析

1. 环境效益

普宁纺织印染环保综合处理中心污水处理厂及管网工程建成后，每年（按 330 d 计）可截留大量的污染物，BOD_5 7 722 t/a、COD_{Cr} 28 908 t/a、SS 4 950 t/a、TN 495 t/a、NH_3-N 554.4 t/a、TP 33 t/a。

2. 社会效益

本工程实施后，可提高卫生水平，保护人民身体健康，有效保护当地水资源；可改善普宁市的投资环境，并可吸引更多的投资，促进经济、贸易的全面发展；可有效地削减有机物和 N、P，对下游城市的经济发展、社会进步也有促进作用，社会效益巨大。

3. 经济效益

本工程并无显著的直接投资效益，但根据建设部关于《征收排水设施有偿使用费的暂行规定》的有关规定，本工程可以收取适当的排污费，使其具有一定的经济效益。本工程的建设，可减少各工业企业分散进行污水处理所增加的投资和运行管理费，减轻企业的负担；污水中的营养物质经过污水处理后转化为泥饼，可用作园林肥料；可避免水污染造成粮食作物、畜产品、水产品产量下降带来的损失；降低水污染造成人类的发病率上升、医疗保健费用增加和劳动生产率下降。

阿拉尔湿地生态修复及景观提升项目

　　长江勘测规划设计研究有限责任公司（以下简称"长江设计公司"）是长江勘测规划设计研究院的核心子公司，是以国内外水利水电勘察设计为主业、为工程建设全行业全过程提供技术服务的国有科技型企业和国际承包商，业务涵盖水利、电力、市政、交通、建筑、生态环境、新能源等领域的勘察、规划、设计、科研、咨询、建设监理及管理和总承包，市场覆盖亚洲、非洲、拉丁美洲等 50 个国家和地区。综合实力位居全国工程勘察设计单位百强、中国服务业企业 500 强、ENR 中国工程设计企业 60 强。

　　长江设计公司拥有一支由中国工程院院士、全国工程勘察设计大师领衔的专业技术队伍，设有国家大坝中心、博士后科研工作站、长江流域水环境综合治理湖北工程研究中心等近 10 个高端研发平台，正致力于打造世界知名的研究型设计院。

　　70 多年来，长江设计公司完成了以长江流域综合规划为代表的一大批水利规划，承担了以三峡工程、南水北调中线工程等数以千计的工程勘察设计，为经济社会发展和生态环境保护做出了重要贡献。

　　环境工程设计咨询公司（简称"环境公司"）是依托长江设计品牌成立的专业部门，主要从事顶层规划、水环境综合治理、城市水务、环境和社会影响评价、水土保持与生态修复、环境技术研究等设计咨询和总承包服务。

≫ 案例介绍

一、项目名称

阿拉尔湿地生态修复及景观提升项目。

二、项目概况

阿拉尔氧化塘于 2008 年建成，接受阿拉尔经济技术开发区生产、生活废水已有 11 年，逐步形成稳定水面 5~7 km²，现存水量 1 000 万~1 400 万 m³，经多年蒸发浓缩，氧化塘水污染严重，内源问题突出。为适应新形势环保要求，对氧化塘区域现存废水进行无害化治理，主要解决氧化塘废水色度、化学需氧量（COD）、五日生化需氧量（BOD₅）、总氮、总磷等污染物含量偏高问题，使黑臭水体得到明显改善，并保证氧化塘现存废水稳定达到《污水综合排放标准》（GB 8978—1996）中的一级标准。

三、项目规模

本项目建设内容主要包括水利工程、水质提升工程。其中，水利工程主要建设内容包括：引水工程，新建引水泵站 1 座，新建引水管 3 000 余 m；输水工程，新建输水泵房 1 座，新建输水干管 4 000 余 m；机井工程，新建 6 眼机井；土地平整工程，平整土地 1 000 余亩；灌溉工程，新建滴灌 1 000 余亩，新建沉砂池 1 座，首部泵房 1 座。水质提升工程主要建设内容包括：微生物净化工程，投加约 200 t 靶向微生物菌群；水质原位净化工程，投加净魔方水环境原位处理剂（引进韩国河川环境综合研究所核心技术）2 000 余 t，布设 6 台基于净魔方的移动式太阳能高效净化装置；曝气增氧工程，布置 18 台曝气装置；水生植被恢复工程，种植约 6 000 m² 水生植物；进水口人工湿地工程，人工湿地面积约 3 万 m²。

项目总平面布置

四、项目难点

（1）项目地处沙漠地区，生态系统脆弱，不能使用传统的化学处理方法；

（2）区域面积达到 15 km²，原位处理技术难度较大；

（3）氧化塘水质水量变化较大，设计边界难以把控；

（4）水生态系统单一，自净能力差，内源污染严重；

（5）高盐高碱水体（盐分高达 18 000 mg/L），色度大，植物和微生物生长受限；

（6）氧化塘水体分割严重，破碎程度高，施工难度大；

（7）工程组成复杂、工期紧张，仅约 6 个月。

五、技术特点

针对项目水体高盐高碱、水域面积广阔、区域生态环境单一的特点，项目制定了"控源截污、水质提升、活水循环、生态修复、综合利用"的总体治理方针，依托实验室小试和现场中试结果，结合项目实际情况，反复优化调整，分项工程实施方案如下：

（1）控源截污：加强工业园区艾特克污水处理厂的运行管理，确保出水稳定达标；

（2）水质提升：通过采用净魔方水环境原位修复技术和耐盐微生物菌群，辅以曝气等措施，显著提升水体水质；

（3）活水循环：采用地表水引流-塔北一干排渠引流和下游地下水引流方案，联合实现水体地表和地下循环，达到水土共治目标；

（4）生态修复：通过耐盐碱挺水、沉水植物种植和排口人工湿地建设等措施逐步恢复湿地生态系统；

（5）综合利用：在氧化塘湿地西南侧新建 1 000 亩生态修复先导性示范区，种植可改善土壤环境、固定盐分的盐地碱蓬，示范区采用滴灌方式进行节水灌溉。

项目实施后，水体黑臭现象消失，透明度由不足 30 cm 提升至 80 cm 以上，色度降低 4～16 倍，COD 由 143～376 mg/L 下降至 24～87 mg/L，水生植物生长速度加快，塘内可观察到大量沉水植物生长，生态系统单一性被改变，水体自净能力增强，并顺利完成"环保销号"任务。

治理前后水质对比

水生植物实景

六、项目优势

1. 项目核心技术优势

项目团队建立了干旱地区高盐环境下水生态修复技术体系，集成了净魔方水环境原位修复技术、靶向微生物水生态修复技术、高盐水体水生植被规模化恢复技术等关键核心技术，在国内外有大量成功工程案例，通过多项技术协同作用，快速改善氧化塘水质，提高水体自净能力，从而构建良好的水生态环境。其中，净魔方水环境原位修复技术、靶向微生物水生态修复技术分别入选 2015 年和 2017 年《水利先进实用技术重点推广指导名录》。

2. 项目建设管理优势

阿拉尔湿地生态修复及景观提升项目采取 EPC 总承包建设模式，与传统的建设模式相比，实现了设计、采购、施工等各阶段工作的深度融合，有效提高了工程建设水平，高效发挥了工程总承包企业的技术和管理优势，项目团队依靠丰富的水环境治理和水生态修复工程实践经验，很好地应对了项目中出现的各类问题，大大降低了项目业主管理压力及廉政风险。

七、效益分析

1. 生态环境效益

阿拉尔湿地生态修复及景观提升工程建成后，能够处理积存在氧化塘的 1 000 多万 m^3 废水，降低水体色度和 COD、BOD 等水质指标，极大地改善了积存污水的人为感官及其动力条件。此外，生态处理后的污水还可加以合理利用，通过增加绿化等活动，实现水资源合理配置，修复原有被破坏的当地生态系统。

2. 社会经济效益

项目建设与运行对拉动内需、保证当地经济增长有一定的推动作用，为阿拉尔市和郊区乡村剩余劳动力提供了就业机会，促进了社会稳定。同时，通过对现有氧化塘的成功治理，并将其打造成为环境优美的湿地公园，促进了生态区及周边区域发展，对相关产业有积极的带动作用。修复区为相关的科研教育提供了宝贵的试验场地和资料库，使其具有科学研究和生态环境保护教育的社会性服务功能。

金华市区梅溪流域综合治理（干流部分）工程

》》案例介绍

一、项目名称

金华市区梅溪流域综合治理（干流部分）工程。

二、项目概况

梅溪位于金华市区南部，属钱塘江流域金华江水系武义江的支流，流域面积 248 km²。梅溪干流治理河段起于安地水库泄洪闸出口，终于梅溪武义江汇合口，河道总长约 14.3 km。本河段由于河道上已建堰坝、桥梁等基础设施布局不合理，流域防洪安全存在较大隐患。同时，梅溪沿岸生态景观性较差，梅溪流域防洪安全、生态环境和景观等亟须改善和提升。根据梅溪治理河段河道防洪能力、水生态环境、河道景观等方面存在的问题，在满足水利防洪功能的前提下，打造梅溪"一轴·三区·七景·九堰"的空间格局。通过综合治理措施将梅溪建设成生态、文化、开放、融合的清水河道生态示范线、美丽乡村样板线、生态风景旅游线和休闲养生观光线。

三、项目规模

本工程主要建设内容包括：堤防加固改造 7.1 km，新建堰坝 1 座、新建水闸 1 座、改建重建堰坝 6 座、拆除堰坝 2 座；河道生态修复 62.1 万 m²，新建廊桥 1 座，新建水利博物馆 850 m²、新建管护用房 1 880 m²、新建生态景观节点 7 处。

四、技术特点

（1）项目设计充分考虑"水文化、水景观"的营造，将当地文化元素充分融入设计方案中，通过景观堰坝（闸）、河道整治等工程的建设，恢复和营造"溪、湾、塘、滩、涧、湿地"等不同的水系形态，同时，对两岸堤防进行生态景观化打造，恢复梅溪岸滩自然的生态服务功能。

（2）堰坝设计中考虑生态景观改造，各堰坝外形方案采用"九曲堰落诗画间"的设计理念，结合当地乡土文化元素（婺剧、婺州窑、灯会、木雕、竹等）、现有石材和河道形态、通过不同文化的堰坝营造不同的水流形态和生态景观氛围，在保障堰坝灌溉功能的同时，展示梅溪最美溪流之水的形态美。生态段堰坝以自然风貌为主，体验段堰坝设计结合当地文化,休闲段堰坝则侧重展示和科学生态意义。

（3）堤防护岸大量采用生态护坡,并通过亲水步道、观景平台等多种样式,形成由工程和植物组成的综合堤防护岸系统,在满足防洪要求提升的同时实现生态景观需求。

（4）项目建设水利博物馆,作为崭新的公共展示和宣传平台,承载着当地水利历史发展的介绍、研究成果展示、水利知识的科普和研究。通过提取马头墙、灰色瓦屋面、窄而狭长的天井等金华传统建筑特色,将传统的经典语汇加以传承,用现代建筑材料和手法对其进行抽象演绎,在保留金华特色的基础上,使其适应现代功能的需求。

五、项目优势

（1）梅溪流域综合治理工程是全面推进浙中生态廊道建设的重要一环,致力将梅溪打造成集景观、休闲、旅游、生态"四位一体"的最美旅游景观廊道,以此带动周边文、体、旅融合发展。通过完善防洪体系、构建生态廊道、改善市民休闲娱乐景观系统等综合治理措施,使梅溪两岸堤防满足设计防洪要求,保护沿岸人民的生命财产安全,改善梅溪沿岸城乡居民的人居环境,为金华市创建"国家森林城市"做出贡献,达到将梅溪景观廊道建设成"一条最美的溪,两边最美的岸以及最美的慢游系统"的愿景。同时,本项目的建设也将助力当地旅游开发,项目引领带动优势明显。

（2）项目设计中将"四位一体"的核心目标构成进一步细化,分别为生态、景观、休闲、旅游设计相应的载体予以呈现。生态层面,以山水为底,保障安全和健康的溪流生境;景观层面,以林田为景,展现两岸独有的景观风貌;休闲层面,以仙源为境,营造 7 个现代生活的休闲空间节点;文旅层面,以诗画为韵,融入 9 个具有地域文化氛围的溪堰。

六、工程创新

（1）建成浙江省首个"护镜门"型闸门,并首次采用闸门分级开启泄洪,是护镜闸设计建设中的一项技术创新,同时可以对闸前水位和灌溉用水量实施精准控制。

（2）河道堤防亲水平台设计施工中采取技术创新,大量运用装配式混凝土结构,解决了此类项目污染大、临时费用高的问题。

七、效益分析

1. 生态环境效益

项目设计红线面积 182.4 hm^2,水域面积 81.6 hm^2,工程占地 100.8 hm^2,绿地率达 65.9%。增加水域面积 3.5 hm^2,建设碳汇林约 66.5 hm^2,湿地 85.7 hm^2,一年可吸收约 24 273 t 二氧化碳,释放 17 719 t 氧气。梅溪生态景观带为动植物、微生物提供了相宜的生物生境,丰富了生物多样性,营造了包含阔叶林地、混交林地、湿地、小湖泊、雨水花园、开阔地、微地形绿地等丰富多样的生态环境。同时,通过采取必要的工程和非工程措施并进行科学合理的调度,使水能够流动起来,保持一定的水位,进行定期的置换,从而逐步改善水环境,为河道沿线居民和单位提供了良好的生活、生产环境。

2. 社会经济效益

本项目的建设为区域市民新增健康步道 9.8 km,新增游憩绿地 66.5 hm^2,约为 2 000

人提供就业机会。同时，结合梅溪周边的优质资源，设计范围内设置房车营地、宿营、帐篷酒店、生态农庄、儿童游乐场、特产集市等运营项目，依托河流重塑梅溪经济活力。本河段整治工程对地区经济发展具有重要意义，防洪效益、土地增值效益等社会经济效益巨大。

安昌古镇街河原位生态修复治理工程

浙江秋氏环保科技发展有限公司（以下简称"秋氏环保"）成立于 2011 年 3 月，专业研发、生产、销售多机能型高效物化凝集复合剂系列产品及水处理环保设备，提供污染河道泥水共同治理、土壤修复、含有重金属工业废水达标及污泥处置、印染废水深度物化处理关键工艺提升改造、城市污水处理、污泥减容减量无害化处理等服务。

秋氏环保引进国外先进技术并组建研发团队，结合国内污染特性重构开发。根据污染的特点，调整其组分，开发应用技术含量高、治污效果好、投资成本省的适合工业废水、城市污水处理及污泥处置、重金属废水处理及污泥处置、黑臭河道泥水同步治理的新型环保安全性与技术相结合的无机中性矿物质组成的多机能型高效物化凝集复合剂系列产品；系列产品之一——QS 生态修复剂（适用于水环境原位生态修复治理），依据 QS 生态修复剂的原理自主研发制造相配套的施工设备——河道生态修复船获国家发明专利（专利号：ZL201410713877.5），日治理修复河流湖泊深度 0.5～10 m，面积达 5 000 m^2，不影响河道通航，不破坏生态环境，不产生噪声，经应用后治理效果良好。

秋氏环保已通过 ISO 14001、ISO 9001 和 OHSAS-18001 三体系认证，是浙江省科技型企业、中国环境保护产业协会会员单位，绍兴市"五水共治"专家服务团之一，荣获浙江省守合同、重信用 AA 级企业称号，被绍兴市科技局、绍兴市水城办"重构绍兴产业、重建绍兴水城"工作领导小组聘请为"剿灭劣Ⅴ类水战役"技术顾问团之一。

≫ 案例介绍

一、项目名称

安昌古镇街河原位生态修复治理工程。

二、项目概况

截至目前，秋氏环保已成功治理近千余条河道、湖泊及乡村池塘并取得良好的治理效果，水质恢复基本保持在地表水Ⅲ～Ⅳ类标准。

安昌古镇街河原位生态修复治理工程位于浙江省绍兴市安昌古镇内河（东至安华北路，西至清风桥），治理水域面积约 10 万 m^2。河道流经区域两岸饭店 100 多家，游客相对集中，周边生活、厨余污水渗排河道内。原安昌古镇系轻纺业重镇，许多印染、电镀等企业工业废水直排河道，造成流域内大量 N、P 污染物的累积，河道底泥黑臭。治理前 pH 为 8.31、COD$_{Mn}$ 为 35 mg/L、NH$_3$-N 为 5.6 mg/L、TP 为 1.4 mg/L，属于劣Ⅴ类水质；治理后 pH 为 7.35、COD_{Mn} 为 5.0 mg/L、$NH_3\text{-}N$ 为 1.19 mg/L、TP 为 0.128 mg/L，属于Ⅳ类水质。

三、技术特点

（1）QS 生态修复剂是一种无机中性凝集固定分离剂，具有凝集及沉降速度特别快、污泥含水率低、作业时占地面积小的优势，因而适应景区河流治理的要求。使用 QS 生态修复剂比传统凝聚剂省空间、省时间、优质高效，可进行连续循环处理。

（2）水体修复不仅仅是水质的达标，最终是要通过治理逐渐恢复河流底泥的活性，使河流恢复自净能力，达到生态平衡。因此，河流水体修复的关键是如何移除过度积累的有机污染物和重金属，怎样恢复底泥的活性。QS 生态修复技术包括去除淤泥、水质净化和逐渐恢复底泥活性三种技术。现在，用 QS 生态修复剂清除河道富余的泥水污染物为河道的生态修复创造环境条件。

（3）采用 QS 生态修复剂可以同时快速处理河流的污水和污泥，既分离和清除了河流底部不稳定污泥，又同步净化了河流水体的水质。这是目前国际上通用的非常先进的清淤和净化水质方法，短时间就可以使河流水质还清，消除黑臭。

（4）实现原位治理，利用 QS 生态修复剂凝集、沉淀以及分离的结块都具有极高的稳定性，不易碎裂，并且随着时间的增加可进一步促进造粒化，不会发生分解、再析出、悬浊的特性，可以在泥水结合面形成一层隔离层。此隔离层能够阻止残余淤泥起作用，更重要的是隔离层又像一个过滤层，可以隔离水中的污染物与底泥结合，避免其对底泥活性的影响；因为所形成的隔离层是自然透气的隔离层，不会阻隔水跟泥的接触，使底泥的活性作用能够发挥。同时，底泥中的土族微生物被激活及水体中微生物被激活，为后续重建河流水生生物链、恢复河流自净功能打下良好的基础。

四、技术优势

基于生态修复船（专利号：ZL201410713877.5）+生态修复剂（专利号：201711033087.2）技术特点和安昌古镇景区河流污染现状，采用的治理技术具有以下优势：

（1）克服了传统清淤方法只能清淤不能同时净化水质，污泥处置难，容易造成二次污染的缺陷。

（2）克服了单纯的微生物制剂治理方法对底淤去除慢、去除程度不高，需要长期投加生物制剂，难以长期坚持而往往前功尽弃的缺陷。

（3）采用 QS 生态修复剂治理河流，在截污的前提下，日后的控制和管理容易，维护费用低；若有补水条件，其治理效果更佳，恢复后的河流生态系统更容易保持稳定。

（4）本治理工程完成后，在很大程度清除了河流的污染，河流的水生生态和自净能力逐步恢复，不需要设备运行和专人看管，因此没有电费、设备维护费、生物制剂费用、人员经费等负担，与本工程措施配套的运行费用为零。

（5）对于新的污染源再入问题，秋氏环保采用预处理方法，只需极少的成本就可以解决这种新污染源造成河流的重新污染，而且随着时间的推移在河流恢复了自净能力后，会慢慢地减少新的污染源。

五、工程创新

原位修复技术的核心是物化+生物技术。通过生态修复船（专利号：ZL201410713877.5）+生态修复剂（专利号：201711033087.2）完美组合，快速还原水体生态链的关键胚体——底泥，激活好氧土著微生物，重构生态系统，对河流底泥中重金属等有害物质进行固化，将底泥中封闭的营养物质释放出来并转化为可被微生物利用的有效营养物质，参与生态链的循环。同时，提高底泥ORP，形成类氧化塘，增强自净能力。利用生态修复船及其生态修复剂实施"原位修复黑臭泥水同步治理"技术，对有机质含量超标的淤泥层（包括有机污染物、无机污染物）与水体、修复剂三者进行充分搅拌（泥、水、修复剂），淤泥与修复剂激烈碰撞充分反应使泥的界面破壁析出水分（含水率达99%）。通过修复剂材料间的反应凝聚、吸附、电化学、螯合固定和分离、沉淀，使黑臭有机质淤泥层中的有机物质、无机物质、悬浮细颗粒物快速凝集沉降，通过搅拌使大分子团分解为小分子状态，对结合水（细胞水）进行分离的过程同时切断分子链（表面结合水）达到泥水快速分离、澄清和净化水质及消除黑臭。生态修复船强烈的搅拌又起到曝气增氧作用，使底泥氧化还原电位提高并氧化底泥硫化物、抑制硫化物再生、螯合底泥中的重金属及磷。在光合作用下，好氧土著微生物菌群激活同时为有机污染物的降解提供电子受体作为载体的多孔矿物，为微生物菌群提供巨大的附着及生存环境，并保持高碳低碳的平衡，在降解有毒有害的物质同时释放底泥中可被好氧微生物利用的有机物参与生态链循环。修复底泥生态环境、恢复自净功能。治理修复后黑臭消除、透明度达到80 cm以上、COD去除率达95%左右，总磷降解达99%、氨氮降解（工业污染60%以上、生活污染80%以上）pH 7.30～7.50，有机质污（淤）泥层降解90%以上 后期种植水生植物及水体人工增氧措施后马上就能达到地表水Ⅳ～Ⅴ类标准，一年后就能达到地表水Ⅲ～Ⅳ类标准。

六、效益分析

通过生态修复船（专利号：ZL201410713877.5）+生态修复剂（专利号：201711033087.2）的创新技术，大大节约了项目施工中生态修复剂的使用量，污染物也得到了更充分的降解。因创新技术不改变河流本身的特点，项目实施的过程中与景区的日常运营工作不影响。

本项目实施达到预期目标缩短了将近一半时间，安昌古镇的水质得到了极大的改善，河流从原本的黑臭变成清澈的湖水，景区的环境得到了改善，景区的游客量日趋增多，得到安昌古镇景区委员会和周边的居民的一致好评。项目从2018年3月到2019年12月连续每个月验收达到地表水Ⅲ～Ⅳ类标准。

湖南汨罗循环经济产业园（再生材料产业园）1万t/d污水处理及中水回用工程

　　湖南亿康环保科技有限公司（以下简称"亿康环保"）成立于2014年5月，注册资本1.08亿元，是一家集畜禽养殖污染治理，重金属废水治理，重金属土壤修复，高浓度有机废水处理，生活污水、工业废水处理等环保技术于一体的综合环境服务商。公司拥有业内从事生态环境项目投资、设计、研发的专业技术队伍，可提供一流的环境研究开发、工程咨询设计、工程总承包、项目投资运营等生态环境服务。

　　公司高度重视自主知识产权的开发，现已拥有环保工程专业承包一级、工程设计环境工程（水污染防治工程、固体废物处理处置工程、大气污染防治工程、污染修复工程）设计乙级、运营资质二级（工业污水处置、生活污水处置、固体废物处置）、机电工程和市政公用工程施工总承包三级等多项资质与20项专利，凭借自由科研开发技术、人才资源和投融资多平台优势大力开展环保领域PPP、BOT、BT、TOT等项目的开发。

　　公司以清华大学、生态环境部华南环境科学研究所、中南大学、上海同济大学、湖南农业大学、湖南师范大学、湘潭大学等科研院所及重点高校为主要科技依托，通过广泛合作与交流，研制、开发并掌握了多项环保高新技术及产品。同时，公司也一直致力于将环保高新科技成果进行市场化推广，用于工程实践，并形成生产力，充分体现了"产学研"一体化优势。

》案例介绍

一、项目名称

湖南汨罗循环经济产业园（再生材料产业园）1万t/d污水处理及中水回用工程。

二、项目概况

　　本项目总用地面积30.88亩，位于湖南省汨罗市循环经济产业园。本项目污水处理设计规模近期为5 000 m³/d，远期增至10 000 m³/d，中水回用设计规模为近期为5 000 m³/d，远期增至10 000 m³/d，排水实行"雨污分流、污污分流"制。收集湖南汨罗循环经济产业园（再生材料产业园）再生塑料产业区的生活污水和工业污水。

三、项目规模

　　主要构筑物包括粗格栅渠及提升泵站、细格栅渠及旋流沉砂池、平流沉淀池、CASS

生物池、高效沉淀池、滤布滤池、接触消毒池、回用水池、贮泥池等。附属建筑物含变配电间及鼓风机房、机修间及在线监测房、污泥脱水及加药间、综合楼、门卫室等。

四、技术特点

本工艺采用的"预处理+CASS+沉淀+滤布滤池过滤"工艺，污泥负荷高，污泥产量小，不仅处理效果稳定，而且占地面积较小。本工艺在设计时充分考虑水质变化，采用各种有效的措施和方法应对这些冲击，保证系统的可靠稳定运行。

五、项目优势

1. 自动化程度高

为了降低工人的劳动强度，提高自动化控制水平，本处理站控制系统采用集中控制方式，并根据需要设有定期取样、监测及液位控制设施。

2. 二次污染少

本工艺中采用"物化+生化"处理工艺，生化处理采用 CASS 工艺，该工艺具有氨氮去除效率高，产泥量少的处理工艺。

六、工程创新

本工艺采用负荷高、占地面积小、运行成本低的分类、分段处理的先进技术，根据污水中主要污染物种类选择不同的处理单元，将各处理单元有机结合，从多个方面保证对污染物的有效去除，确保出水水质稳定达标。

本厂厂址位于湖南汨罗循环经济产业园（再生材料产业园），处理后的出水达到 100% 零排放。80% 处理后的水用于园区各企业中水回用，20% 处理后的水用于厂内加药系统配药补水、绿化浇灌、冲洗卫生间及园区绿化浇灌、道路清洗等。

七、效益分析

1. 经济效益分析

投资费用：本项目总投资 3 806 万元。

运行费用：本项目运营成本为 2.056 元/m³，接近同类项目运行成本 2.0 元/m³。

效益分析：

本工程不仅有一定的直接投资效益，而且其投资的间接经济效果较为明显，是通过减少水污染对社会造成的经济损失而表现出来的，具体表现形式如下：

（1）工业企业方面：可减少各工业企业分散进行污水处理所增加的投资和运行管理费，减轻企业负担；

（2）废物回收利用方面：污水中含有 BOD、N、P、K 等营养成分，这些物质经过污水处理后转移到泥饼中，泥饼可用作农肥及养鱼的饲料；

（3）农、牧、渔业方面：水污染可能造成粮食作物、畜产品、水产品的产量下降，造成经济损失；

（4）人体健康方面：水污染会造成人的发病率上升，医疗保健费用增加，劳动生产率下降等。

2．环境效益分析

据估算，污水处理厂建成后可以去除 BOD$_5$ 85%、COD$_{Cr}$ 95%、SS 91%、TN 43%、TP 66.7%，环境效益是显而易见的。

3．社会效益分析

城市污水处理工程是一项保护生态环境、建设文明卫生城市，为子孙后代造福的公用事业工程，其效益主要表现为社会效益。本工程实施后，可有效解决汨罗循环经济产业园的水污染问题；可改善汨罗循环经济产业园整体形象，提高工业园品质，保护湄江及汨罗江水流域的水质。因此，本工程是汨罗循环经济产业园建设过程中树立环境保护、促进经济发展、改善投资环境、提高园区品质的至关重要的基础设施，社会效益十分显著。

南京化工园博瑞德水务有限公司玉带污水处理项目

博瑞德环境集团股份有限公司（以下简称"博瑞德"）成立于 2006 年，注册于江苏省南京市江北新区，是一家专业从事环保技术和设备研发、工程设计和投资服务的国家高新技术企业。以严月根博士和邹光耀博士两位国家特聘专家为技术带头人，集聚国内外高层次人才，建有江苏省博士后创新实践基地、江苏省研究生工作站、江苏省工程技术研究中心和江苏省环境保护化工废水治理与资源化工程技术中心。公司以自主知识产权为依托，以化工废水治理及其资源化为核心，涵盖废水、废气、污泥多个领域，为工业园区和工业客户及相关公用事业提供包括技术、设计、工程建设、投资、运营维护在内的"一站式"全方位服务。公司拥有多项污水处理和中水回用的专有核心技术和工艺，其中厌氧颗粒污泥床反应器（GSB）、好氧载体流动床载体与反应器（CBR）、耦合臭氧生物膜技术（COB）、气浮滤池（In Filter DAF）及零排放技术均达到国际领先水平，已获得多项相关授权专利和环境污染治理工程承包资质。

公司在核心领域的投资经营业务（BOO 或 BOT）是一项以技术和工程为核心竞争力的投资事业，向工业客户和工业园区，特别是炼油、石化、化工、制药、化肥、颜料、纺织印染等优质客户、行业提供投资服务，为工业园区污水集中处理、市政污水处理厂的升级和深度处理、回用及资源化等工程提供技术服务，依托自身资本实力及融资渠道，以规模化经营、市场化运作、专业化管理、品牌化发展开拓业务。

》 案例介绍

一、项目名称

南京化工园博瑞德水务有限公司玉带污水处理项目。

二、项目概况

该项目位于南京江北新材料科技园，由博瑞德与南京化学工业园公用事业有限责任公司合资成立，专业负责南京化工园玉带片区集中式污水处理和排放。项目占地 89 亩，工程总规模 50 000 m³/d（其中低浓度废水 40 000 m³/d，高浓度废水 10 000 m³/d）。已完成并投入运行的为一期工程，规模 1.25 万 m³/d，投资 1.8 亿元。项目于 2015 年 10 月 18 日开工，2016 年 12 月 29 日竣工，2017 年 5 月投入运营。该项目 2017 年 8 月被全国化工工程建设质量奖审定委员会评为"2017 年度全国化学工业优质工程奖"，2018 年取得国家排污许可证。自投入运营至今的 3 年多，实现废水稳定、持续达标排放。

三、处理技术工艺

玉带片区内排污企业较多，废水污染因子多样，水质复杂，可生化性差，处理难度极大。仅依靠生化处理无法实现达标排放，需对生化出水进行进一步的深度处理后，才能实现达标排放。

1. 工艺流程

在对各个排污企业废水进行前期试验的基础上，项目确定采用"生化处理+混凝沉淀工艺+深度处理"的处理工艺。其中，生化处理主体工艺采用博瑞德的专有生物载体流动床与活性污泥相结合的工艺，混凝沉淀采用高密度沉淀池；深度处理采用博瑞德专有耦合臭氧生物膜技术（COB）；污泥处理采用"机械浓缩脱水+干化处理"工艺。

污水由厂外压力送入污水处理厂，进入均质调节池进行水质的均匀混合和水量的调节，然后由泵提升将污水送入生化池。事故状态时事故水进入事故池暂时储存，待来水恢复正常时，再由泵少量均匀地加入均质调节池。

生化池采用缺氧池、生物流化床与曝气池合建。流化床采用博瑞德的好氧载体流动床技术。

由于进水中含有较多不可生化降解的污染因子，需要对高效澄清池出水进行进一步深度处理。深度处理采用博瑞德专有的COB，即将臭氧氧化技术与生物膜处理技术相结合。

2. 处理结果

玉带污水处理厂自2017年5月开始正式接纳园区废水以来，各类生态环境治理设施运行稳定，持续达标排放；产生的各类污染物均满足南京市环境保护局环评批复中的总量控制指标规定，落实了环评批复中的各项要求。出水平均COD浓度达到《城镇污水处理厂污染物排放标准》（GB 18918—2002）一级A标准，粪大肠菌群数达到地表水环境质量标准Ⅰ类水质标准。经南京大学生化实验室检测，出水不具有任何生物毒性。厂区内建有两处生物指示池，处理后的出水流经生物指示池。池内水生植物（藕类、芦苇）、鱼类等生长旺盛，形成了复杂的生态系统。尾水也经水生植物及微生物降解等一系列净化过滤，水质得到进一步改善，达到生态景观优美和污水处理达标的双重效果。

四、技术特点

本处理工艺的优点在于流化床的容积负荷高、去除率高，与两段生化法相比，减少了中沉池，技术先进、占地面积小、投资少，处理成本低。除此之外，该方案还具备以下工艺特点：

（1）负荷高、占地面积小：容积负荷取决于生物载体的有效比表面积。由于巨大的有效比表面积（内表面、受保护）及工艺的稳定性。

（2）耐冲击性强、性能稳定、运行可靠：冲击负荷以及温度变化对载体流动床生物膜工艺的影响要远小于对活性污泥法或其他生物膜法的影响。当污水成分发生变化，或污水毒性增加时，生物膜对此的耐受力很强。

（3）创新采用耦合臭氧氧化与生物膜深度处理技术，尾水中不可生化的有机物经适量臭氧氧化后，变成可生化的小分子有机物质，经后续生物膜降解去除，出水COD浓度小于 50 mg/L（《城镇污水处理厂污染物排放标准》一级 A 排放标准），甚至小于 30 mg/L（地表水Ⅳ类标准），通过工艺优化减少臭氧投加，降低运行费用。

五、效益分析

本项目的建设，使得环境容量增大，为园区提供了更大的工业发展空间。项目有利于提高园区基础设施水平，同时可为社会增加就业机会。此外，项目的实施将使化学工业园树立起更加良好的形象，对改善投资环境、吸引外资、发展工业经济、提高工业产品质量等将起到积极、有效的作用。

华能上海石洞口第二电厂、华能上海石洞口发电有限公司全厂节水与废水综合治理改造工程全厂末端废水零排放项目

成都三顶环保科技有限公司（以下简称"三顶环保"）成立于 2009 年 12 月 21 日，是一家集新技术研究、装备制造、项目设计、工程总包及特许经营（BOT）于一体的高新技术企业，有着丰富的项目设计、管理、施工和调试经验及雄厚的资金实力。公司主要从事火力发电行业原水预处理系统、除盐水制备及海水淡化处理、全厂节水及废水综合治理、高盐废水零排放工程、工业废水深度处理、垃圾渗滤液处理、石油化工行业废水处理。

三顶环保总部设在成都，在北京、武汉均设有分公司，公司与多家电力集团及地方电厂保持着良好的合作关系，是火电发电行业最大的水处理总包公司之一，业绩遍布全国。同时，三顶环保在土耳其、俄罗斯、斯里兰卡等国也有投运的总承包废水处理项目。2019 年，在全员的共同努力下，三顶环保获得订单 4 亿元，在建项目 10 个，未来，三顶人将以更加饱满的热情，用努力与勤奋，致力于改变社会环境为己任，让天更蓝、水更清，迈向崭新的未来。

》 案例介绍

一、项目名称

华能上海石洞口第二电厂、华能上海石洞口发电有限公司全厂节水与废水综合治理改造工程全厂末端废水零排放项目。

二、项目概况

建设运行单位：华能上海石洞口第二电厂、华能上海石洞口发电有限公司
应用领域：发电厂废水处理、工业废水处理零排放

三、处理规模

单台雾化器最大处理量 8.0 t/h，主要工艺：末端废水（以脱硫废水为主）→调节水箱→雾化给水泵→旋转雾化器→旁路烟道干燥塔→压缩空气输送灰渣→电厂灰库/独立储灰装置。

四、创新之处

多年来，电厂脱硫废水一直是电力系统最难处理的废水之一，其悬浮物、氯离子含量、钙镁硬度等都很高，而且脱硫废水的氯离子含量可达到 20 000 mg/L，长期直接排放对环境污染影响很大。

三顶环保提出的脱硫废水零排放工艺路线早在几年之前就已开始中试，并取得了喜人的成绩，如今已应用到华能上海石洞口第二电厂和华能上海石洞口发电有限公司的脱硫废水零排放处理中，运行情况良好，真正实现了脱硫废水的零排放处理，并且稳定、高效、洁净。

本工程主要由末端废水输送系统、雾化系统、旁路烟气蒸发系统组成。

工艺流程：取空预器进口的高温热烟气（温度：279～350℃）经过干燥塔顶部的烟气分配器均匀地进入喷雾干燥塔内，来自调节水箱的废水通过雾化水泵输送至干燥塔顶部的旋转雾化器内并雾化成细小液滴，与热烟气接触，雾滴中的灰分、盐分干燥结晶析出，部分干燥产物落入干燥塔底端，其余随烟气进入后续预留电除尘器；在喷雾干燥塔进出口设置烟气流量、温度、压力等测点；实时监控不同烟气特性及不同脱硫废水水质条件下的废水喷雾干燥蒸发特性情况。

1. 末端废水输送系统

末端废水输送系统由末端废水雾化水泵（变频控制）、末端废水输送管道、电磁流量计、自动调节阀门等组成。电厂末端废水贮存于末端废水池中，经雾化水泵提升至雾化系统，输送管路按大循环回路设计，回水管路设置背压阀，雾化水泵变频控制，输送管路的压力，流量通过蒸发器入口管道上的调节阀调节。末端废水输送管路设置自动冲洗装置。

2. 雾化系统

旋转雾化器是整个喷雾干燥系统工艺的核心部件，旋转雾化器的基本原理是：经调质后的末端废水输送至高速旋转的雾化盘时，由于离心力的作用，废水伸展为薄膜或被拉成细丝（取决于转速和浆液量），在雾化盘边缘破裂分散为液滴。液滴的大小取决于旋转速度和浆液量。

本项目单台雾化器配置 22 kW 的变频电机，雾化器的转速＞14 000 rpm，喷射出的雾滴平均直径为 30～60 μm。为使进液能平稳均匀地从供液管分配至雾化盘，在主轴下端靠近雾化盘处，装有配液用专用零件，雾化盘为圆盘形，圆盘直径为 180 mm。

雾化器的材质为：雾化盘采用哈氏合金；底部耐磨衬板，喷嘴材质陶瓷。这几项材质的选择均通过长时间运行经验选取，陶瓷喷嘴耐磨、防堵塞能力更强，可连续稳定运行。

雾化器配置油路冷却以及循环水冷却系统，并配置温度、振动等测点，实时监控旋转雾化器的运行情况。

3. 旁路烟气蒸发系统

旁路烟气蒸发系统主要包括烟道、挡板门、膨胀节、喷雾干燥塔、干燥塔及其附属设备等组成。

烟气取自脱硝后烟道，流量可通过电动调节风门进行控制，使其在蒸发器内部形成设定的特殊流场。引出高温烟气汇合至喷雾干燥塔，喷雾干燥塔干燥后的烟气返回电除尘前烟道。

本工程按照一机一塔设计，每台锅炉旁设置一台喷雾干燥塔，干燥塔尺寸为：内径

8.5 m，干燥塔筒体直段高度（不含锥体）13 m，锥体高度 5.8 m，底部预留 3.5 m 高（方便人员通过和输送灰渣），椎体下部预留输灰空间，蒸发塔顶部建设塔体小室约 5 m 高。

4. 烟气分配器

烟分配器采用螺旋进气蜗壳，加强进塔热空气旋流强度。热风分配器由烟气入口蜗壳、锥壳、导向分布板及导向叶片等组成。热风分配器内缘为圆形，离心雾化器安装在其中心。烟气入口蜗壳截面尺寸较大，横截面积呈渐缩变化，使得锥形环隙进风均匀。锥形环隙（内外导风通道）内外侧设置有许多导向叶片，用以控制热风的方向，使雾滴与热风的混合达到工艺要求，保证干燥塔处于良好的运行状态。

烟气分布器设置在喷雾干燥塔的顶部，烟气分布器的作用是使干燥用热烟气均匀地进入干燥塔内，与雾化液滴有效地混合，使水分迅速蒸发。

烟气分布器上装有一定夹角的导风板，用来控制热烟气的流向，使雾滴与热烟气的混合达到合适要求，提高雾化效率。

此项目的投运，从工程应用方面验证了旁路烟道脱硫废水零排放技术（旋转喷雾蒸发干燥塔技术）的适用性及可行性。

马鞍山市中心城区水环境综合治理项目

杭州银江环保科技有限公司（以下简称"银江环保"）是一家专业从事水处理技术研究、装备制造和提供水环境治理解决方案的高新技术企业。业务领域涵盖黑臭河道（水体）治理、市政污水提标及景观娱乐用水等。

银江环保成立于 2005 年，注册资本 5 008 万元，公司位于杭州西湖区益乐路 223 号银江科技产业园。公司拥有一个高素质专业水处理技术团队和一个建设运营服务管理团队，并起草通过两项国家标准，属于浙江省环保重点骨干企业。

银江环保一直致力于水处理技术及装备的研发，为杭州市专利试点企业，牵头组织多项创新产品的开发，为企业发展提供了源源不断的动力，始终保持自身生态环境技术水平处于国内一流水平。通过近 15 年的积累，公司获得了授权专利 70 余项，获得多项省、市科技进步奖。公司产品已进入生态环境部、住房和城乡建设部、雄安新区政府优质产品推荐目录。

银江环保研发的环保装备通过住房和城乡建设部专家评估以及中国环保装备机械行业协会专家评估，专家组一致认为，银江环保产品国内领先。银江环保不仅是城市溢流污染治理的先行者，而且是抗击新冠肺炎疫情的一线环保公司，高效保质在 7 天内完成武汉定点医院——火神山医院、雷神山医院污水处理全流程装备的设计、供货、安装任务，模块化、标准化、产业化优势得到了充分的体现。

银江环保以"诚信立业、创新发展"的企业理念，以"管理规范、技术领先、品质卓越"为方针，为客户提供最佳解决方案，优质产品、优质服务，努力成长为优秀的水环境综合治理服务商。

≫ 案例介绍

一、项目名称

马鞍山市中心城区水环境综合治理项目。

二、项目概况

本项目位于马鞍山市中心城区第二污水处理厂南侧，马鞍山第二污水处理厂的进水管网采用合流制，雨天溢流污染较为严重，大水量的污水通过厂前的长沟溢流至下游河道，下游河道流经长江，从而加重长江生态污染。为响应长江大保护行动，减少污染源排放，本次建设 1 套 KtLM 强化脱氮除磷装备对溢流污水进行处理。该项目采用旱季 10 000 m³/d

（雨季 15 000 m³/d）KtLM 强化脱氮除磷污水处理装备，出水满足《城镇污水处理厂污染物排放标准》（GB 18918—2002）中一级 A 排放标准。

三、项目规模

日处理量 1.5 万 t。

四、技术特点

1．KtLM 强化脱氮除磷装备

银江环保开发研制的 KtLM 强化脱氮除磷装备采用多级式 MBBR 工艺，结合国内外先进的高效溶氧系统、高效流化传质系统与均质布水系统，在组合工艺中通过培育附着在 Kt25 纳米载体填料上的混合兼性菌种，形成 BIO-NET 生态系统，能够迅速有效地对污水进行深度处理，确保出水达标。

2．Kt25 纳米载体填料

Kt25 纳米载体填料的表面积超过 800 m²，可以形成微型生物反应系统，其有从细菌、原生动物、后生动物的食物链，生物的食物链长，微生物存活世代时间较长，生物体浓度为普通活性污泥法生物体浓度的 5～10 倍，污泥质量浓度可高达 30～40 g/L，在填料上可以形成从细菌、原生动物、后生动物的食物链，生物的食物链长，能存活世代时间较长的微生物，处理能力强，净化功效显著。

3．高效菌种的选用

本工艺特选经过筛选性培养基培育出来的以革兰氏阳性芽孢杆菌（Bacillus subtilhls）为主，光合细菌（Photosynthetic bacteria）、硝化细菌（Nitrifying bacteria）、反硝化细菌（Denitrifying bacteria）等混合菌剂为辅的高效菌体，在深度处理系统工艺中用于纳米载体填料生物挂膜，形成微型生物反应系统，从而迅速有效地对污水进行深度处理。各菌种特性及去污能力见下表。

微型生物反应系统中的高效菌种组分特性及去污能力

菌体组分	菌体特性	去污能力
革兰氏阳性芽孢杆菌（Bacillus subtilhls）	繁殖能力极强，低温、高盐度、高压等极限环境中具有应适能力	直接吸取胺（有机氮）、氨氮以及铵盐，从而进行脱氮；分解复杂多糖、蛋白质和水溶性有机物。分泌抗生素，杀灭水中大肠杆菌等细菌
光合细菌（Photosynthetic bacteria）	细胞内含有菌绿素，在光照条件下，利用水体中的有机物进行光合作用，合成大量菌体	光合细菌能转换、代谢污染水体中的硝酸盐、亚硝酸盐、氨氮和活性磷酸盐
硝化细菌（Nitrifying bacteria）	能够将氨氮转化为硝态氮的一类自养型细菌	将氨氮转化为硝态氮
反硝化细菌（Denitrifying bacteria）	利用硝酸中的氧、氧化有机物质而获得自身生命活动所需的能量	将硝态氮转换为无害的氮气。消耗氮素营养，抑制藻类过度繁殖，净化水体

由于生物载体的比表面积较大，上面附着的生物量多，能极大地增加单位体积池容内的生物量，提高处理效率，提升处理效果，尤其适合废水处理池容不足却没有场地扩大池容的情况，同时也在废水深度处理和脱氮工艺中有着广泛应用，具有常规处理工艺难以企及的优点和优势。

五、项目优势

KtLM 强化脱氮除磷装备其成套设备与普通的生化、物化工艺相比，具有分离悬浮物效率高、工艺流程短、占地面积小、投资少、运行费用低等特点。针对市政污水、河道水等不同种类的废水，银江环保进行了长期的净化试验，大量的试验数据和工程实例表明该技术具有以下特点：

（1）采用"强化脱氮除磷装备+水体净化"相结合的处理工艺，对污水中的有机及无机污染物均有针对性去除，技术成熟稳定。

（2）处理速度快，占地面积较小。

（3）运行费用低。

（4）设备自动化程度高，操作便利。设备运行只需要 1~2 种固态絮凝剂，每天只需加药 2~3 次。其余时间可以实现无人值守。

（5）设备模块化设计，安装拆除方便，符合公路运输条件，可多项目重复使用。

（6）设备适合野外露天使用，无须专门的设备间。

六、工程创新

（1）采用一体式模块化装备，运输便捷，布置灵活，安装方便，在本项目中快速完成安装、调试，并使污水在经处理后达标排放；

（2）KtLM 强化脱氮除磷装备采用多级式 MBBR 工艺，结合国内外先进的高效溶氧系统、高效流化传质系统与均质布水系统，使其表面负荷可达 30 $m^3/(m^2 \cdot h)$，远大于传统活性污泥法，从而大大减少了停留时间以及占地面积；

（3）本项目采用特制 Kt25 的纳米载体填料以及经过筛选性培养基培育出来的以革兰氏阳性芽孢杆菌为主，光合细菌、硝化细菌、反硝化细菌等混合菌剂为辅的高效菌体，在两者的共同作用下，在深度处理系统中纳米载体填料实现高效生物挂膜，形成微型生物反应系统，有效去除 COD、NH_3-N 等水体污染物。

七、效益分析

本项目总投资较常规项目节约 30%，运营成本每吨水节约 12%，占地面积 1 220 m^2，项目工期共计 28 天。与以往同类型项目相比，得益于 KtLM 强化脱氮除磷装置的模块化、一体化以及 Kt25 纳米载体填料和特制菌种的使用。使得该项目在项目总投资、运营成本、占地面积、项目工期等各方面都有着巨大的优势。

通用电气生物科技（杭州）有限公司
高浓度硝态氮废水处理项目

　　南京中衡元环保科技有限公司（以下简称"中衡元环保"）作为高浓度硝态氮废水治理领军企业和高浓度难降解废水专业服务商，是一家具有持续创新、自主研发与成果转化能力、拥有核心自主知识产权的高新技术企业。公司成立于 2010 年 2 月，注册于南京市溧水经济开发区胜园路 3 号，占地面积 6 500 m^2，建有研发制造中心，包括研发实验室、生产制造车间、仓储中心和职工宿舍等，并在南京市区证大喜马拉雅中心设有营销交流中心，方便全国各地的合作伙伴来公司交流合作。

　　中衡元环保自成立以来，一直瞄准市场前沿技术，在高浓度难降解废水预处理、工业废水强化深度处理及固体废物减量化与资源化等领域积累了丰富的实践经验。公司拥有一支高素质的专业研发队伍，至今已取得发明专利 6 项、实用新型专利 20 多项，并于 2015 年被评为高新技术企业，2016 年通过南京市科学技术委员会的认定并挂牌成立南京市工程技术研究中心。公司长期致力技术创新与管理提升，现已成为中国环境科学学会理事单位、南京环保产业协会常务理事单位，并荣获"南京市环保产业先进企业""江苏省优质环保产品"等荣誉称号。

　　公司秉承"中道致衡、环保为元"的文化理念和"主动、高效、合作、创新"的工作作风，充分发挥技术创新优势，以优化的产品设计、高效的生产管理、快捷的技术服务面对广大用户。

▶▶ 案例介绍

一、项目名称

　　通用电气生物科技（杭州）有限公司高浓度硝态氮废水处理项目。

二、项目概况

　　项目废水为通用电气生物科技（杭州）有限公司酸处理车间生产过程产生的一股含高硝态氮和高氨氮的废水，废水指标为：pH＜1、总氮 4 766 mg/L、硝态氮 4 392.8 mg/L、氨氮 373.2 mg/L、盐度 20 221 mg/L。

　　由此可见，废水中总盐度高达 20 221 mg/L，为保证反硝化微生物的正常增殖，项目利用现有废水处理系统的 MBR 产水对来酸处理车间来水进行稀释，本项目按稀释 1 倍进行设计，将进 ADFB 系统的废水盐度控制在约 10 000 mg/L。ADFB 厌氧脱硝流化床系统的进出水指标见表 1。

表 1　进出水指标

指标	水量/ （m³/d）	pH	总氮/ （mg/L）	硝态氮/ （mg/L）	氨氮/ （mg/L）	COD/ （mg/L）
进水	20	<1	≤2 500	≤2 300	≤200	—
出水	20	7~9	≤180	≤100	≤80	≤500

工艺流程如图 1 所示。

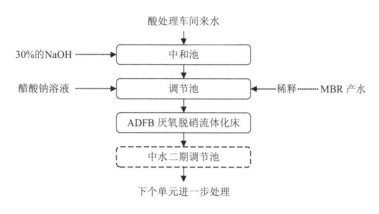

图 1　工艺流程

酸处理车间废水先进入中和池，加氢氧化钠中和，再通过提升泵进入调节池，按一定比例加入反硝化碳源——醋酸钠溶液，同时混入一定量的 MBR 产水进行稀释，降低盐度；调节池混匀后的废水，通过提升泵输送进入 ADFB 厌氧脱硝流化床进行处理；ADFB 厌氧脱硝流体化床系统出水进入工厂现有中水二期调节池内，与其他废水混合后进入 A/O 系统，去除剩余总氮及 COD。

三、技术特点

中衡元环保 ADFB 厌氧脱硝流体化床工艺专用于处理高浓度硝态氮废水。

ADFB 厌氧脱硝流体化床生物处理技术是在系统缺氧的条件下，利用反应槽内填充细小的高比重载体，以提供巨大附着表面积，供反硝化菌附着，大幅增加系统污泥浓度，并利用快速上升水流使生物膜载体呈流体化状态，增加基质传送速率，进而提高生物脱硝处理效率的一种处理技术。整个系统由生物流体化处理塔、循环回流装置及气—液—固三相分离器以及各配套附件等部分构成。

ADFB 厌氧脱硝流体化床系统构造如图 2 所示。

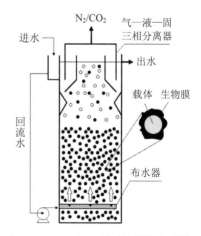

**图 2　ADFB 厌氧脱硝流体化床系统
构造示意**

ADFB 厌氧脱硝流体化床系统具有以下优点：

（1）高容积负荷，启动快、能耗低、抗冲击负荷能力强，减少反应器体积及初设成本；

（2）进水为酸性，可减少 NaOH 药剂消耗量；

（3）高塔式设计，占地面积小；

（4）去除率高，硝态氮去除率大于 90%；

（5）操作弹性大，性能稳定。

四、项目优势及工程创新

具体见表 2。

表 2　项目优势与工程创新

项目		ADFB	前置反硝化的 A 段	UASB
技术比较	负荷	COD 负荷为 3~12 kg COD/（m³·d），硝态氮负荷为 3~4 kg NO₃⁻-N/（m³·d）	COD 负荷为 1.2~2.4 kg COD/（m³·d），硝态氮负荷小于 1 kg NO₃⁻-N/（m³·d）	COD 负荷为 4~8 kg COD/（m³·d），硝态氮负荷为 1~2 kg NO₃⁻-N/（m³·d）
	去除率	去除率大于 90%	去除率为 70%~85%	去除率为 70%~85%
	占地面积	反应器高度可以达到 25 m，且体积负荷大，占地面积小	采用混凝土构筑物，体积负荷小，占地面积很大	反应器高度一般不大于 10 m，体积负荷中等，占地面积为 ADFB 的 3 倍以上
经济比较	投资费用	设备总容积小，投资成本较低	设备总容积大，且需建设沉淀池，投资费用较高	设备总容积大，投资费用为 ADFB 的 3 倍以上
	运行费用	进水 pH 控制在 2~3，减少碱投加费用，主要运行费用为动力消耗	进水 pH 控制在 5~6，药剂消耗量大	进水 pH 控制在 5~6，药剂消耗量大
操作管理	启动时间	污泥接种量小，启动速度快，启动时间小于 1 个月	污泥接种量大，启动速度较慢，启动时间一般大于 1 个月	污泥接种量小，启动速度较慢，启动时间一般为 2~3 个月，颗粒化污泥不易形成且容易流失
	抗负荷及毒性物质冲击能力	污泥浓度高且具备高回流比，抗冲击能力大，系统对生物抑制性物质具有较高适应性	污泥浓度低，进水水质变化对系统有很大影响，不具备抗生物抑制性或毒性物质冲击的能力	抗冲击能力低，进水浓度骤增导致气体产生量增大，导致污泥大量流失，且不具备抗生物抑制性或毒性物质冲击的能力
	主要控制参数	操作简单，只需控制进水 pH 和反应器温度	操作复杂，需及时排除剩余污泥，需严格检测出水硝酸氮浓度，保证后续沉淀池沉淀效果	操作复杂，需严格控制进水水质、反应器温度、反应器内 pH，以保证污泥不会流失

五、效益分析

1. 环境效益

研究表明，除分子态氮外，所有氮素循环的中间产物均可对人类和环境产生不利影响。其中，以氨氮、硝酸盐和亚硝酸盐的危害最大。主要危害包括以下几个方面：

（1）水体富营养化，破坏区域生态平衡；

（2）消耗水体中溶解氧，造成水体黑臭，增加给水做预处理成本；

（3）在水体中产生致癌物烟硝酸盐，危害健康；

（4）造成地下水污染。

本项目设计日处理 20 t 高浓度含氮废水，设计进水/出水总氮≤2 500/180，进水/出水硝氮≤2 300/100，进水/出水氨氮≤200/80。因此，经系统处理后，理论上可以减少污染物排放量见表 3。

表 3

序号	污染物种类	减排量/（t/a）	备注
1	总氮	13.92	年运行时间 300 d
2	硝氮	13.20	
3	氨氮	0.72	

2. 经济效益

本项目采用 ADFB 厌氧脱硝流体化床工艺，与采用传统的前置反硝化相比，在投资成本和管理成本方面都较少，通过核算，相关费用节约成本见表 4。

表 4

序号	费用种类	费用减少量	备注
1	投资成本	160 万元	投资考虑占地、设备费、土建费、施工等
2	运行管理成本	6 万元/年	含药剂、电费、人工

天津市宁河区东棘坨镇前大安村居民生活
黑、灰水真空收集与治理项目

清环拓达（苏州）环境科技有限公司（以下简称"清环拓达"）是 2019 年 4 月黄山拓达科技有限公司与清华苏州环境创新研究院派驻研究团队合作成立的，总部位于江苏苏州。

清环拓达自创立以来，凭借全方位的非重力污水收集系统的方案设计、装备生产、系统建设、智慧运维管理实力，一直致力于全国城乡、村镇全流域的污水收集技术的研究和实践，打造业内领先的集技术创新研发、设备制造供应、项目建设施工、智慧运维于一体的非重力污水收集系统解决方案企业。

公司获得了包括耐腐蚀真空泵、非重力污水收集与处理等 21 项国家专利，其中发明专利 2 项、实用新型专利 18 项、外观设计专利 1 项和智慧管网软件系统著作 2 项。

作为全国城乡、村镇全流域综合治理的企业，清环拓达始终以技术创新为先导、以敦本务实为基础、诚信经营促发展、一丝不苟的专业服务，为解决中国污水收集难、全流域水环境治理等难题，不断创造出更好的真空污水收集及治理的模式创新、更系统化的设计方案，带来更有效的水环境治理效果，携手行业伙伴持续推动环保产业的发展，为建设人与自然和谐共生的现代化，建设望得见山、看得见水、记得住乡愁的美丽中国而砥砺奋进。

》》案例介绍

一、项目名称

天津市宁河区东棘坨镇前大安村居民生活黑、灰水真空收集与治理项目。

二、项目概况

天津市宁河区东棘坨镇前大安村居民生活黑、灰水真空收集与治理项目,系统采用真空负压收集系统,收集整个村居民生活排放的黑水(居民户内真空马桶用厕产生的粪污水)以及灰水(居民生活洗涤用水、卫生间洗浴用水及其他生活杂排水),灰水收集后集中处理,达标排放。黑水收集后,资源化再利用。

本系统项目实行"互联网+污水治理"智慧运营新模式,以手机 App 为工具,实时关注污水处理水质和设施运行情况。一旦发现异常,通过 App 便能实现预警交办。

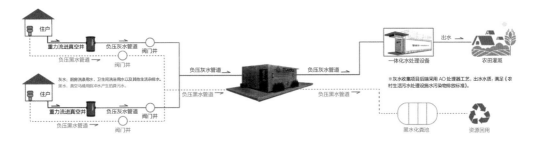

三、项目规模

清环拓达承接的中国最大的黑、灰水真空收集与治理项目位于天津市宁河区,项目建设真空污水项目投资 1.2 亿元。以天津市宁河区东棘坨镇前大安村为例:

受益居民一万多户,接户率为 100%;

日均收集量:灰水 5 t/d、灰水 40 t/d;

项目建设真空井 130 口(每户一口),真空坐便器 130 座(每户 1 座);

耗电量:每户真空井及真空坐便器年均耗电量约为 6 kW·h,无须更换电池;黑、灰水收集动力源站年均耗电量约为 9 825 kW·h;

节水量:真空坐便器相较于普通抽水马桶,平均每人每年节约水量约 9.66 t,整个村年均节约水量 5 124.6 t。

共铺设真空管网约 5 304 m,其中接户管黑水 De75 约 520 m、灰水 De75 约 520 m,干管黑水 De75 约 2132、灰水 De75 约 2 016 m、灰水 De110 约 116 m。

四、技术特点

作为具备创新技术研发、设备制造供应、项目建设运维实力的综合非重力污水收集及治理系统的服务商,现聚焦上市企业与央企等服务对象,针对城镇乡村的污水收集及黑臭水体治理,清环拓达始终坚持工艺与装备的不断迭代创新,建设与运维的不断细致优化,已形成核心系统化创新产品——黑、灰水真空收集与治理系统。

黑、灰水真空收集与治理系统解决了生活污废水点分散、排水距离较长、地势平坦或起伏大、排水管道需要跨越障碍物（如小河、管沟、供水管等）、地下水位高、人口密度小、水源保护区、临时排污点（营地、度假村）和由于地下管道施工可能影响交通等污水收集疑难区域的生活污水、废水排水系统收集的难题，传统重力管网易渗漏污染地下水、黑灰水均未经分流、收集处理直接排放，导致村内道路尤其是土路上臭气较重，影响村整体形象、居民生活质量问题与黑水资源无端浪费，无法制成有机肥或进行沼气发电进行资源再利用等问题。

系统具有"低成本、工期短、布管灵活、收集率高、密闭无泄漏、不易堵塞、智慧简运维"等优点，还可以改善村镇整体形象以及提升居民生活质量，实现资源可持续发展。缩短了建设周期，节约了 30%的投资成本，增加了后期资源再利用收益，充分满足了农村居民生活污水治理和美丽乡村建设项目对灰水、黑水收集处理后再利用的资源可持续发展及利用的需求。

系统现已广泛运用于古村落、旅游景区、山区、河道、道路狭窄、老城改造、综合管廊等地下建筑等污水收集难的区域。

五、项目优势

管道埋深度浅，工期短，成本低，布管灵活；负压收集，无淤泥，无沉淀，无异味；安全、高效、节水；智能运维，维护简单，远程智慧监控；系统可以有效地切断病毒、病菌通过传统重力污水管道、坐便器下水管道的传播路径；黑水进行真空收集后可资源化再利用，增加了后期资源再利用收益；缩短了建设周期，节约了 30%的投资成本。

六、工程创新

黑、灰水真空收集与治理系统解决了传统重力管网易渗漏污染地下水，黑、灰水均未经分流、收集处理直接排放，导致村内道路尤其是土路上臭气较重，影响村整体形象、居民生活质量问题与黑水资源无端浪费，无法制成有机肥或进行沼气发电资源再利用等问题。黑、灰水分离收集系统不仅拥有非重力污水收集系统的基本优势，还可以改善村镇整体形象以及提升居民生活质量，实现资源可持续发展。缩短了建设周期，节约了 30%的投资成本，增加了后期资源再利用收益，充分满足农村居民生活污水治理和美丽乡村建设项目对灰水、黑水收集处理后再利用的资源可持续发展及利用的需求。

七、效益分析

节水节电：改造后每户真空井及真空坐便器年均耗电 6 kW·h，折合电费 3 元；平均每人每年节约水量约 9.66 t，折合水费 47.5 元；整个村年均节约水量 9 737 t，折合水费 47 711 元；受益居民一万多户，接户率为 100%。

资源再利用：黑水处理后可进行资源化利用，制成有机肥，用于农业生产；灰水每年处理完达标排放水量约为 2.55 万 t，可回用于农田灌溉。

减少投资成本：缩短了 50%的建设周期，节约了 30%的投资成本。

基于物联网的饮用水水质保障系统

山东和创智云环保装备有限公司（以下简称"和创智云"，原潍坊和创环保设备有限公司）成立于 2007 年，是国内知名的水处理消毒及加药沉淀技术"专家"。公司拥有现代化生产厂房 9 000 m²，配备理化、电极检测、水质检测等专业实验室，各种生产、检测设备齐全。

和创智云 13 年持续深耕于水处理设备领域，目前拥有六大核心产品：次氯酸钠发生器、臭氧发生器、二氧化氯发生器、全自动加药装置、磁絮凝装置、一体化污水处理设备。和创智云面向亚太地区的自来水厂、污水处理厂、医院污水、电厂等领域的水处理市场，提供定制化解决方案。截至目前，和创智云产品销售累计超过 1 万台，产品销量连续 5 年保持高速增长。

坚持以客户为中心的理念，和创智云以优质可靠的设备和细致周到的服务赢得了市场和用户的一致好评，并与中国华电、中节能、北控水务、中国中车、中国水务、中建三局、中能建等十几家大型央企、国企、上市公司建立了战略合作关系。

作为一家科技型企业，和创智云非常重视技术的研发与创新，获得《涉及饮用水卫生安全许可批件》22 项、《医院污水消毒备案》15 项，拥有发明专利 1 项、实用新型专利 11 项、外观设计专利 3 项。

和谐共赢，创新逐梦。未来，和创智云人将继续致力于水生态环境保护与建设，为推动人与自然的和谐发展献力。

≫ 案例介绍

一、项目名称

基于物联网的饮用水水质保障系统。

二、项目概况

深州净水厂项目由阳煤集团深州化工厂承建，隶属国家战略南水北调工程，日处理水量 8 万 t。

三、工程创新

1. 提供综合解决方案

和创智云为项目提供全套加氯加药间设备，其中加氯间设备主要是对原水进行杀菌消毒处理，选用和创智云 HCCL-7000 次氯酸钠发生器（有效氯产量 7 000 kg/h）3 套。加药间设备主要是对原水进行絮凝沉淀处理，选用和创智云粉末活性炭投加装置 2 台、PAM 投加装置 1 台、PAC 投加装置 1 台、高锰酸钾投加装置 1 台，保证水质达标。

2. 大幅降低运行成本

和创智云 HCCL 系列次氯酸钠发生器，核心部件电极由全球顶尖的阳极制造商——荷兰马赫内托专供，选用纯钛作为基材+MMO 特殊技术涂层，电解槽结构的设计，应用和创智云核心技术，析氯电位 1.12V，每克有效氯成本 0.005 元，吨水处理成本低于 0.01 元。

同时，结合客户的实际情况，和创智云技术团队为客户提供错峰制氯的建议，结合电价峰谷差价，夜晚电价便宜的特点，晚间开启设备制氯，储存至储罐，白天投加至加药点，进一步降低运行成本。

2015 年至今，和创智云设备运行稳定，效果优异，各项出水指标均达到相关标准。另外，由于客户集团公司属性为化工厂，运营净水厂经验匮乏，购买设备后，和创智云技术及售后部门多次赴现场进行技术培训和设备维护，实地解决客户运营问题，这一系列举动获得了客户的高度认可。

武汉市汉阳黄金口明渠污水应急处理站项目

苏州市苏创环境科技发展有限公司（以下简称"苏创环境"）是水环境一体化装备成套技术供应商及水环境治理技术综合服务商。公司 2019 年 11 月于江苏股权交易中心挂牌。

公司以推动生态环境科学发展为事业，以科学化、规范化、人性化、严谨化为企业经营理念。

苏创环境是以研发新工艺、新材料、新装备，改善水环境为目标的研发型高新技术企业。公司主要产品有超磁分离水体净化一体化装备、磁沉淀水体净化一体化装备和曝气生物滤池水体净化一体化装备等。公司专业从事河湖水质提升、污水处理厂提质增效、城市市政管网排口治理、黑臭水体应急治理等水质提升相关业务，为水环境问题提供综合解决方案，为水生态环境工程建设提供全方位服务。

紧密合作的高校及研究机构有南京大学、清华大学苏州环境创新研究院、河海大学、苏州科技大学、华中农业大学、上海海洋大学、上海交通大学、中国生态城市研究院、中国科学院南京地理与湖泊研究所、中电建华东勘测设计研究院等。

》案例介绍

一、项目名称

武汉市汉阳黄金口明渠污水应急处理站项目。

二、项目概况

武汉市汉阳黄金口明渠污水应急处理站项目位于武汉市汉阳区，占地面积约 1 000 m^2。净化站取水于黄金口明渠，水渠污水源于附近啤酒厂废水以及居民小区的生活污水。明渠内水质污染程度为中度黑臭，部分区域为重度黑臭。

三、技术指标

武汉市汉阳黄金口明渠污水应急处理站日处理水量规模为 10 000 m^3/d，设计进水水质见表 1 和表 2。

设计进水水质

项目	pH	COD$_{Cr}$	BOD$_5$	SS	NH$_3$-N	TP	TN
指标	6～9	200	100	180	20	3	40

设计出水指标为：出水水质达到《城镇污水处理厂污染物排放标准》（GB 18918—2002）一级 A 标准，设计出水水质见下表。

设计出水水质

项目	pH	COD$_{Cr}$	BOD$_5$	SS	NH$_3$-N	TP	TN
指标	6～9	50	10	10	5	0.5	15

四、技术特点

工艺流程如下图所示。

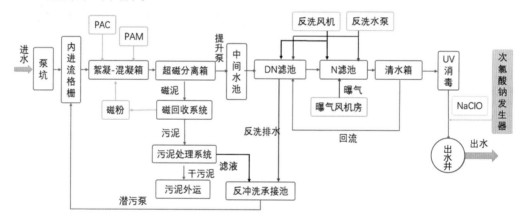

"超磁+曝气生物滤池+尾端消毒"工艺流程

武汉市汉阳黄金口明渠污水应急处理站项目选用"超磁+曝气生物滤池（BAF）+尾端消毒（UV+次氯酸钠）"工艺。此工艺技术是一种将快速物化技术和快速生化技术相组合以达到快速净化水质目的的技术。

物化技术采用新型磁分离净水技术，该技术主要针对 SS、TP、不溶性有机物的降解；生化技术采用改进的曝气生物滤池技术，该技术主要针对 COD、氨氮、BOD、总氮的降解。尾端的消毒工艺采用 UV 光解+次氯酸钠发生器消毒的工艺，此工艺的优势是：先用紫外线对污水中一些易杀死的病菌等进行光解，再向水中投加次氯酸钠进一步杀死水中的病菌，并且能够保持水中一定浓度的次氯酸钠，防止病菌的再次滋生。此尾端杀毒的组合工艺在彻底杀死病菌的同时既能保证病菌不再滋生，又节省了次氯酸钠药剂的投加，节省了成本。超磁+曝气生物滤池两工艺优势互补，UV 杀毒+次氯酸钠消毒强强联合，对受污染河道的水质净化标准可达到《城镇污水处理厂污染物排放标准》（GB 18918—2002）一级 A 标准及以上。

五、项目优势

武汉市汉阳黄金口明渠污水应急处理站项目为应急工程，是配合渠道综合整治的需要，主要通过采取安全可靠的工程措施，相应工艺设备快速处理污水，入渠污水经过截留设施收集后，进入应急污水处理设施处理达标后就近排放，实现晴天污水不排入黄金口明渠，削减入渠点源污染，为明渠水体提升创造有利条件，达到应急处理需求。

武汉市汉阳黄金口明渠污水应急处理站项目采用磁分离和曝气生物滤池净水技术组合具有见效快、占地面积小、建设周期短、投资少、运行管理方便的特点，在悬浮物、COD、总磷、氨氮、有机物等水体污染物的净化效率方面具有独特的技术优势。

六、工程创新

（1）武汉市汉阳黄金口明渠污水应急处理站设备选址位于黄金口明渠附近公路旁，站区面积呈 12.5 m×70 m 的长条状，对工艺的占地面积要求较高，由此因地制宜，全工艺采用一体化装置，总占地面积 1 000 m² 完全符合地理位置要求，并且具有占地面积小的特点。

（2）本净化站项目采用"磁分离+曝气生物滤池"组合新工艺，完美结合，此工艺组合目前在国内应用较少。针对市政污水应急处理，此组合工艺能够对污水中的污染物进行较为全面的去除，根据进水情况和工艺运行合理控制，出水水质达到《城镇污水处理厂污染物排放标准》（GB 18918—2002）一级 A 标准及以上。

（3）本净化站早在 2019 年 7 月投入使用时，就采用紫外线结合次氯酸钠溶液对污水进行消毒处理。自新冠肺炎疫情发生以来，抢得战"疫"先机，确保当地生活污水处理安全。

七、效益分析

1．社会效益

由于新冠肺炎病毒粪口传播的特性，生活污水亦可成为病毒的传染源，污水尾端必须进行消毒，才能够排放。净化站配备的一体化污水处理设备，24 h 不间断稳定运行，肩负起净化周边小区生活污水的责任，充分发挥净化水质与灭杀病毒的双重功能，为武汉防疫控疫的污水净化提供保障。

目前，武汉市汉阳区黄金口明渠水质环境得到明显改善，水质指标达到《城镇污水处理厂污染物排放标准》（GB 18918—2002）一级 A 标准以上，河水清澈见底。水体不再黑臭的同时，明渠中还可以看到各种鱼类。武汉市有关政府领导高度重视，对净化站在新冠肺炎疫情防控中发挥的重大作用给予充分肯定。

2．经济效益

经济效益分析一览

序号	项目		单位	数量	单价	吨水费/元
1	药剂费	PAC	g/m³	20	2.0 元/kg	0.04
		PAM（阴）	g/m³	3	9.0 元/kg	0.027
		磁粉	g/m³	2	2.0 元/kg	0.004
		PAM（阳）	g/m³	0.6	1.8 元/kg	0.001
	吨水药剂费用					0.072
2	电费	装机功率	kW	440	—	—
		运行功率	kW	260	0.6 元/（kW·h）	0.374
	吨水电费					0.374
3	人工费	工人数	个	4	200 元/人/天	0.08
	人工费					0.08
合计	吨水运营成本：0.072+0.374+0.08=0.526 元					

3．环境效益

净化站主要污染物年削减量：原水 COD 200 mg/L、氨氮 20 mg/L、总氮 40 mg/L、总磷 3 mg/L，出水 COD 50 mg/L、氨氮 5 mg/L、总氮 15 mg/L、总磷 0.5 mg/L，去除率 COD 75%、氨氮 75%、总氮 62.5%、总磷 83.3%，年削减量（按运行期 360 天/年计）COD 432 t、氨氮 54 t、总氮 90 t、总磷 9 t。

银川兴庆区万亩奶牛养殖场污水综合治理工程

武汉新天达美环境科技股份有限公司（以下简称"新天达美"）成立于 2003 年，是主要从事污水处理、湖泊河流水体净化与生态修复的水环境综合治理服务商，是拥有自主创新能力和核心知识产权的国家级高新技术企业。

公司以德国曝气生物滤池工艺和日本著名的"四万十川方式水处理"原理为基础，结合因地制宜的循环经济理念，研制出符合中国国情的"碳系载体生物滤池技术"，并于 2007 年获得发明专利，现已成功应用于湖北、山西、广西、四川、江苏、安徽、广东、江浙、宁夏、重庆等地的城镇污水处理、传统污水处理厂升级改造、湖泊水体修复、河道水质净化等不同类型和不同规模的污水处理工程上。与现行常规工艺相比，该技术自然形成的微生物食物链强化系统，使剩余污泥量极少，具有安全、高效、经济、稳定、生态、景观等六大综合优势，真正做到了节能减排与环境友好相得益彰，获得了良好的口碑以及经济效益和环境效益。

≫ 案例介绍

一、项目名称

银川兴庆区万亩奶牛养殖场污水综合治理工程。

二、项目概况

本项目位于宁夏回族自治区银川市月牙湖乡万亩奶牛养殖基地海淘四村，2018 年 10 月正式投入运行，日处理废水为 1 200 m³，接纳污水主要为兴庆区万亩奶牛养殖场的养殖废水。项目采用新天达美的"高浓度养殖废水深度处理技术"，处理后出水水质达到《城镇污水处理厂污染物排放标准》（GB 18918—2002）一级 A 标准，大大降低了万亩奶牛场污水对生态环境的污染，控制了畜牧污水对地下水源的侵害，并逐步恢复已被污染的生态环境。

三、技术介绍及特点

"高浓度养殖废水深度处理技术"采用 STCC 碳系载体生物滤池、高效混凝沉淀器、侧向流斜板沉淀池、射流曝气技术等核心子单元技术，解决万亩奶牛养殖场污水有机浓度高、草渣量大、超负荷等问题，有效降低高浓度 COD 和 TN，获得高效除磷效果，保证出水稳定达到《城镇污水处理厂污染物排放标准》（GB 18918—2002）一级 A 标准。

STCC 碳系载体生物滤池技术模仿大自然原生态物质的循环自净功能，不添加化学药剂，完全利用天然材料和废弃材料，研制成"不饱和炭""脱氮材料"和"除磷材料"等多种独创的净化材料组成复合填料床，加上独特的工艺设计和科学的组合安排，以重力自流的形式对污水进行净化处理；核心填料的研究开发和巧妙搭配为微生物提供碳源，形成生生不息、循环不止的微生物链，最大限度地发挥"自培菌"的净化功能，充分利用微生物对污染有机物的降解能力，出水生物自然活性高，全封闭运行，无二次污染，并且所需处理的剩余污泥量极少，精细设计解决堵塞和动力消耗问题，"无人值守式"全自动运行，节省建设及运行费用，净化处理区还可设计为封闭式地埋式，与周边环境相融合。该技术真正实现了厌氧氨氧化一步脱氮，在厌氧条件下，以亚硝酸盐为电子受体，将氨转化为氮气，具有高脱氮效率，且中间反应过程中无温室气体产生，具有安全、稳定、生态、景观、高效、经济六大综合优势。

高效混凝沉淀器，通过高速水力混合搅拌，保持混合区的高污泥浓度，增加水中颗粒、胶体等污染物的聚集机会，在高密度絮凝区污染物迅速聚集、吸附形成高密度絮凝体，通过推流接触区形成高密实压载絮体过滤层，水中细小絮体被污泥过滤层截留，深度吸附水中污染物，絮体凝聚到重量后快速沉淀，实现污染物与水的快速分离。

侧向流斜板沉淀池，以浅层沉淀理论为基础的斜板沉淀技术，利用斜板增大沉淀面积以提高沉淀效率，将侧向流水流方向与沉泥下滑方向相互垂直，水体的水平流动动力与沉泥所受重力之间不存在相互抵消的作用，对污泥下滑影响较小，沉淀效果好。

射流曝气技术，采用文氏管射流原理，通过和水泵的链接，接入空气管道，实现水流喷射而产生出细小气泡，具有高效充氧、不易堵塞的优点，还具有强力搅拌功能，避免了池体内的沉淀，节约了能耗。

四、环境效益和社会效益分析

银川兴庆区万亩奶牛养殖场污水综合治理工程是银川市农牧局和月牙湖乡重视环境保护的具体行动。项目自建设运行以来，解决了万亩奶牛养殖园产生的废水、生活污水问题，并获得了政府和周边公众的一致认可。项目的实施有效改善了周边环境质量，保护了地下水源；对预防和控制各种传染病、公害病，提高兴庆区居民健康水平有着重要作用；创造了良好的乡村风貌，提升了土地的价值，改善月牙湖乡的投资环境，增强了其可持续发展的能力；良好的基础设施建设为月牙湖乡奶牛养殖业的快速发展提供了基础保障；提供更多的就业机会，解决一定的劳动就业问题；使全社会认识到污水处理是与全民、全社会密切相关的，使环保意识深入人心。因此，项目的实施具有显著的环境效益和良好的社会效益，对当地社会与环境的可持续发展具有积极的意义。

浙江芬雪琳针织服饰有限公司
染整废水处理及中水回用工程

义乌市环境工程建设有限公司成立于 1992 年，占地 8 000 余 m²，建筑面积 1.5 万 m²。专业从事环保工程承包、设计，环保设备及配件、环保试剂批发、零售，环保技术开发、咨询服务，管道疏通服务等环保类业务。公司在经济实力、技术能力、设备水平等方面快速增强，以优良的质量、合理的价格、完善的服务赢得了广大客户的信赖，市场占有率不断提高，树立了良好的知名度和信誉度，成为义乌市规模最大、实力最强的环保企业之一。公司被授予"重合同守信用""AAA 信用等级企业""义乌市科技型企业""浙江省科技型企业"等称号，是浙江工业大学、浙江工商大学、上饶师范学院等高等院校的教学实践基地。公司拥有浙江省环境污染治理工程总承包及浙江省环境污染防治工程专项设计服务能力评价证书和浙江省生态与环境修复运营服务能力评价证书，为浙江省环保产业协会、浙江省生态与环境修复技术协会、金华市环境保护科学产业联合会理事单位，义乌市环境保护科学产业联合会常务副会长单位、湖南省环境治理行业协会单位。

自成立以来，公司先后承担了数百家污染企业及机关事业单位废水、废气治理工程的设计、施工、安装、调试，工程均达到国家有关质量规定要求与环境排放标准，参与全市工业区管网排查、河流水质调查等工作，在工作中积累了有效的工艺设计、施工技术及调研经验。其中，大中型水池抗渗混凝土浇筑技术，工业废水及生活污水处理技术，各种煤炉的脱硫除尘、除黑技术均取得了显著成效，拥有生活污水有害物质清理管理系统等专利，为环境保护做出了较大贡献。

》》案例介绍

一、项目名称

浙江芬雪琳针织服饰有限公司染整废水处理及中水回用工程。

二、项目概况

浙江芬雪琳针织服饰有限公司系专业生产销售无缝内衣的生产型企业，总投资 1 180 万美元，生产车间面积 1 万余 m²。公司生产工序所排放废水主要为染色废水，含有一定量的 COD_{Cr}、色度、SS 等污染因子。染色废水来自染色、清洗等加工工序。生产所用的染料主要有分散性染料、酸性染料和活性染料；助剂包括分散剂、冰醋酸、保险粉、过氧化氢等。项目于 2018 年经过环保竣工验收，标排口外排水中 pH、化学需氧量、氨氮、总磷、

BOD$_5$、悬浮物、总氮、硫化物、六价铬、苯胺类、总锑、二氧化氯浓度日均值均达到验收执行标准《义乌市印染行业水污染物排放标准》中的间接排放浓度。

三、项目规模

设计每天水量（包括生活污水）1 500 m³/d，其中高浓度废水设计水量 400 m³/d，低浓度废水设计水量 1 100 m³/d。

四、技术特点

（1）污泥量少，相比传统工艺先加药再生化污泥量少 70%以上。

（2）处理效率高，内循环三相流化床工艺 COD 负荷高，活性污泥调试驯化周期短。

（3）污泥处置费用低，可以节省大量的污泥处置费用。

（4）自动化程度高，劳动强度低，运行稳定，药剂投加采用自动化控制，精准投药。

（5）高低浓度有针对性地进行处理，降低运行成本，提高中水回用效率。

五、项目优势

（1）内循环三相流化床技术 COD 负荷高，比普通活性污泥高 30%以上，故好氧处理池容积减少，节约用地。

（2）运行费用低，由于只对高浓度废水投加药剂进行前处理，低浓度废水直径进入厌氧池，减少药剂的用量，同时减少污泥产生量，减少污泥处理费用；厌氧采用脉冲布水进行布水，脉冲布水器相较于潜水搅拌机等，厌氧池靠水力定时搅动，电能损耗大大减少，减少运行费用。

（3）内循环三相流化床技术活性污活性高，MLVSS 含量高，活性污泥调试驯化速度快，对于染整废水基本上 1 周时间完成驯化工作，出水达标，处理效率更高，适应水质波动性较好。

（4）由于染整废水水质波动大，废水生化处理经常遭到破坏，内循环三相流化床技术在重新投加活性污泥后，能够 1 周内恢复之前处理水平，大大减少由于调试驯化周期长带来的经济损失。

（5）由于高浓度部分废水浓度高，处理到回用标准的成本极高，提高回用效率，高低浓度分开处理，降低整体运行费用，降低中水处理成本。

六、工程创新

（1）废水实行高低浓度分开处理，高浓度废水处理后达标排放，低浓度废水处理后部分回用。对染整废水进行分质收集处理，采取有针对性的处理工艺，减少运行费用，减少污泥量，提高中水回用效率，降低中水处理成本。

（2）厌氧采用脉冲布水器进行均匀布水，脉冲布水器相比潜水搅拌机等设备，脉冲布水器靠水力定时搅动厌氧池，电能损耗大大减少，减少运行费用。

（3）"脉冲水解酸化+好氧（内循环流化床技术）+气浮"联合处理工艺的应用，在处理低浓度染整废水中取得了很好的效果。

（4）内循环三相流化床技术在染整废水处理上的应用取得了显著的处理效果。

七、废水处理效益分析

1. 经济效益

（1）高浓度废水运行成本核算，高浓度废水治理运行费用约为 3.636 元/t 水。

表 1 高浓度废水运行成本核算表

序号	成本项目	吨水用量	总量/d	单价	总额/（元/d）	备注
1	人工费	—	—	3 000/月	100.00	共定员 2 人
2	电费	—	1 003.2 kW·h	0.80 元/（kW·h）	802.56	—
3	PAC	0.30 kg	0.12 t	2 200/t	264	—
4	PAM	0.04 kg	16 kg	15 元/kg	240	—
5	硫酸亚铁	0.15 kg	0.06 t	800 元/t	48	—
6	合计				1 454.56	

（2）低浓度废水运行成本核算（1 100 t/d），低浓度废水治理运行费用约为 1.759 元/t 水。

表 2 低浓度废水运行核算表

序号	成本项目	吨水用量	总量/d	单价	总额/（元/d）	备注
1	人工费	—	—	3 000/月	100.00	共定员 2 人
2	电费	—	919.2 kW·h	0.80 元/（kW·h）	735.2	—
3	PAC	0.25 kg	0.275 t	2 200/t	605	—
4	PAM	0.03 kg	33 kg	15 元/kg	495	—
5	合计				1 935.2	

（3）中水处理运行成本核算（700 t/d），中水处理设施运行费用约为 1.0 元/t 水。

（4）综合后废水处理成本约为 2.727 元/t 水（含中水处理），日运行费用约为 4 089.76 元。

（5）中水站日产水 700 t，现水费约 4.2 元/t 水，中水处理成本约 1.0 元/t 水，中水运行后日可节约 2 240 元，年节约费用 67.20 万元（按 300 天/年计），年减少污水排放 21 万 t（按 300 天/年计）。

2. 社会环境效益

浙江芬雪琳针织服饰有限公司染整废水处理及中水回用工程建设后，是改善区域生态环境、保障人民身体健康、造福社会的环境保护工程，主要工程效益就是环境效益。同时，污水站的建设将有效地防止纳污水体水质的恶化，保护水体资源。

浙江省杭州市临安区农村污水提标改造与第三方运维项目

浙江双良商达环保有限公司（以下简称"双良商达"）成立于 2000 年，深耕于农村污水细分行业 17 年。

作为中国农村污水技术品牌服务商，双良商达提供规划设计、建设、运营的"设备+全方案"服务。自 2017 年以来，双良商达已累计为全国 1 万多个行政村 310 万户居民提供污水治理服务，运营全国 20 个区县的 2 万个站点。

作为国家高新技术企业，双良商达旗下水环境研究院，拥有江南大学伦世仪院士工作站、省农村环境专委会、浙江农林大学联合实验室等多个创新交流平台。院士工作站依托江南大学微生物学科国家重点实验室以及浙江农林大学中试基地，就农村水环境关键技术进行研发创新。

多年来，双良商达先后在浙江德清、贵州仁怀、湖北黄州、青海贵德等建立了省级示范项目。2014 年、2015 年，浙江省"美丽乡村"现场会；2015 年，四川省美丽新村现场会；2017 年，浙江省农村污水运维现场会；2018 年，湖北省"厕所革命"现场会；2019 年，中国农村和小城镇水环境治理论坛等纷纷选择参观双良商达示范站点。2019 年，在 E2O 的村镇污水处理年度盘点中，双良商达农村污水处理总规模、设备供应总规模居全国第一位。

双良商达定位为以技术品牌为核心的服务商，同北控水务、中建水务、京蓝集团、中广核、山东公用、佛山水业等 10 多家国企、央企建立了战略合作，共建美丽乡村，实现美好生活。

案例介绍

一、项目名称

浙江省杭州市临安区农村污水提标改造与第三方运维项目。

二、站点概述

2017 年，临安区在浙江首个提出创建全域村落景区。按照"市场化、专业化、智能化"的思路，开展农污提标及第三方运维工作，项目涉及太湖源镇等乡镇农户约 6 万户。双良商达为政府提供"设备+全方案"服务，探索建设村落景区农村污水处理 4.0 模式。

指南村项目是临安区农村污水提标改造与第三方运维项目的示范项目，该村位于太湖源头的南苕溪之滨，为饮用水水源保护区，海拔近 600 m，是一座有着数千年历史的古村。村子左右两侧分布着 470 余亩梯田，被称为华东地区最美古村落之一。针对村内农家乐众多的特点，项目引入了现代发酵技术强化脱氮除磷效率，采用双良商达标准化 FBR 发酵槽，并用物联网技术实现了模式化智慧运行，出水稳定达到《城镇污水处理厂污染物排放标准》（GB 18918—2002）一级 A 标准，深度处理后杂用水用于冲厕和绿化等资源化利用。站点景观设计，充分融合了山地的特征，草木沙石就地取材，采用"微园林"造景手法，探索建设村落景区污水处理 4.0 示范点。

三、工艺介绍及特点

当前，农村污水富营养化日趋严重，氮磷的去除成为一项重点和难点。本项目采用改良 A/A/O+发酵强化+生态滤池技术相结合的工艺。

改良 A/A/O 工艺是一种污水生物处理高效脱氮除磷技术，通过生化系统中多种微生物种群的有机结合，能够在去除有机物的同时，取得较好的脱氮除磷的效果。

农村污水典型的特点是水质水量波动大、C/N 低。本项目将现代发酵技术引入农村污水中，采用江南大学院士工作站研发的发酵强化技术来增强生化系统中微生物的活性，使用成本约增加 0.1 元/t，通过强化处理，可减少因水质、水量、温度等外界因素变化对生物处理效率的影响，从而满足达标率 90%的要求。

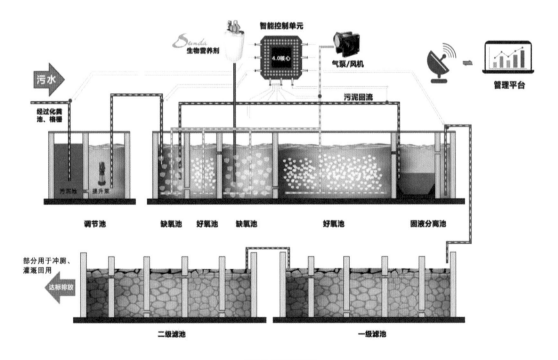

项目工艺流程

四、技术创新

双良商达临安农村污水提标改造及第三方运维项目主要有四个方面的创新：

1. 引入发酵强化技术提升农村污水达标率

目前，农村污水处理大多仍然采用传统的发酵技术，而现代发酵技术采用高通量筛选、分子生物学等手段，已在生物制药、功能营养品等领域的高端产品有成熟的应用。双良商达通过学科交叉创新，将其引入农村污水处理中，显著提高了除磷脱氮效率。典型菌种（CCTCC NO：M2017540、CCTCC NO：M2017541、CCTCC NO：M2017542、CCTCC NO：M2 017 543 等）被中国典型培养物保藏中心保藏 30 年。

2. 采用耐用 30 年的 FBR 发酵槽提高标准化水平

农村污水行业处于发展初期，技术、标准尚不成熟。本项目引入双良商达耐用 30 年的 FBR 发酵槽，显著提升设备除磷脱氮效果及标准化水平。本设备融入了双良商达 15 年多的行业积累以及 100 万户规划设计、60 万户设备供货、100 万户运维管理的项目实践。

3. 应用物联网技术提高农村污水管理效率

农村污水点多、面广、量大，后期运维管理成为一个困扰行业多年的难点。2009 年，双良商达率先将物联网技术应用到农村污水管理上；2012 年，在无锡锡山区 700 座站点打包管理实践应用；2014 年，在浙江德清"五水共治"首个区县打包治理项目中应用；2019 年，通过临安项目的实践，进一步探索了模式化智慧运行，提升了智慧化管理水平。

4. 探索应用生活化"枯山水"提升村民获得感

农村污水治理的首要目标是改善农村的人居环境。临安项目站点景观设计，充分融合了山地的特征，草木沙石就地取材，采用生活化"枯山水"造景手法，一方面可以做到低成本、免维护（省去了拔草等维护工作，一场大雨过后，站点一洗如新）；另一方面又能满足改善农村环境的需求，简洁美观，与村庄融为一体，和谐共生，提升村民的获得感。

本项目实施充分与科研项目相结合，通过创建国家重大科技专项《村镇生活污水分质处理技术装备研发与治理模式构建》以及浙江省重大科技专项《村落景区生活污水提标处理成套设备及智慧运行研究与开发》的示范项目，提升改造效果。此外，"利旧"和"回用"是项目的一大特色。如太湖源镇指南村站点，充分利用了原有的设施。出水用于公厕冲厕及周边农田灌溉，污泥同餐厨垃圾资源化利用制成农家肥。

五、社会效益

环境问题是决定村落景区品质等级优劣的第一指标，而村落景区污水问题又是决定环境的最主要因素，其污水特征及处理存在典型的问题。浙江省从 2003 年开始实施"千万工程"，经过 15 年的治理，取得了丰硕的成绩。2017 年，进入万村景区化的新"千万工程"阶段，村落景区污水的特点及高要求标准，给其处理带来了重要的问题。

通过本项目的实施，探索实践出一套低成本、高效率的处理技术工艺、智能化设备以及智慧化管理系统，为村落景区生活污水治理积累了一定的经验，对浙江省新"千万工程"乃至全国的乡村振兴起到了积极的推动作用。

六、改造后的实景

苏州市平江河道景观水治理项目

中建环能科技股份有限公司（以下简称"中建环能"）是隶属中国建筑集团有限公司的上市环保企业，提供优质的环境保护服务，追求环境改善，以磁分离水体净化技术为传承，致力于成为世界先进的环境集成产品和解决方案提供商。

中建环能秉承上善治水之理念，在流域综合环境治理、市政水环境治理、钢铁水环境治理、煤炭水环境治理、绿色工业等领域，采用 ELS、EPC、BOT、PPP 等模式为客户提供涵盖产业投融资、技术研发、咨询设计、设备制造、施工建设、运营管理等全过程服务。公司注册资金 6.76 亿元，旗下有 27 个分支机构，1 500 余名员工。

中建环能紧跟党和国家政策，构建开放共赢的合作体系，在核心价值观"厚德创新、品质保障"的引导下，聚焦绿色发展，以融合通达的姿态奋斗幸福，用精益求精的品质创造价值，实现人与自然和谐的梦想。

案例介绍

一、项目名称

苏州市平江河道景观水治理项目。

二、项目概况

平江历史街区位于苏州古城东北隅，东临外环城河，西至临顿路，南起干将东路，北至白塔东路，面积约 116.5 hm^2，是苏州现存最典型、最完整的古城历史文化街区。至今，平江历史街区保持着路河并行的双棋盘城市格局，保留着小桥、流水、人家以及幽深古巷的江南水城特色，积淀着深厚的文化底蕴，聚集了极为丰富的历史遗迹和人文景观。平江历史片区河道保障项目，是通过周期性轮流开关沿线闸门，由平江河水系调控支流水质，恢复水体自净能力的河道景观水治理工程。在苏州平江古镇景观水环境治理实践中，通过采用超磁分离水体净化技术大幅改善平江景区水质，以精艺焕水乡古城新貌。中建环能在河道、景观水治理领域持续探索与实践，追求技术创新，改善人居环境。

三、项目规模

本项目主要治理区域从南边苑桥到北边临顿桥，以平江河为主干，涉及流域 2.5 km，沿线 6 条支河，建设内容包括 2 套 25 000 m^3/d 超磁分离水体净化设备。

四、技术特点

（1）处理时间短、速度快、处理水量大。磁盘瞬间产生大于重力600多倍的磁力，处理效率高、流程短，总的反应处理时间仅需3～5 min。

（2）出水水质好。可实现SS去除率大于90%以上，藻类去除率大于90%以上。

（3）排泥浓度高。磁盘直接强磁吸附污泥，连续打捞提升出水面，通过卸渣系统得到的污泥浓度高，可直接进入脱水处理。

（4）运行费用低。采用微磁絮凝技术，投加药量少，且磁种循环利用率高，运营费用低。

（5）日常维护方便，自动化程度高。

五、项目优势

本项目实施前，苏州平江河藻情生境隐患较突出，周边市政站点施工等因素影响平江片区水质，此外，由于人口和建筑物密集，项目施工面临用地难题。采用超磁分离水体净化站撬装式设备处理后，在一系列综合治水手段的助推下，平江河水体水质将得到进一步提升，透明度普遍提升1 m左右，总氮明显下降，大大提升了群众的获得感和幸福感。

六、工程创新

作为苏州重点打造的生态清水河道之一，平江历史片区水环境治理工作难度大、复杂性高，近年来水环境整治投资高、力度大，政府部门更提出希望将平江历史片区打造成水环境治理的最高标准，加快构建水清岸绿的生态水网体系。在本项目实施过程中，采取先进的、创新的水环境治理模式和一系列应急保障措施，精准地克服了时间紧、占地有限等难题，并在苏州市水务局支持下得以精细化实施，保质保量地完成了工程建设，还原江南水乡河道的历史风貌。清水入城来，碧波绕古城。

土壤修复类

合肥市原红四方化肥厂原址场地治理修复工程

北京高能时代环境技术股份有限公司（以下简称"高能环境"）脱胎于中科院高能物理研究所，是国内最早专业从事固体废物污染防治技术研究、成果转化和提供系统解决方案的国家级高新技术企业之一。2016 年，公司入列国家企业技术中心；2017 年，公司核心技术获评国家科学技术进步奖二等奖。

经过近 30 年的沉潜，高能环境以技术创新推动产业转型升级，形成了工程承包与投资建设运营相结合的经营模式。业务范围囊括环境修复和固体废物处理处置两大领域，形成了以环境修复、危险废物处理处置、生活垃圾处理为核心业务板块的综合型环保服务平台。旗下汇集了 87 家分子公司，实现了集团规模化、业务多元化发展，是一家具有卓越竞争力的环保行业领军企业。

公司目前与国内外知名的科研院所及环保企业建立了长期的战略合作关系，并获批成立"中关村科技园区海淀园博士后工作站分站"及"院士专家工作站"。公司拥有高素质的专业从事环保技术研发、咨询的技术团队和环保工程服务管理团队；培养了一批经验丰富、获得国内国际认证的高级技师。截至目前，高能环境拥有 336 项专利技术和 21 项软件著作权，主、参编 78 项国家、行业标准和技术规范，完成千余项国内外重点环保工程，并荣膺"全国优秀施工企业"。其中，苏州七子山垃圾填埋场扩建工程获评"全国市政金杯示范工程"；苏州溶剂厂土壤修复项目成为全国污染治理修复的标杆；腾格里沙漠环境治理项目树立了中国环保行业应急处理的典范。

≫ 案例介绍

一、项目名称

合肥市原红四方化肥厂原址场地治理修复工程。

二、项目概况

合肥市原红四方化肥厂占地面积约 590 亩，由中国盐业总公司控股，曾生产的主要产品有合成氨、尿素、复合肥、碳酸氢铵、纯碱、三聚氰胺等化学物品。场地调查及风险评估结果显示，部分土壤中苯并[a]芘、二苯并[a,h]蒽存在致癌风险，氨氮、重金属（镉、铬、锌）存在非致癌风险；地下水和地表水中的氨氮、总磷、硝态氮、亚硝态氮等污染物存在一定的环境污染风险。2020年启动场地治理修复，氨氮污染土壤采用异位常温解吸修复、多环芳烃污染土壤采用异位热脱附修复、重金属污染土壤采用异位固化稳定化修复、地表水/上层滞水/潜水通过管道泵送到现场一体化水处理设备修复，项目施工期为360日历天，要求在规定的服务期限内，完成土壤及地下水污染修复工作，未来将规划为商住用地。

三、项目规模

土壤总修复方量约 114 283.96 m³，最大污染深度 10 m。其中，异位常温解吸技术修复氨氮污染土壤方量约 90 095.95 m³，异位固化/稳定化技术修复重金属污染土壤方量约 13 560.6 m³，异位热脱附技术修复多环芳烃污染土壤方量约 10 627.41 m³。异位抽出处理地表水、上层滞水及潜水方量约 229 494 m³，地下水长期管控范围约 135 881.67 m²。

四、技术创新

为配合场地规划要求，将污染土壤及地下水的修复方法限制为异位修复，并清除地表积水和浅表滞水，以便场地后期开发。总体修复技术路线遵循了安全性、技术有效性、经济合理性、施工可行性的原则。

（1）氨氮污染土壤采用利用土壤中氨氮易挥发的特点，常温下通过翻抛设备对污染土壤进行强制扰动，必要时向污染土壤中均匀混入常温解吸药剂，增加土壤的孔隙度，使吸附于污染土壤颗粒内的氨氮解吸和挥发，并最终通过密闭车间配备的通风管路及尾气处理系统得以收集去除。

（2）多环芳烃污染土壤通过异位间接加热，将污染土壤中的多环芳烃加热至其沸点以上，通过控制系统温度和物料停留时间有选择地促使污染物气化挥发，使目标污染物与土壤颗粒分离、去除，挥发出来的气态产物通过收集和捕获后进行净化处理。

（3）重金属污染土壤异位固化/稳定化修复，修复达标后在场地内集中阻隔回填，阻隔回填区结合用地规划定于原场地规划绿地或道路下方，避免后期再开发活动造成的扰动，并开展长期环境监测保证风险管控效果。

（4）地表水、上层滞水及潜水通过抽提井、集水井、集水坑等汇集后，通过管道泵送到现场一体化水处理设备处理，达到市政污水管网接收标准后纳管排放。

五、工程创新

场地周边均为商业居住或行政办公用地，敏感点较多，为减轻作业过程中对周边敏感点的影响，场地全封闭作业，加强扬尘和异味管理。

（1）重污染区通过建设移动密闭大棚，密闭式开挖，污染土壤随开挖随转运，通过密闭式运输车辆转运到密闭负压大棚内集中处置；

（2）大棚内所有废气通过管道收集系统和尾气处理系统处理达标后排放；

（3）场地受污染地表水、上层滞水及潜水通过管道汇集到一体化水处理设备调节池，调节池采用柔性浮动盖，减少气味扩散，处理达标后纳管排放。

另外，考虑到场地后期用作商住用地开发，本项目选择修复周期短、修复效率高、过程易控制的原地异位修复模式，针对土壤氨氮、多环芳烃、重金属及污染地下水分别设计针对性修复工艺，土壤氨氮、多环芳烃及地下水污染物通过异位修复分离去除污染物，彻底消除其环境及健康风险。土壤重金属通过异位固化/稳定化+集中阻隔回填进行风险管控与修复，阻隔回填区采用刚性钢筋混凝土+柔性 HDPE 膜组合防渗，并建设监测井进行长期环境监测。

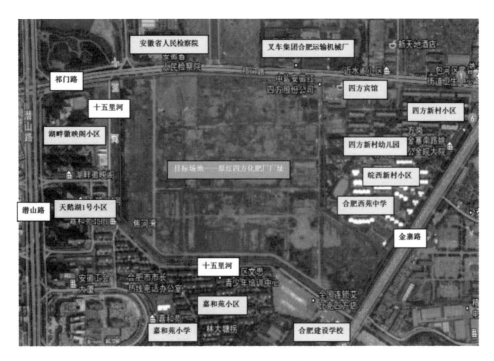

场地周边 300 m 范围内敏感点分布

六、效益分析

本项目顺利实施后，对于改善环境质量、维护饮用水水源安全、保障人民群众身体健康意义重大，并将有力地促进社会经济可持续发展，有利于城市土地功能区布局的变动与调整，实现土地增值。

原江西日久电源科技有限公司
地块污染土壤修复项目

浙江环龙环境保护有限公司成立于 1992 年，总部设在杭州，是一家集战略—规划环境影响评价、建设项目环评影响评价、污染场地调查与风险评估、生态规划及各类环保咨询、监理、核查、验收以及环保"三同时"制度的污水、大气、土壤污染防治的设计、工程总承包、运营于一体的省级综合服务商。

公司团队以硕士、博士、博士后等高学历人才为主，锻炼和造就了一支高素质的技术骨干队伍和优秀的管理干部队伍。目前，公司技术队伍拥有一批省市级专家库专家、高级工程师、工程师，技术人员专业涵盖水文地质学、物化探、土壤学、应用化学、环境工程等，持证上岗率达到 100%。管理干部队伍中包含资深环保管理工作者、军队武警专业干部、律师、企业法律顾问、注册会计师等。

历经近 30 年的发展与壮大，公司现已拥有多项资质，承接大小项目近万余项，在相关领域积淀了丰富的工程实践和行业经验，尤其对环保行业疑难杂症的处置有很强的技术能力和核心思想，多项工程得到行业和媒介的好评，并与业界多家知名企业、事业单位达成战略合作关系，其中包含了法国境哲集团、省政府官方网站浙江在线、钱塘新区新湾街道、云南省有色地质局地质地球物理化学勘查院等。

》》案例介绍

一、项目名称

原江西日久电源科技有限公司地块污染土壤修复项目。

二、项目概况

原江西日久电源科技有限公司地块污染土壤修复项目位于江西省抚州市东乡经济开发区（省级）东山科技工业园，西邻东临工业大道，南邻东红工业大道，面积为 120 928 m^2，其中污染土壤修复总面积为 12 726.63 m^2，修复总方量为 15 526.875 m^3，污染因子为铅和砷。该地块污染特点为铅、砷超标严重，污染面积大，且存在大量含铅危险废物，因此修复工程在技术上、经济上存在重大挑战。

本项目于2019年7月26日正式开始施工，2020年4月10日撤场，2020年6月22日一次性通过由江西省生态环境厅组织的效果评估验收会。

三、技术特点

根据铅、砷污染物的理化特性，结合建设方作为房产开发商的自有优势，通过综合分析调研，本项目最终确定了原地异位固化/稳定化处理，异地消纳的工艺。

本工程主要技术特点如下：

（1）工作模式：采用前期场调资料为参考+多水平样品小试确定基本投加比+结合现场快筛按浓度给药+实验室验证调整+分批次实施的创新工作模式。

（2）处置场地建设：因地制宜充分利用原有钢筋混凝土硬化地面，经整修完善二次污染防控措施后作为处置场地。

（3）药剂选择：根据污染物特性及消纳方式，选择效果好、环境友好药剂配方，并通过小试进行验证优化。

（4）药剂/污染物配比：根据小试结论确定了初步的配比，再通过分批处理和验证，不断优化配比值和处置工艺，实现了药物投加与二次污染防控双赢。

（5）突发事件预案与应急处置：施工过程中发现危险废物，根据施工方案中的预案第一时间停工并保护现场，主动与建设方一起通知属地环保部门，依法依规对危险废物进行处置。

（6）修复后土壤资源化消纳利用：调查对比了矿坑、垃圾填埋场、做路基等多个消纳方案，最终确定了路基方案。选用路基方案与建设方自有优势高度契合，即建设方另一工业园区道路建设需要外来土填高。考察工业园区道路消纳条件，路基高于周边地面及地下水位，消纳后二次污染风险小，满足消纳规范要求；距离污染场地仅400 m，运输费用低，沿途二次污染风险小。选用路基方案既节省了修复后土壤处置费，又节省了园区建设路基买土费用；既消纳了修复后土壤，节省了投资，又实现了修复后土壤的资源化利用，避免了将修复后土壤作为废物直接处置掉的浪费资源行为。

四、项目优势

在本项目实施过程中，浙江环龙环境保护有限公司从工程组织实施、修复药剂选择研发与试验、二次污染防治等多方面进行全方位论证优化，为确保项目成功奠定了坚实的基础；与建设方紧密联系，从处置场地建设、修复后土壤的消纳途径等方面进行深入沟通，为实现建设方要求的投资省、效益好、工期短、无后患的目标而因地制宜、全面统筹地制定针对性的施工方案并施工；同时发挥环龙集团工程咨询一体化综合平台应对突发事件的优势，与属地环保部门就施工中突发危险废物的研断与处置等程序法规符合性等问题上主动、及时、积极沟通，既避免了危险废物扩散污染的重大环境风险，也消除了环保违法的重大法律责任，为建设方如期顺利开发地块做出了重大贡献，得到建设方的充分认可。

五、工程创新

为了合理有效地利用修复药剂，既保证修复效果，又防止过量药剂造成二次污染，确定了以前期场调资料为参考+多水平样品小试确定基本投加比+结合现场快筛按浓度给药+实验室验证调整+分批次实施的创新工作模式。

本工程具有污染区块分布不规整、污染物浓度差异大的特点。针对此情况，首先根据污染物的浓度分布现场采集了多个污染水平土壤样品作为小试样品；然后针对每个样品采用了不同药剂、不同配比的多系列试验，获得不同浓度下的推荐药剂配比；现场施工配药时，对不同的区域，除以调查数据作为参考依据外，还结合现场 XRF 快筛数据，实现不同区域的精确给药；为验证给药方案有效性，对处理保养完成的土壤样品按效果评估规范进行采样自检，根据自检结果对给药方案和处置工艺进行微调；分批次进行修复处置，对前一批次的修复效果，经研究优化后应用于后序批次，使修复水平不断提高。

六、效益分析

通过采用创新的工作模式，既节约了施工的药剂使用量，又减少了对环境的二次污染。

通过与建设方优势的高度匹配，对处置后污染土壤消纳途径进行优选，消纳运输路途短，既节约了运输费用，减少了沿线的二次污染风险，又避免了消纳土壤二次污染的风险。同时又变废为宝，还节约了污染土接收费用和建设路基购买土方费用。

通过对突发危险废物的及时发现和依法处置，避免了建设方危险废物处置不当的严重环境风险和法律风险，避免了危险废物混入处置土壤带来的巨额处置费用，避免了消纳场地的二次污染风险。

本项目一次性通过效果评估验收，为开发商尽早进行房产开发实现经济效益创造了良好条件，为周边居民消除环境污染影响、安居乐业创造创了良好的社会效益。

扎哈淖尔煤业公司露天煤矿排土场生态修复治理项目

国家电投集团远达环保股份有限公司（以下简称"远达环保"）是国家电投集团唯一的节能环保产业平台、"国家电投环保产业创新中心"牵头组建单位、A 股上市公司，是中国工业烟气综合治理、催化剂制造等领域的领军企业，业务范围涉及工程建设、投资运营、产品制造、科技研发及服务等领域，业务遍及全国 30 个省（市、区）及印度、土耳其、印度尼西亚等 7 个国家。2017 年、2018 年连续两年获得的脱硝工程订单均位居全行业第一，脱硫工程订单均位居第二。

2019 年，公司实现营业收入 40.68 亿元，实现利润总额 1.9 亿元，实现市场中标 30.16 亿元，均创造历史新高。截至目前，公司资产总额 98.64 亿元，资产负债率为 44%。

公司是国家创新型企业、国家高新技术企业、国家地方联合工程研究中心、国家企业技术中心，设有院士专家工作站、博士后科研工作站，拥有国内最大的原烟气净化综合实验基地、国际国内认可的催化剂性能检测中心、自主知识产权的万吨级 CO_2 捕集装置等多个国家级科研平台。

公司在大气治理领域拥有 42 项自主知识产权技术、346 项授权专利、11 项软件著作权，获国家及省部级奖励 100 余项。其中，"燃煤电厂烟气催化剂脱硝技术再生研发及应用"获得 2015 年度国家技术发明奖二等奖。

公司是中国烟气污染治理产业技术创新联盟理事长单位、中国环保产业协会副会长单位、中国电力环保标准化委员会副主任委员单位、中国标准化协会理事单位，主持和参与编制了国家燃煤烟气污染治理标准及行业标准共 25 部。

案例介绍

从规划设计到施工建设和项目运行全过程，通过多种跨行业技术的创新、优化，构建了完整的北方高寒地区瘠薄排土场生态系统修复技术体系，生态效益、社会效益显著，深入践行了"两山理论"，可有效推进我国露天煤矿、非煤矿山的绿色矿山建设。

一、项目名称

扎哈淖尔煤业公司露天煤矿排土场生态修复治理项目。

二、项目规模及概况

项目为北方高寒地区瘠薄土壤的生态系统修复，生态修复面积计 11 876 亩，工程总造价 1.51 亿元。项目生态系统修复的对象为露天煤矿排土场，地处内蒙古东部，属半干旱大陆性气候，冬季漫长寒冷，最低气温近 –40℃，年均降水量 358 mm。项目区域地形多样、地面高程最大相差在 200 m 以上，涉及土类 10 余种，部分为煤矸石、砾石土，排土场自然沉降、成土作用年限短，各类养分贫瘠，生态修复的立地条件总体较差。

项目根据区域的现状生态环境、土壤环境、水环境质量调查和监测，最终确定了具体的生态系统修复方案，通过地形重塑、土壤改良、供水灌溉、水土保持等工程措施和植被恢复措施的实施，露天矿的表土、废渣得到生态治理，矿井疏干水有效利用，企地协商、生态环境治理和监测等有关机制进一步健全，矿区的绿化面积、覆盖度、复垦率等指标大幅提高，陆域植物—动物—微生物食物链及生态系统快速恢复，职工和群众满意度显著提升，高效助力了区域绿色矿山建设。

三、技术特点

针对高寒地区生态恢复治理存在的难点问题，项目通过实地调研和大量土壤、物种相关数据收集，并结合实验室开展模拟自然环境种植实验，项目采用的技术体系具有以下几个特点：

（1）科学施策、标本兼治。在充分调查监测区域生态特征及矿区排土场生态环境现状的基础上，科学制定了生态修复工程技术方案，注重工程技术时效，及时解决突出生态问题，防范生态风险，同时注重提升生态系统的服务功能，实现人工修复逐步转向自然恢复。

（2）统筹兼顾、分类实施。基于生态系统完整性，突出生态修复治理重点，明确轻重缓急和优先顺序，抓好生态破坏的重点治理区和重点治理工程，逐步实现生态环境的全面改善。

（3）科技创新、示范引领。综合矿区自然、经济及社会条件，集成创新了现有矿山生态修复技术，因地制宜地制定了生态修复技术体系，具备一定的示范引领效应。

四、项目优势

项目探索了排土场近自然地形构建模拟技术，运用生物修复技术改善土壤养分和结构，根据本土植被演替规律建立适于当地气候的顶级群落类型，同时引入边坡处理、微生物菌剂等行业的新技术、新方法在项目中应用，快速促进了排土场生态系统的恢复和自然演替，修复后的排土场已初步实现"自维持、免维护"的自然生态系统。

五、工程创新

水土保持工程方面，利用近自然地形模型结果，对排土场进行地形重塑，底部周边设置拦挡工程并修建储水设施，坡面设置纵向排水沟和横向截水沟，平台顶部边缘修建圩埂，不仅实现坡面安全、防风固沙和景观美化，还形成了外排内蓄的大气降水管理系统。同时，配套建设水池、泵站、管道，形成喷淋、滴灌系统，保证植物生长用水需求。具体工程措施方面除采用了常规的浆砌石排水沟、排水管、沉砂池、集水井等设施外，还应用了新型的三维网生态截排水沟、生态袋截排水沟。

植被恢复重建方面，秉承"既见时效、又保长效"的治理思路，充分结合生物与生态因子间的相互关系，生态系统的演替规律，物种的共生、互惠、竞争、对抗关系等，依据生态学的相关理论与方法，筛选配置了禾本科、豆科、菊科先锋植物 16 种，均为适合本地区生长环境的一些耐旱、耐寒、根系发达、固土能力强的乡土物种，其中一年生植被来年可作为多年生植被的绿肥。

具体工程措施方面，对部分地段应用了多功能微生物快速复绿技术，针对部分高边坡地块引进了混合纤维客土喷播复绿技术，同时实现了治理区多种节水灌溉方式的自动化、智能化。

六、效益分析

项目实施后，治理区的水土流失治理度达到 95%，生态修复治理率达到 100%，区域生物多样性快速丰富，草原生态系统食物链初步形成，区域生态环境承载力有效提升，促进了地方经济的可持续发展，项目生态效益显著；项目通过排土场的生态治理，改善了区域大气环境质量、生态环境质量和景观质量，有力地促进了矿区职工和广大群众的身心健康、提高了社会公众满意度，进一步促进了企地和谐，同时项目解决了当地部分劳动力的就业问题，社会效益显著；项目通过地质环境治理、土地综合整治、生态修复治理等综合手段，将逐步打造成具有矿山特色的露天煤矿绿色产业综合片区，包括矿山修复展示区、经济作物和绿色产业双创区等，最终达到"宜耕则耕，宜林则林，宜草则草，宜景则景"的土地复垦效果，具备一定的经济效益。

淄博市临淄区辛店街道污染土壤修复应急项目

浙江绿垚生态环境有限公司（简称"绿垚生态"）成立于 2017 年 1 月 5 日，位于浙江省杭州市富阳区富春街道江滨西大道 57 号，企业资信等级为 AAA 级，注册资金 1 亿元，年产值 5 000 万元。绿垚生态是一家集工程总承包、技术设备研发以及环境技术咨询于一体的"一站式"服务型生态环境公司。

绿垚生态成立至今，一直致力于污染土壤生态修复技术的研究和推广应用。截至目前，先后完成了杭州某区土壤污染修复项目、河北某化工场地修复项目、山东某化工场地修复项目、浙江某搬迁企业场地修复项目、江西某企业用地修复项目等施工项目以及多个污染场地调查咨询项目，累计完成土壤修复近 60 万 m^3。绿垚生态现有技术人员 20 名，硕士学历研究人员 3 人，中高级职称人员 5 人；先后完成发明专利和实用新型专利申报 30 余件，其中已授权实用新型专利 8 件、发明专利 1 件。作为行业内土壤修复类公司，公司具有油泥一体化处置技术，重金属污染土壤玻璃化修复技术，原位注射，稳定化、固化等多种土壤修复技术，历经多年发展，绿垚生态也具有相应的技术配套和售后服务，这为公司今后的发展提供了强大的助力。

》》案例介绍

一、项目名称

淄博市临淄区辛店街道污染土壤修复应急项目。

二、项目概况

本项目进行土壤修复的区域主要集中在原生产车间基坑区域，占地面积约为 1.3 万 m^2，修复场地东面为农田，修复场地北面、南面、西面都为村庄，污染类型为总石油烃污染（C_{10}—C_{40}）。本项目污染场地深度为 0～8 m，总修复土方量约为 8 300 m^3，场地内石油烃最大超标倍数分别为 2 倍、10 倍、50 倍、80 倍，污染较严重，经初步估算本项目工程总投资约为 7 192 835.71 元。

本项目的施工程序如下：

（1）将污染土壤短驳至土壤处置工棚中，根据土壤特性和土壤中建筑垃圾对后续施工的影响，先对土壤进行预处理。预处理工作主要包括土壤筛分、破碎、土壤改良等工序。

（2）项目设计的土壤处置技术为异位氧化处置工艺，根据场地土壤污染物检出情况及有机质含量等因素，对本地块内的污染土壤采用氧化药剂（3%～5% 的过氧化氢）异位氧化处置，按照前期中试得出本地块内的污染土壤投加药剂量为 2%～5%，而在实际施工过程中具体投加量根据现场实际情况确定；同时在施工过程中污染土壤采用本单位自行设计的快速处理污染土壤的清洗装置对其污染土壤和药剂进行搅拌处置，使污染土壤和过氧化氢充分混合及接触，从而实现本地块内污染土壤的异位氧化处置。

（3）经装置内处置后的污染土壤转移至静置区域内静置反应 3～5 d，待后续进行自检或验收。

（4）对异位氧化处置土壤采样检测，检测指标为污染土壤特征污染指标（石油烃），土壤堆体自检采样数量按照不大于 500 m³/个进行采集，若是自检结果小于等于修复目标值，则土壤修复治理自检合格，可以申请修复验收；若是自检结果大于修复目标值，则土壤修复治理自检不合格，需要进行再次修复处置，直至自检合格为止。

三、项目优势

项目最大的项目优势是施工过程中全程采用绿垚生态自主研发的化学氧化药剂和污染土壤的清洗装置进行现场施工，可有效减少本项目的经济成本，提高经济效益。

从项目成本分析得出本项目中标价格约为 710 万元，而整个项目的实施全程使用绿垚生态自主研发的药剂和清洗装置，因此本项目利润较为可观，经计算本项目毛利润可达到400 万元，因此本项目产生了较好的经济效益。

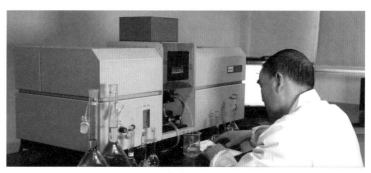

浓之湾立体环保与抗病一体化模式应用项目

浓之湾生态农业邯郸市肥乡区有限公司（以下简称"浓之湾"）成立于 2011 年，致力于农业生态环保的研发和建设，经多年研究试验，成功建成了 70 亩地的"立体环保与抗病一体化模式"，可同时解决零散养殖与工厂化养殖的环保问题、土壤板结问题和食品安全问题。在此项目技术研发过程中，浓之湾已获证实用新型专利 3 项，新受理的发明专利 3 项，国际专利组织 PCT 1 项，中国香港地区、欧、美、日、韩等农业发达国家与地区的专利均申请受理。2015 年通过了国家科技成果评审，进入国家中小企业项目库，列入科技成果进一步推广。

浓之湾十年磨一剑，布下的国内与国际专利池，将与资本结合，与有健康事业心的人结合，能够很快做大做强，也为人类的健康水平更上一个台阶，为国家医疗负担减去一个台阶，使养殖行业真正环保化、生态化、无害化，人与动物和谐生存，改变人工药物刺激对抗畜禽而产生的不良后果，满足人类对美好生活的需求。

 **案例介绍**

一、项目名称

浓之湾立体环保与抗病一体化模式。

二、项目概况

随着改革开放一路走来，肉和蛋的食品生产力进一步放大，已基本解决了温饱问题；并且部分人群已营养过剩，但伴随而来的副作用却是畜禽养殖业污染物超标排放，以及年近 100 亿元禽兽药的使用，大量的抗生素残留通过食物链进入人体，造成免疫力下降，极大地增加了国家的医疗负担。

人们对美好生活的追求，健康是首位，远超欧盟食品安全标准世界顶级品质的肉和蛋就是浓之湾的奋斗目标，通过 10 年自主知识产权研发，采用小微生物在下层，畜禽养殖在上层，植物从下层生长到上层的生态循环模式，控制了病菌病毒的扩繁与传播，不使用任何禽兽药解决了禽流感和非洲猪瘟等畜禽病源。

紧邻的种养结合，使畜禽粪污经小微生物处理后，就地种植，实现了农场养殖粪污不出门、零排放，从而解决了土地板结问题，真正做到了藏粮于地。

三、项目规模

浓之湾注册资金 100 万元，固定资产 1 000 万元，已在公司 70 亩农场内建成 1 万 m^2

鸡舍和 2 万 m² 猪舍核心示范基地。

四、项目优势

自改革开放以来，人们正由吃饱改成吃好走向吃出健康，采用浓之湾环保与抗病一体化模式产出的畜禽产品，正符合大健康这一趋势，民营 500 强养殖行业不少，但将肉、蛋、奶做成世界顶级质量的却没有，浓之湾十年磨一剑，布下的国内与国际专利池，将与资本结合，与有健康事业心的人结合，能够很快做大做强，也为人类的健康水平更上一个台阶，为国家的医疗负担减去一个台阶，使养殖行业真正环保化、生态化、无害化，人与动物和谐生存，改变人工药物刺激对抗畜禽而产生的不良后果，成为真正人类美好生活的需要。

五、项目创新

1．物理与生物形成立体结构的防护防疫双防模式

野生动物无医无药也能健康生存，是因为它们在 A 地排泄粪污，在 B 地寻吃食物，商业化的驯养把它们集中围在一个场地里，密度较大，便导致了由微生物利用粪污聚集扩繁，就近侵害畜禽的恶性循环。工厂化养殖虽然粪污掉在运输皮带或刮板上，但根本刮不净，特别是用水冲洗后，潮湿的硬表面会产生大量的霉菌，霉菌利用粪污分解代谢，产生硫化氢、氨等大气污染物即工厂化养殖车间里的恶臭。冲入沼气池的粪污经发酵后，干物质分离后制成有机肥，但大量的废水不能及时地灌溉到农田里，废水里霉菌产生的霉菌毒素就无法通过太阳光分解。有些人偷排、渗排到地下水系（霉菌毒素属于一级致癌物）造成危害。同时霉菌扩繁产生的生殖因子以气溶胶形式传播，进入畜禽气道食道产生炎症等多种病症。散养动物在一定的圈内产生的粪污和地面上的霉菌，也产生同样的作用。浓之湾采用格栅按物理方法分成上下两层，在最下层养殖蚯蚓等小微生物，在上层进行畜禽养殖，粪污随时落在下层，有效地将畜禽和粪污快速分离，即便落在格栅上暂时没有落下的粪污在格栅上处于风干的状态，霉菌不能扩繁，随后畜禽来回走动将其踢入下层。从格栅上掉入的畜禽粪污直接落在土壤上，浓之湾在土壤里利用此粪污养殖蚯蚓，蚯蚓不但将粪污转化为无害化的蚯蚓粪，分泌的抗菌肽和抗体还能杀灭控制粪污霉菌和病毒的扩繁。

2．小微生物之间生态链与食物链的环保控制

大自然赋予了自然生态链与食物链的循环与平衡，人类商业化的畜禽养殖，斩断了一部分链条，随之出现的环保与疾病问题，妄图以人工培育的益生菌和抗生素等药物来解决，比如发酵床养殖畜禽，当培育植入的益生菌呈数量优势时，可以抑制霉菌而不会产生有害气体污染，但是别忘了益生菌最终会输给霉菌，当人力有不衔接时照样会产生霉菌扩繁带来的污染与疾病。畜禽治病或防病采用了大量的抗生素，它们会杀灭一些有害菌，但也会抑制畜禽自身免疫细胞线粒体功能，减少抗体的分泌，势必带来病毒产生的瘟疫。

3．植物参与小微生物与畜禽养殖的生态循环

生态循环不能没有植物的参与，浓之湾在这个模式里种植的桑树不仅能参与动植物食物链的循环，而且桑叶口感美味，林中的畜禽能够蹦跳啃食，增加了畜禽的运动量，自然也增加了畜禽肉的营养与风味。

4. 低成本解决土壤板结的捷径

被化肥和农药杀灭抑制微生物的土壤，逐渐向板结方向发展，现在人们从养殖场里拉干粪污，用益生菌发酵制成有机肥，再施向田间可以有效解决板结问题，但同时也产生了三个运输环节，人力物力成本极高，浓之湾采用种养结合，通过蚯蚓处理的粪污就地就近施肥，以最低的成本解决了土壤板结。

六、技术特点

浓之湾立体环保与抗病一体化模式是生态化与集约化的结合，既可保持大小微生物和植物的原生态循环链、控制链，又能实现商业化的集中饲养，物理与生物双防双控，从源头解决畜禽疾病问题，免除了养殖场用药治疗的烦琐工作和由免疫力下降带来的瘟疫。生物循环代替人力处理粪污，在树中间整排的格栅上喂食作业形成了工业化流水线，极大地提高了人力效率，对于整个行业来讲，是把现有养殖业的环境污染变为"绿水青山"，不再使用禽兽药，成为消费者的健康"金山"和生产者的经济"银山"。

七、效益分析

鸡舍建设投入 100 元/m² 左右，猪舍建设投入 200 元/m² 左右，使用年限 10 年左右。设施建设期短，使用寿命长，销售收入和净利润可逐年递增。